W0285067

Heinz Bachmann

Einführung in die Analysis

Theorie

Aufgaben und Ergebnisse

2. Teil: Integrieren Differenzieren I

5328 Diesterweg · Salle
Frankfurt am Main · Berlin · München

6044 SABE
Verlagsinstitut für Lehrmittel · Zürich

Umschlag: Josef Rippstein

ISBN 3-425-05328-0 (Diesterweg)
ISBN 3-7941-1322-5 (Sauerländer)
SABE-Buchbestellnummer 6044

1. Auflage 1975

Vorwort

Dieses Buch soll eine Einführung in die Differential- und Integralrechnung für die Oberstufe des Gymnasiums vermitteln. Aus technischen Gründen wurde der gesamte Stoff in *drei Teilbände* zerlegt: Der erste Teil enthält die Grundlagen (reelle Zahlen, Funktionen, Folgen, Grenzwerte); der zweite Teil ist der Hauptteil (Integration, Differentiation); der dritte Teil enthält Ergänzungen für die naturwissenschaftlich mathematischen Typen des Gymnasiums (weiterer Ausbau der Integralrechnung, Taylorreihen usw.).

Die Hauptanliegen sind die *klare Darstellung der grundlegenden Begriffe* (also im wesentlichen die Erklärung des infinitesimalen Prozesses) und die *logische Strenge* (d.h. die präzise Definition der Begriffe und die strengen Beweise aller, auch der «anschaulich evidenten» Sätze aus Axiomen), was den Übergang zur Hochschule erleichtern soll. Dazu gehört z.B. auch, daß klar gemacht wird, an welcher Stelle der Gebrauch des Archimedischen Axioms und das Vollständigkeitsaxioms unumgänglich wird. Wegen der starken Betonung der Grundlagen mußte der Stoff in gewissen Grenzen gehalten werden, die aber für den Zweck des Buches weit genug sind (z.B. Beschränkung auf den Bereich der reellen Zahlen). *Algorithmen* und *numerische Methoden* werden stark berücksichtigt, was für den Computerunterricht nützlich ist. Für die Funktionen und Folgen wird die moderne Schreibweise verwendet.

Vorausgesetzt wird die Arithmetik (inklusive Potenzen mit beliebigen reellen Exponenten und Logarithmen), die Planimetrie (inklusive Trigonometrie) und die elementare Funktionenlehre (lineare und quadratische Funktion). Die in diese Gebiete fallenden mit infinitesimalen Prozessen zusammenhängenden Probleme der Arithmetik (Potenzen und Logarithmen) und Geometrie (Strecken- und Flächenmessung), die in der Mittelstufe des Gymnasiums meist nur *propädeutisch* behandelt werden können, werden hier *in voller Exaktheit* bearbeitet. Bei Zeitnot können selbstverständlich gewisse Paragraphen in summarischer Weise durchgenommen werden (besonders die in Kleindruck gesetzten Teile der Theorie).

Aus Gründen der *Übersichtlichkeit* (damit die Führung eines Theorieheftes erspart wird) wird von einer Aufsplitterung des Stoffes in Kleinstschritte abgesehen (eine solche soll Sache des mündlichen Unterrichts sein). Der Theorieteil enthält viele *durchgerechnete Beispiele.* Jedem Paragraphen (außer dem einleitenden) sind *zahlreiche Aufgaben* mit ihren *Ergebnissen* beigefügt (total weit über 1000). Die besonders schwierigen Aufgaben sind mit einem Stern (*) bezeichnet. Am Ende jedes Bandes befindet sich ein *Sachverzeichnis* zum Nachschlagen von Definitionen usw.

Ich bin Herrn A. Stehli sehr dankbar für die Reinzeichnung der Figuren, ebenso Herrn M. Stutz und meiner Frau für die Durchsicht großer Teile des Textes.

Zürich, Herbst 1974 H. Bachmann

Inhaltsverzeichnis

§ 9. **Stetigkeit von Funktionen** 7
1. Die Häufungsstellen des Definitionsbereichs einer Funktion 7
2. Grenzwerte von Funktionen 8
3. Der Begriff der Stetigkeit 14
4. Sätze über stetige Funktionen 18

§ 10. **Das bestimmte Integral** 23
1. Das Problem der Flächenmessung 23
2. Integration der Potenzfunktionen 27
3. Integration beliebiger beschränkter Funktionen 31
4. Integrationsregeln 35
5. Flächen zwischen zwei Kurven 40
6. Numerische Integration 42

§ 11. **Berechnung geometrischer Körper und einfacher Oberflächen** 47
1. Volumen eines geometrischen Körpers aus seiner Querschnittsfunktion 47
2. Das Volumen eines Rotationskörpers 49
3. Oberflächen einfacher Rotationskörper 53

§ 12. **Die Ableitung einer Funktion** 65
1. Die Ableitung der quadratischen Grundfunktion 65
2. Die Ableitung beliebiger Funktionen 67
3. Ableitungsregeln 71
4. Sätze über differenzierbare Funktionen 75
5. Lineare Approximation einer Funktion 77
6. Numerische Differentiation 80

§ 13. **Die ausgezeichneten Stellen der ganzen rationalen Funktion** 86
1. Steigen und Fallen einer Funktion 86
2. Extrema 89
3. Links- und Rechtskurven; Wendepunkte 92
4. Untersuchung der ganzen rationalen Funktion 95
5. Extremalaufgaben 100

§ 14. **Die gebrochene rationale Funktion** 115
1. Kürzung rationaler Funktionsterme 115
2. Null- und Unendlichkeitsstellen rationaler Funktionen 117
3. Asymptoten 119
4. Die Ableitung der gebrochenen rationalen Funktion 121
5. Untersuchung gebrochener rationaler Funktionen 123

§ 15. **Ableitung zusammengesetzter Funktionen und der Umkehrfunktion** 138
1. Zusammensetzung von Funktionen 138
2. Die Ableitung zusammengesetzter Funktionen 139
3. Die Umkehrfunktion einer Funktion 142
4. Die Ableitung der Umkehrfunktion 144
5. Wurzelfunktionen 146

§ 16. Der Zusammenhang zwischen Differentiation und Integration 158
1. Weitere Sätze über bestimmte Integrale 158
2. Integralfunktionen und der Hauptsatz der Infinitesimalrechnung 160
3. Stammfunktionen und unbestimmtes Integral 161
4. Berechnung bestimmter Integrale mittels Stammfunktionen 163

§ 17. Exponential- und Logarithmusfunktionen 167
1. Die Integraldefinition der natürlichen Logarithmusfunktion 167
2. Die allgemeinen Logarithmusfunktionen 170
3. Die Exponentialfunktionen 173
4. Potenzen mit beliebigen reellen Exponenten 174
5. Weitere Anwendungen der Exponential- und Logarithmusfunktionen 177

§ 18. Trigonometrische und hyperbolische Funktionen und ihre Umkehrfunktionen . 185
1. Ableitung der trigonometrischen Funktionen auf Grund ihrer geometrischen Eigenschaften 185
2. Die zyklometrischen Funktionen 190
3. Die hyperbolischen Funktionen 192
4. Die Areafunktionen 196

Sachverzeichnis 206

Inhalt des 1. Teils

§ 1. Einleitung: Infinitesimale Prozesse beim Aufbau der Arithmetik
§ 2. Die Verknüpfungs- und Anordnungseigenschaften der reellen Zahlen
§ 3. Elementare Funktionenlehre
§ 4. Folgen
§ 5. Elementare Theorie der ganzen rationalen Funktion
§ 6. Approximation reeller Zahlen durch rationale Zahlen
§ 7. Konvergenz von Folgen und Reihen
§ 8. Die Vollständigkeit des Körpers der reellen Zahlen

Inhalt des 3. Teils

§ 19. Weitere Integrationsmethoden
§ 20. Näherungsverfahren zur Auflösung von Gleichungen
§ 21. Die Taylorsche Formel
§ 22. Taylorreihen
§ 23. Verschiedene Arten der Kurvendarstellung
§ 24. Funktionen von zwei Variablen
§ 25. Einführung in das Gebiet der Differentialgleichungen

§ 9. Stetigkeit von Funktionen

1. Die Häufungsstellen des Definitionsbereichs einer Funktion

Wir betrachten nur solche Funktionen, deren Definitionsbereiche D Intervalle oder sogenannte «punktierte» Intervalle sind (d.h. Intervalle, von denen endlich viele Punkte entfernt worden sind).

Beispiel 1: Z.B. ist $D = (0, 2) \cup (2, 5) \cup (5, 6] = (0, 6] - \{2, 5\}$ eine solche Menge (Fig. 1 zeigt ihren Graphen).

Definition 1: Die Zahl x_0 liegt *im Innern* einer Zahlenmenge D, wenn es eine Umgebung U von x_0 mit $U \subset D$ gibt.

Z.B. liegen alle Zahlen von $(0, 6) - \{2, 5\}$ im Innern von D von Beispiel 1.

Definition 2: Die Zahl x_0 liegt *am Rande* von D (oder ist eine *Randstelle* von D), wenn es eine Umgebung $U = (a, b)$ von x_0 gibt, so daß von den beiden Intervallen (a, x_0) und (x_0, b) eines ganz in D und das andere ganz außerhalb D liegt.

Liegt x_0 am Rande von D, so kann x_0 in D liegen (z.B. die Stelle $x_0 = 6$ in Beispiel 1) oder nicht (z.B. $x_0 = 0$ in Beispiel 1).

Definition 3: Die Zahl x_0 heißt eine *Lücke* von D (oder eine *Definitionslücke* einer Funktion mit dem Definitionsbereich D), wenn es eine Umgebung U von x_0 gibt, so daß gilt $U - \{x_0\} \subset D$, aber nicht $x_0 \in D$.

Z.B. sind $x_0 = 2$ und $x_0 = 5$ in Beispiel 1 Lücken von D; die Funktion $x \to \dfrac{1-x^3}{1-x^2}$ hat die Definitionslücken 1 und -1.

In den drei Fällen von Definition 1, 2 und 3 hat x_0 die Eigenschaft, daß jede Umgebung von x_0 Zahlen aus D enthält, d.h. daß x_0 eine sogenannte «Häufungsstelle» von D ist.

Definition 4: Die Zahl x_0 heißt eine *Häufungsstelle* von D, wenn jede Umgebung von x_0 Zahlen von D enthält, die von x_0 verschieden sind.

Dabei kann x_0 zu D gehören oder nicht.

Der Begriff der Häufungsstelle kann auch mit Hilfe von Folgen $n \to x_n$ von Zahlen mit folgender Eigenschaft (E) definiert werden:

(E) $\lim\limits_{n\to\infty} x_n = x_0$ und $x_n \in D - \{x_0\}$ für alle natürlichen Zahlen n.

Es gilt nämlich:

Satz 1: x_0 ist dann und nur dann eine Häufungsstelle einer Zahlenmenge D, wenn es eine Folge mit der Eigenschaft (E) gibt.

Beweis: a) Ist x_0 eine Häufungsstelle von D, so gibt es zu jeder natürlichen Zahl n eine Zahl x_n in der $\frac{1}{n}$-Umgebung von x_0 mit $x_n \in D$ und $x_n \neq x_0$. Die Folge $n \to x_n$ hat die Eigenschaft (E).

Fig. 1

b) Gibt es eine Folge $n \to x_n$ mit der Eigenschaft (E), so gibt es in jeder Umgebung U von x_0 Zahlen x_n mit $x_n \in U$, also ist x_0 eine Häufungsstelle von D.

2. Grenzwerte von Funktionen

a) Einführende Beispiele

Es sei nun eine Funktion $x \to f(x)$, $x \in D$ gegeben, und x_0 sei die Häufungsstelle von D. Wir interessieren uns für das Verhalten der Funktionswerte, wenn wir für x die Glieder $x_1, x_2, x_3, \ldots$ einer Folge $n \to x_n$ mit der Eigenschaft (E) einsetzen, d.h. wir bilden die zugehörige *Folge der Funktionswerte* $n \to f(x_n)$. Dabei muß x_0 nicht zu D gehören. Es treten nun folgende Fälle auf:

Fall 1: Die Folge der Funktionswerte ist für jede Folge mit der Eigenschaft (E) konvergent. Dann ist ihr Grenzwert stets dieselbe Zahl (denn wären $n \to a_n$ und $n \to b_n$ zwei Folgen mit der Eigenschaft (E), und wären die Folgen $n \to f(a_n)$ und $n \to f(b_n)$ konvergent, wobei $\lim_{n \to \infty} f(a_n) \neq \lim_{n \to \infty} f(b_n)$ wäre, so hätte die Folge mit den Gliedern $a_1, b_1, a_2, b_2, a_3, b_3, \ldots$ auch die Eigenschaft (E), aber die zugehörige Folge der Funktionswerte wäre divergent). Ist y_0 dieser gemeinsame Grenzwert, so schreibt man

$$\lim_{x \to x_0} f(x) = y_0.$$

Beispiel 2: Wir nehmen die Funktion $x \to x^2$ und setzen für x die Glieder einer monoton steigenden und einer monoton fallenden Folge je mit dem Grenzwert 2 ein. Die folgende Tabelle zeigt einige Funktionswerte:

x	x^2	x	x^2
1	1	3	9
1,5	2,25	2,5	6,25
1,9	3,61	2,1	4,41
1,99	3,9601	2,01	4,0401

Wir sehen, daß sich die Funktionswerte der Zahl 4 annähern, wenn sich x der Zahl 2 nähert (was bei diesem Beispiel auch anschaulich klar ist, weil der Graph eine Parabel ist und die Funktion an der Stelle 2 den Wert 4 hat). Für jede Folge $n \to x_n$ mit $\lim_{n \to \infty} x_n = 2$ erhalten wir nach Satz 6 von § 7

$$\lim_{n \to \infty} x_n^2 = 4;$$

z.B. wird für $x_n = 2 + \frac{1}{n}$

$$x_n^2 = \left(2 + \frac{1}{n}\right)^2 = 4 + \frac{4}{n} + \frac{1}{n^2},$$

also $\lim_{n \to \infty} x_n^2 = 4$; für $x_n = \frac{2n-1}{n+1}$ wird

$$x_n^2 = \frac{4n^2 - 4n + 1}{n^2 + 2n + 1} = \frac{4 - \frac{4}{n} + \frac{1}{n^2}}{1 + \frac{2}{n} + \frac{1}{n^2}},$$

also ebenfalls $\lim\limits_{n \to \infty} x_n^2 = 4$. Man schreibt deshalb

$$\lim_{x \to 2} x^2 = 4.$$

Beispiel 3: Bei der Funktion $x \to f(x)$ mit

$$f(x) = \begin{cases} x^2 & \text{für } x \neq 2, \\ 1 & \text{für } x = 2, \end{cases}$$

deren Graph in Fig. 2 gezeigt wird, würde man ebenfalls

$$\lim_{x \to 2} f(x) = 4$$

erhalten; dies zeigt, daß der Funktionswert $f(x_0)$, sofern er definiert ist, nicht mit dem Grenzwert übereinstimmen muß, wie dies bei Beispiel 2 der Fall war.

Beispiel 4: Die Funktion $x \to \dfrac{1 - x^3}{1 - x}$ hat an der Stelle $x = 1$ eine Definitionslücke. Trotzdem kann man sich fragen, wie sich die Funktionswerte y verhalten, wenn sich x dem Wert 1 beliebig annähert. Dazu berechnen wir einige Werte:

x	y	x	y
0	1	2	7
0,5	1,75	1,5	4,75
0,9	2,71	1,1	3,31
0,99	2,9701	1,01	3,0301

Die Funktionswerte streben also offensichtlich gegen 3, und zwar wiederum unabhängig davon, ob sich x von unten oder von oben dem Wert 1 nähert. Man schreibt daher

$$\lim_{x \to 1} \frac{1 - x^3}{1 - x} = 3.$$

Dieses Resultat hätte man einfacher erhalten können, da der Bruch $\dfrac{1 - x^3}{1 - x}$ gekürzt werden kann: es ist

$$\frac{1 - x^3}{1 - x} = 1 + x + x^2 \quad \text{für } x \neq 1.$$

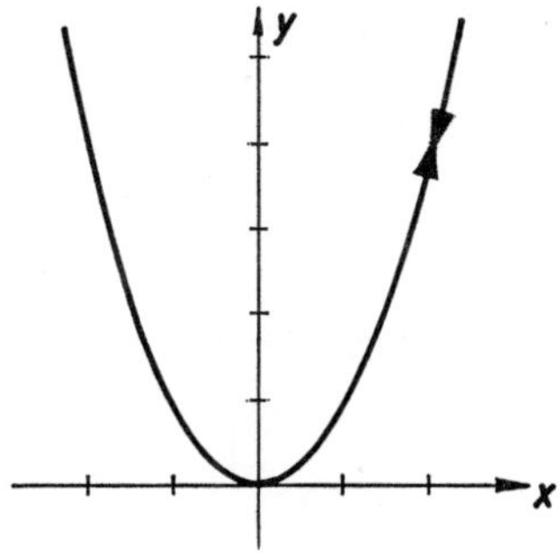

Fig. 2

Deshalb ist

$$\lim_{x \to 1} \frac{1-x^3}{1-x} = \lim_{x \to 1} (1+x+x^2),$$

und da der Graph der Funktion $x \to 1 + x + x^2$ eine Parabel ist, ist es anschaulich klar, daß man den Grenzwert wie bei Beispiel 2 durch Einsetzen von $x = 1$ erhält, womit sich 3 ergibt. Die Einsetzung von $x = 1$ im ursprünglichen Funktionsterm liefert aber keinen Funktionswert! Der Graph der Funktion mit dem gekürzten Funktionsterm unterscheidet sich von demjenigen der ursprünglichen Funktion nur darin, daß der Punkt $P(1/3)$ fehlt (Fig. 3).

Beispiel 5: Die Funktion $x \to \frac{\sin x}{x}$ (Graph siehe Fig. 4) hat an der Stelle $x = 0$ eine Definitionslücke. Durch Einsetzen von x-Werten, die sich der Zahl 0 nähern, erhalten wir folgende Funktionswerte y (wobei man bedenken muß, daß $\sin x$ der Sinus des Winkels bedeutet, dessen Bogenmaß x ist):

x	y
1	0,841471
0,5	0,958851
0,3	0,985067
0,1	0,998334
0,05	0,999583
0,01	0,999983

Wir stellen empirisch fest, daß gilt

$$\lim_{x \to 0} \frac{\sin x}{x} = 1,$$

was wir später streng beweisen werden. Im Gegensatz zu Beispiel 4 kann aber der Funktionsterm hier nicht gekürzt werden.

F a l l 2*:* Die Folge der Funktionswerte ist nicht für alle Folgen mit der Eigenschaft (E) konvergent. Dies ist z. B. dann der Fall, wenn es zwei Folgen $n \to a_n$ und $n \to b_n$ mit der Eigenschaft (E) gibt, für die die Folgen $n \to f(a_n)$ und $n \to f(b_n)$ konvergieren, aber verschiedene Grenzwerte haben. Dann existiert $\lim_{x \to x_0} f(x)$ nicht.

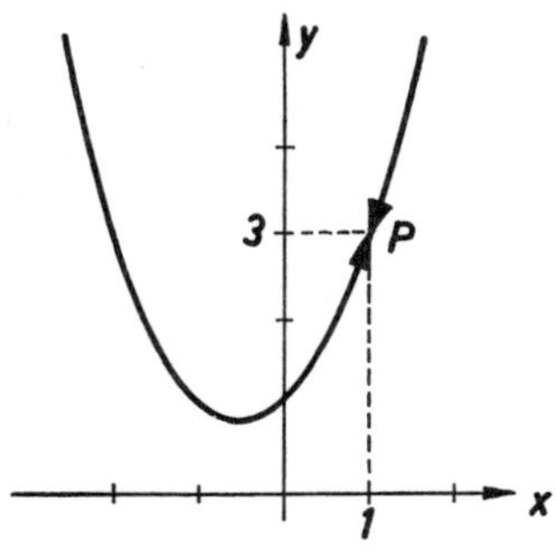

Fig. 3

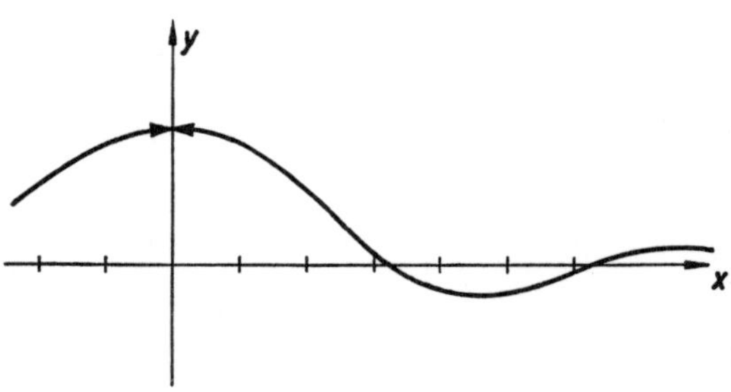

Fig. 4

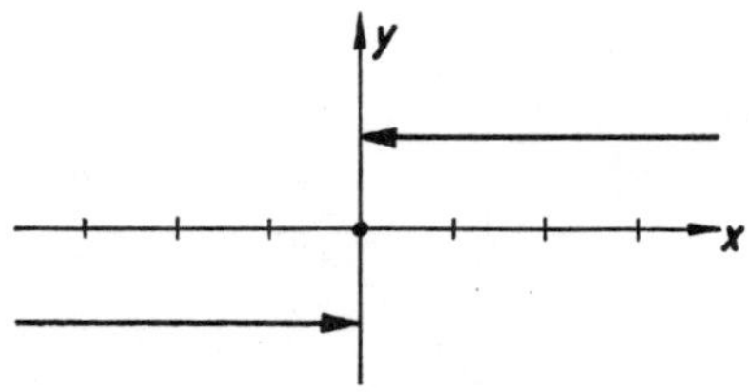

Fig. 5

Beispiel 6: $\lim\limits_{x \to 0} \operatorname{sgn} x$ existiert nicht, weil z. B. für $x_n = \frac{1}{n}$

$$\lim_{n \to \infty} \operatorname{sgn} x_n = 1,$$

aber für $x_n = -\frac{1}{n}$

$$\lim_{x \to 0} \operatorname{sgn} x_n = -1,$$

dagegen für $x_n = (-1)^n \frac{1}{n}$ die Folge $n \to \operatorname{sgn} x_n$ unbestimmt divergent ist (Fig. 5).

Beispiel 7: $\lim\limits_{x \to 0} \sin \frac{1}{x}$ existiert nicht, weil die Funktionswerte auch bei Annäherung von rechts oder links allein unendlich oft hin- und herschwanken (Fig. 6); für $x_n = \frac{1}{n\pi}$ und $n \in \mathbb{N}$ ist nämlich $\sin \frac{1}{x_n} = 0$, also

$$\lim_{n \to \infty} \sin \frac{1}{x_n} = 0;$$

für $x_n = \frac{2}{\pi(4n+1)}$ ist dagegen z. B. $\sin \frac{1}{x_n} = 1$, also

$$\lim_{n \to \infty} \sin \frac{1}{x_n} = 1.$$

Die Funktion $x \to \sin \frac{1}{x}$ hat eine Definitionslücke bei $x = 0$.

Beispiel 8: Dagegen ist $\lim\limits_{x \to 0} x \sin \frac{1}{x} = 0$, weil bei der Funktion $x \to x \sin \frac{1}{x}$ die Schwankungen gegen den Ursprung hin beliebig klein werden (Fig. 7).

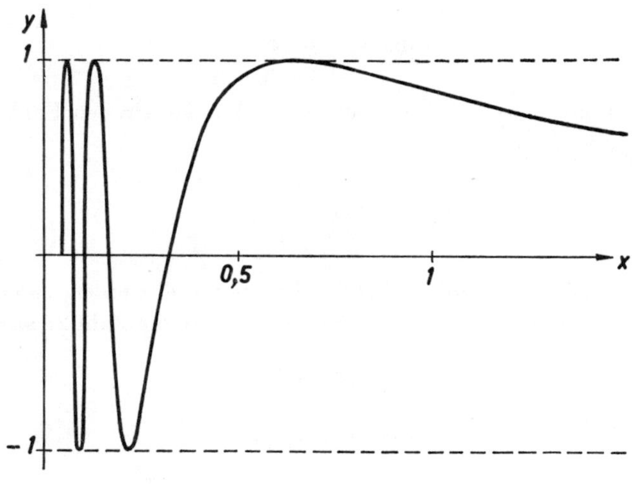

Fig. 6

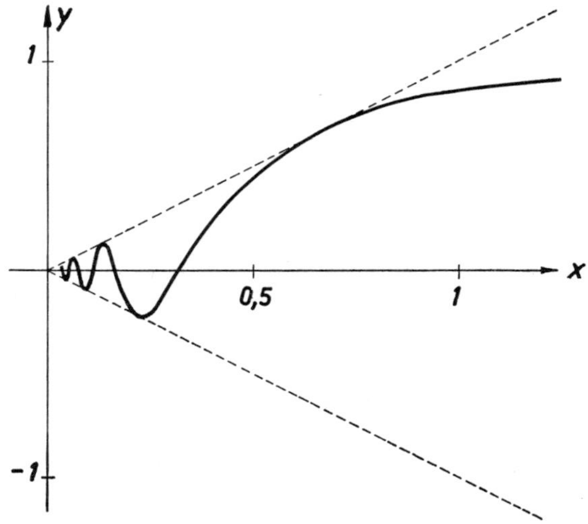

Fig. 7

Beispiel 9: $\lim_{x \to 0} \frac{1}{x^2}$ existiert nicht, weil die Funktionswerte schließlich beliebig groß werden, wenn sich x der Zahl 0 nähert. Weil aber für jede Folge mit der Eigenschaft (E) mit $x_0 = 0$ gilt

$$\lim_{n \to \infty} \frac{1}{x_n{}^2} = \infty,$$

schreibt man

$$\lim_{x \to 0} \frac{1}{x^2} = \infty.$$

Dagegen kann man nicht schreiben $\lim_{x \to 0} \frac{1}{x} = \infty$, da für eine alternierende Folge $n \to x_n$ mit $\lim_{n \to \infty} x_n = 0$ die Folge $n \to \frac{1}{x_n}$ nicht bestimmt divergiert; aber es ist

$$\lim_{x \to 0} \left| \frac{1}{x} \right| = \infty.$$

Beispiel 10: Um $\lim_{x \to \infty} \frac{2x^2 - 3x + 4}{x^2 + 2x - 3}$ zu berechnen, kürzen wir den Funktionsterm $f(x)$ mit x^2 und erhalten

$$\lim_{x \to \infty} f(x) = \lim_{x \to \infty} \frac{2 - \frac{3}{x} + \frac{4}{x^2}}{1 + \frac{2}{x} - \frac{3}{x^2}};$$

setzt man für x Zahlen ein, die schließlich beliebig groß werden, so erhält man also stets als Grenzwert der Folge der Funktionswerte die Zahl 2; also schreibt man

$$\lim_{x \to \infty} f(x) = 2.$$

Natürlich ist auch

$$\lim_{x \to -\infty} f(x) = 2.$$

b) Exakte Definition des Grenzwertes einer Funktion

Zusammenfassend kommen wir so zur folgenden Definition, die den Begriff des Grenzwertes einer Funktion auf den Begriff des Grenzwertes einer Folge zurückführt:

Definition 5: Ist $x \to f(x)$, $x \in D$ irgendeine Funktion, so bedeutet

$$\lim_{x \to x_0} f(x) = y_0,$$

daß x_0 eine Häufungsstelle von D ist, und daß für jede Folge $n \to x_n$ mit der Eigenschaft (E) stets gilt

$$\lim_{n \to \infty} f(x_n) = y_0.$$

Dabei können anstelle der Zahlen x_0 oder y_0 auch die Symbole ∞ oder $-\infty$ stehen.

Bemerkungen: 1. Bei den Grenzwerten einer Funktion strebt, im Gegensatz zu den Grenzwerten von Folgen, x im allgemeinen gegen einen endlichen Wert, und man kann sich vorstellen, daß dies kontinuierlich geschieht.

2. Man verwendet oft auch die *Grenzwerte «von links»* und *«von rechts»:* Es bedeute

$$\lim_{x \uparrow x_0} f(x) = y_0 \qquad \left[\lim_{x \downarrow x_0} f(x) = y_0\right],$$

daß x_0 eine Häufungsstelle von D ist, und daß für jede Folge $n \to x_n$ mit der Eigenschaft (E) und der zusätzlichen Bedingung $x_n < x_0$ $[x_n > x_0]$ für alle n mit $n \in \mathbb{N}$ stets gilt

$$\lim_{n \to \infty} f(x_n) = y_0.$$

Es gilt $\lim_{x \uparrow x_0} f(x) = \lim_{x \downarrow x_0} f(x)$ dann und nur dann, wenn $\lim_{x \to x_0} f(x)$ existiert.

Beispiel 11: Für die Funktion von Beispiel 6 existieren

$$\lim_{x \uparrow 0} \operatorname{sgn} x = -1 \quad \text{und} \quad \lim_{x \downarrow 0} \operatorname{sgn} x = 1;$$

ferner wird z. B.

$$\lim_{x \uparrow 0} \frac{1}{x} = -\infty \quad \text{und} \quad \lim_{x \downarrow 0} \frac{1}{x} = \infty.$$

c) Sätze über Grenzwerte von Funktionen

Satz 2: Gilt $\lim_{x \to x_0} f(x) = y_1$ und $\lim_{x \to x_0} g(x) = y_2$, so gilt

$$\lim_{x \to x_0} [f(x) \pm g(x)] = y_1 \pm y_2 \quad \text{und} \quad \lim_{x \to x_0} [f(x)\, g(x)] = y_1 y_2.$$

Beweis: Ist $n \to a_n$ eine Folge mit der Eigenschaft (E), so ist

$$\lim_{n \to \infty} f(a_n) = y_1 \quad \text{und} \quad \lim_{n \to \infty} g(a_n) = y_2,$$

also nach Satz 2 und Satz 3 von § 7

$$\lim_{n \to \infty} [f(a_n) \pm g(a_n)] = y_1 \pm y_2 \quad \text{und} \quad \lim_{n \to \infty} [f(a_n)\, g(a_n)] = y_1 y_2.$$

Satz 3: Gilt $\lim\limits_{x\to x_0} f(x) = y_1$ und $\lim\limits_{x\to x_0} g(x) = y_2 \neq 0$, so gilt

$$\lim_{x\to x_0} \frac{f(x)}{g(x)} = \frac{y_1}{y_2}.$$

Beweis: Ist $n \to a_n$ eine Folge von Zahlen, die alle im Definitionsbereich der Funktion $x \to \dfrac{f(x)}{g(x)}$ liegen, aber von x_0 verschieden sind, und ist $\lim\limits_{n\to\infty} a_n = x_0$, so ist

$$\lim_{n\to\infty} f(a_n) = y_1 \quad \text{und} \quad \lim_{n\to\infty} g(a_n) = y_2 \neq 0$$

und $g(a_n) \neq 0$ für alle n mit $n \in \mathbb{N}$, also nach Satz 5 von § 7

$$\lim_{n\to\infty} \frac{f(a_n)}{g(a_n)} = \frac{y_1}{y_2}.$$

Satz 4: Ist $\lim\limits_{x\to x_0} f(x) = y_1 \neq 0$ und $\lim\limits_{x\to x_0} g(x) = 0$, so ist

$$\lim_{x\to x_0} \left|\frac{f(x)}{g(x)}\right| = \infty.$$

Beweis: Ist $n \to a_n$ eine Folge mit der Eigenschaft (E), so gilt

$$\lim_{n\to\infty} f(a_n) = y_1 \neq 0 \quad \text{und} \quad \lim_{n\to\infty} g(a_n) = 0,$$

also nach Satz 11 von § 7

$$\lim_{n\to\infty} \left|\frac{f(a_n)}{g(a_n)}\right| = \infty.$$

3. Der Begriff der Stetigkeit

a) Definition der Stetigkeit aus dem Grenzwertbegriff

Eine Funktion heißt an einer Stelle *stetig*, wenn (anschaulich erklärt) ihr Graph dort ohne Absetzen gezeichnet werden kann, *unstetig*, wenn dies nicht der Fall ist, obschon sie dort keine Definitionslücke hat. Wir sprechen also nur dann von Stetigkeit oder Unstetigkeit einer Funktion an einer bestimmten Stelle, wenn der Funktionswert an dieser Stelle definiert ist.

Diese anschauliche Definition muß noch präzisiert werden. In Beispiel 6, wo wir eine typische Unstetigkeit an der Stelle $x = 0$ haben, existiert der Grenzwert der Funktion nicht, ebenso bei der Funktion $x \to f(x)$ mit

$$f(x) = \begin{cases} \sin\dfrac{1}{x} & \text{für } x \neq 0, \\ 0 & \text{für } x = 0; \end{cases}$$

in Beispiel 3 existiert er zwar bei $x = 2$, aber er ist vom Funktionswert an dieser Stelle verschieden (und auch diese Stelle betrachten wir als Unstetigkeitsstelle). Wir kommen also zur folgenden Definition:

Definition 6: Ist $x \to f(x)$, $x \in D$ eine Funktion und x_0 eine Häufungsstelle von D mit $x_0 \in D$, so heißt f an der Stelle x_0 *stetig*, wenn der Grenzwert $\lim\limits_{x\to x_0} f(x)$ existiert und gleich dem Funktionswert an dieser Stelle ist, d. h. wenn gilt

$$\lim_{x \to x_0} f(x) = f(x_0),$$

sonst an dieser Stelle *unstetig*.

Führt man die Differenzen

$$\Delta x = x - x_0 \quad \text{und} \quad \Delta y = f(x) - f(x_0)$$

ein, so kann man die obige Bedingung auch so schreiben:

$$\lim_{\Delta x \to 0} \Delta y = 0.$$

Definition 7: Eine Funktion heißt *auf einer Menge A (überall) stetig*, wenn sie an jeder Stelle von A stetig ist.

Bemerkungen: 1. Unter den Voraussetzungen von Definition 6 heißt f an der Stelle x_0 «*rechtsstetig*» («*linksstetig*»), wenn gilt

$$\lim_{x \downarrow x_0} f(x) = f(x_0) \; [\text{bzw.} \lim_{x \uparrow x_0} f(x) = f(x_0)].$$

Ist x_0 keine Randstelle, so ist f an der Stelle x_0 genau dann stetig, wenn f an dieser Stelle rechtsstetig und linksstetig ist.

2. Unter den Voraussetzungen von Definition 6 ist f an der Stelle x_0 *unstetig* in folgenden Fällen:

Fall 1: $\lim_{x \to x_0} f(x)$ existiert, ist aber von $f(x_0)$ verschieden (sogenannte *punktierte Unstetigkeit*).

Fall 2: $\lim_{x \to x_0} f(x)$ existiert nicht, doch $\lim_{x \downarrow x_0} f(x)$ und $\lim_{x \uparrow x_0} f(x)$ existieren, sind aber voneinander verschieden (sogenannte *Sprungstelle*).

Fall 3: In allen restlichen Fällen haben wir ein «Unendlichwerden» oder ein «Oszillieren» der Funktionswerte von mindestens einer Seite her gegen x_0.

Beispiel 12: Die Funktion von Beispiel 3 ist an der Stelle $x = 2$ unstetig (Fall 1), sonst überall stetig; die Funktion $x \to \operatorname{sgn} x$ von Beispiel 6 ist an der Stelle $x = 0$ unstetig (Fall 2), sonst überall stetig.

Beispiel 13: Die Funktionen $x \to \sin \frac{1}{x}$ und $x \to x \sin \frac{1}{x}$ sind an der Stelle $x = 0$ weder stetig noch unstetig, weil sie dort nicht definiert sind (sonst sind sie überall stetig, wie wir später sehen werden). Dagegen ist die Funktion $x \to f(x)$ mit

$$f(x) = \begin{cases} \sin \frac{1}{x} & \text{für } x \neq 0, \\ 0 & \text{für } x = 0 \end{cases}$$

an der Stelle 0 unstetig (Fall 3, «Oszillation»), die Funktion $x \to f(x)$ mit

$$f(x) = \begin{cases} x \sin \frac{1}{x} & \text{für } x \neq 0, \\ 0 & \text{für } x = 0 \end{cases}$$

an der Stelle $x = 0$ stetig und die Funktion $x \to f(x)$ mit

$$f(x) = \begin{cases} x \sin \dfrac{1}{x} & \text{für } x \neq 0, \\ 1 & \text{für } x = 0 \end{cases}$$

an der Stelle $x=0$ unstetig (Fall 1).

Beispiel 14: Die Funktion $x \to f(x)$ mit

$$f(x) = \begin{cases} \dfrac{1}{x} & \text{für } x \neq 0. \\ 0 & \text{für } x = 0 \end{cases}$$

ist an der Stelle $x=0$ unstetig (Fall 3, «Unendlichwerden»), ebenso die Funktion $x \to f(x)$ mit

$$f(x) = \begin{cases} \dfrac{1}{x} & \text{für } x > 0, \\ 0 & \text{für } x \leqq 0 \end{cases}$$

(«Unendlichwerden» nur von rechts). Man skizziere ihre Graphen!

Beispiel 15: Die Funktion $x \to \sqrt{x}$, $x \geqq 0$ ist im ganzen Definitionsbereich stetig; denn ist

$$x = \lim_{n\to\infty} x_n > 0 \quad \text{und} \quad x \neq x_n > 0 \text{ für alle } n \text{ mit } n \in \mathbb{N},$$

so ist

$$|\sqrt{x_n} - \sqrt{x}| = \left| \frac{x_n - x}{\sqrt{x_n} + \sqrt{x}} \right| < \frac{|x_n - x|}{\sqrt{x}},$$

also ist

$$\lim_{n\to\infty} (\sqrt{x_n} - \sqrt{x}) = 0;$$

ist $\lim\limits_{n\to\infty} x_n = 0$ und $x_n > 0$ für alle n mit $n \in \mathbb{N}$, so gibt es zu jedem ε mit $\varepsilon > 0$ eine natürliche Zahl n_0, so daß für $n > n_0$ gilt

$$x_n < \varepsilon^2, \quad \text{also} \quad \sqrt{x_n} < \varepsilon;$$

also ist

$$\lim_{n\to\infty} \sqrt{x_n} = 0.$$

Die Stetigkeit der Funktion $x \to \sqrt{x}$ ergibt sich später viel einfacher aus der Stetigkeit der Funktion $x \to x^2$.

Beispiel 16: Die Funktion $x \to f(x)$ mit

$$f(x) = \begin{cases} 1, & \text{wenn } x \text{ rational}, \\ 0, & \text{wenn } x \text{ irrational} \end{cases}$$

ist an jeder Stelle unstetig.

Beispiel 17: Die Funktion $x \to f(x)$ mit

$$f(x) = \begin{cases} x, & \text{wenn } x \text{ rational}, \\ -x, & \text{wenn } x \text{ irrational} \end{cases}$$

ist an der Stelle $x=0$ stetig, sonst überall unstetig (Andeutung des Graphen in Fig. 8); dies zeigt, daß aus der Stetigkeit an einer Stelle nichts über die Stetigkeit in einer Umgebung dieser Stelle gefolgert werden kann (was ein gutes Beispiel dafür ist, daß uns die Anschauung täuschen kann).

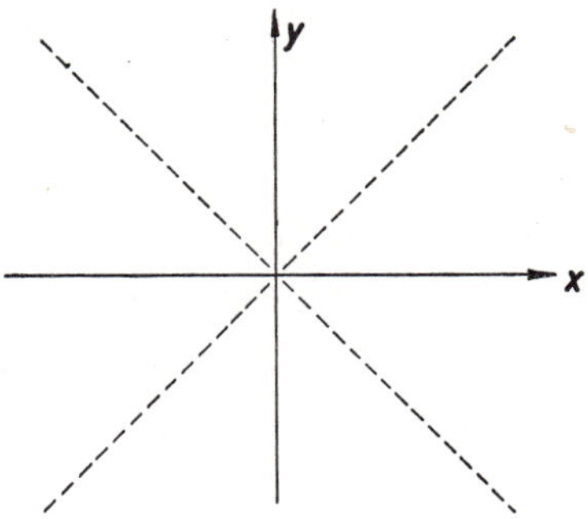

Fig. 8

b) Stetige Fortsetzung in eine Definitionslücke

Hat eine Funktion $x \to f(x)$ an der Stelle x_0 eine Definitionslücke und existiert $\lim\limits_{x \to x_0} f(x)$, so kann die Funktion eindeutig in die Stelle x_0 hinein ***stetig fortgesetzt*** werden, d.h. man kann eine Fortsetzung $x \to F(x)$ von $x \to f(x)$ definieren durch

$$F(x) = \begin{cases} f(x) & \text{für } x \neq x_0, \\ \lim\limits_{x \to x_0} f(x) & \text{für } x = x_0. \end{cases}$$

Beispiel 18: In Beispiel 4 kann die Funktion in die Stelle $x_0 = 1$ hinein stetig fortgesetzt werden durch die Definition $F(1) = 3$, in Beispiel 5 in die Stelle $x_0 = 0$ durch die Definition $F(0) = 1$, in Beispiel 8 in die Stelle $x_0 = 0$ durch die Definition $F(0) = 0$. Dagegen kann die Funktion in Beispiel 7 nicht in die Stelle $x_0 = 0$ und in Beispiel 9 nicht in die Stelle $x_0 = 0$ stetig fortgesetzt werden.

c) Andere Definitionen der Stetigkeit

Die Stetigkeit kann in äquivalenter Weise auch in den beiden folgenden Arten definiert werden:

Definition 8: Eine Funktion $x \to f(x)$, $x \in D$ heißt an der Stelle x_0 ihres Definitionsbereichs *stetig*, wenn für jede Folge $n \to x_n$ mit der Eigenschaft

$$\lim_{n \to \infty} x_n = x_0 \quad \text{und} \quad x_n \in D \quad \text{für alle } n \text{ mit } n \in \mathbb{N}$$

die zugehörige Folge $n \to f(x_n)$ konvergiert.

Definition 9: Eine Funktion $x \to f(x)$, $x \in D$ heißt an der Stelle x_0 mit $x_0 \in D$ *stetig*, wenn es zu jeder Umgebung V von $f(x_0)$ eine Umgebung U von x_0 gibt, so daß gilt $f(U) \subset V$.

Geometrisch bedeutet diese Bedingung für den Graphen der Funktion (Fig. 9), daß es zu jedem beliebig schmalen Horizontalstreifen beidseits der Geraden mit der Gleichung $y = f(x_0)$ einen Vertikalstreifen beidseits der Geraden mit der Gleichung $x = x_0$ gibt, so daß der im zweiten Streifen liegende Teil des Graphen auch im ersten Streifen liegt. Fig. 10 zeigt, daß diese Bedingung z.B. bei der Funktion $x \to \operatorname{sgn} x$ an der Stelle $x = 0$ für den abgebildeten Horizontalstreifen nicht erfüllt werden kann.

Bemerkung: Die Bedingungen der Definitionen 8 und 9 sind trivialerweise erfüllt, wenn x_0 keine Häufungsstelle von D ist. Ist x_0 eine Häufungsstelle von D, so sind beide Definitionen mit Definition 6 äquivalent.

Äquivalenzbeweis für Definition 8: a) Definition 6 besagt, daß für jede Folge $n \to x_n$ mit der Eigenschaft (E) gelten soll $\lim\limits_{n\to\infty} f(x_n) = f(x_0)$. Daraus folgt aber, daß dies auch gilt für Folgen, die Glieder x_n mit $x_n = x_0$ haben.

b) Aus der Stetigkeit an der Stelle x_0 nach Definition 8 folgt, daß für alle Folgen $n \to x_n$ von Zahlen aus D mit $\lim\limits_{n\to\infty} x_n = x_0$ die Folgen $n \to f(x_n)$ denselben Grenzwert haben; da die konstante Folge $n \to f(x_0)$ den Grenzwert $f(x_0)$ hat, ist der gemeinsame Grenzwert also $f(x_0)$, also gelten die Bedingungen von Definition 6.

Äquivalenzbeweis für Definition 9: a) Ist die Funktion $x \to f(x)$, $x \in D$ an der Stelle x_0 stetig nach Definition 9, so ist sie dort stetig nach Definition 6: Ist nämlich $n \to x_n$ eine Folge mit der Eigenschaft (E), so gibt es zu jeder Umgebung V von $f(x_0)$ eine natürliche Zahl n_0, so daß $f(x_n) \in V$ für alle n mit $n > n_0$; also gilt

$$\lim_{n\to\infty} f(x_n) = f(x_0).$$

b) Die Funktion sei nun an der Stelle x_0 stetig nach Definition 6. Wäre sie nun nicht stetig nach Definition 9, so gäbe es eine Umgebung V_0 von $f(x_0)$, so daß für jede Umgebung U von x_0 stets $f(U)$ nicht in V_0 enthalten wäre. Weil x_0 als Häufungsstelle von D vorausgesetzt wird, gilt für jede natürliche Zahl n folgendes: die $\frac{1}{n}$-Umgebung U_n von x_0 enthält Zahlen von D, also ist $f(U_n)$ nicht leer; also gibt es eine von x_0 verschiedene Zahl x_n mit $x_n \in U_n \cap D$, so daß $f(x_n)$ nicht zu V_0 gehört. Also wäre $\lim\limits_{n\to\infty} x_n = x_0$; also wäre $\lim\limits_{n\to\infty} f(x_n)$ sicher nicht in V_0, im Widerspruch zur Voraussetzung, daß dieser Grenzwert gleich $f(x_0)$ ist.

4. Sätze über stetige Funktionen

Satz 5: Sind die Funktionen $x \to f(x)$ und $x \to g(x)$ an der Stelle x_0 stetig, so sind auch die Funktionen

$$x \to f(x) \pm g(x) \quad \text{und} \quad x \to f(x)\,g(x)$$

an dieser Stelle stetig.

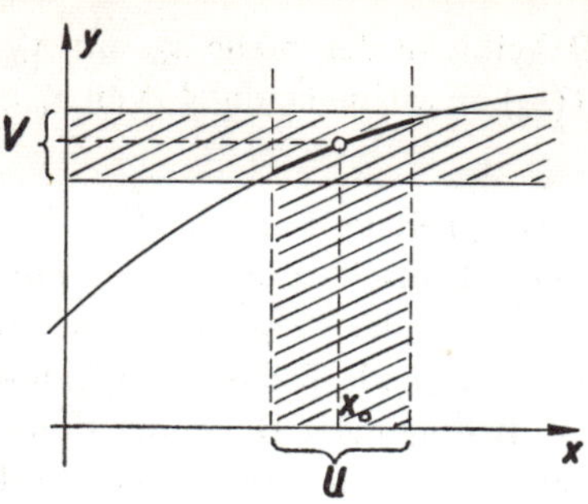

Fig. 9

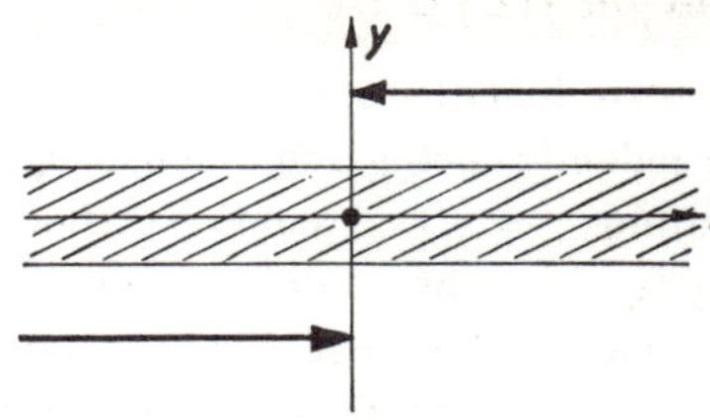

Fig. 10

Beweis: Aus der Voraussetzung

$$\lim_{x \to x_0} f(x) = f(x_0) \quad \text{und} \quad \lim_{x \to x_0} g(x) = g(x_0),$$

folgt nach Satz 1

$$\lim_{x \to x_0} [f(x) \pm g(x)] = f(x_0) \pm g(x_0) \quad \text{und} \quad \lim_{x \to x_0} [f(x)\, g(x)] = f(x_0)\, g(x_0).$$

Folgerungen: 1. Jede ganze rationale Funktion ist überall stetig.

2. Alle auf einem festen Intervall stetigen Funktionen bilden einen Vektorraum über dem Körper der reellen Zahlen, ferner auch einen Ring bezüglich der Addition und Multiplikation.

Satz 6: Sind die Funktionen $x \to f(x)$ und $x \to g(x)$ an der Stelle x_0 stetig und ist $g(x_0) \neq 0$, so ist die Funktion

$$x \to \frac{f(x)}{g(x)}$$

an der Stelle x_0 stetig.

Beweis: Aus der Voraussetzung

$$\lim_{x \to x_0} f(x) = f(x_0) \quad \text{und} \quad \lim_{x \to x_0} g(x) = g(x_0) \neq 0,$$

folgt nach Satz 3

$$\lim_{x \to x_0} \frac{f(x)}{g(x)} = \frac{f(x_0)}{g(x_0)}.$$

Satz 7: Ist die Funktion f mit dem Definitionsbereich D an der Stelle x_0 stetig und ist $f(x_0) > y_0$ $[f(x_0) < y_0]$, so gibt es eine Umgebung U von x_0, so daß $f(x) > y_0$ $[f(x) < y_0]$ für alle x mit $x \in U \cap D$.

Beweis: Es sei z. B. $f(x_0) > y_0$. Würde Satz 7 nicht gelten, so gäbe es zu jeder natürlichen Zahl n in der $\frac{1}{n}$-Umgebung von x_0 eine Stelle x_n mit $x_n \neq x_0$ und $f(x_n) \leqq y_0$, also wäre $\lim_{n \to \infty} x_n = x_0$, also

$$f(x_0) = \lim_{n \to \infty} f(x_n) \leqq y_0$$

entgegen der Voraussetzung.

Satz 8 (Zwischenwertsatz von Bolzano[1]*):* Ist f eine auf einem abgeschlossenen Intervall $[a, b]$ stetige Funktion und ist $f(a) \neq f(b)$, so gibt es zu jeder zwischen $f(a)$ und $f(b)$ liegenden Zahl y_0 mindestens eine Zahl x_0 mit $x_0 \in (a, b)$ und $f(x_0) = y_0$.

Beweis: Es sei z. B. $f(a) < y_0 < f(b)$. Nun sei M die Menge der Zahlen x mit $x \in [a, b]$, für die $f(x) > y_0$ gilt (Fig. 11). Da M beschränkt und nicht leer ist, existiert nach Satz 3 von § 8 ihre untere Grenze $x_0 = \inf M$. Wäre $f(x_0) > y_0$, so wäre $x_0 \neq a$, und nach Satz 7 gäbe es Zahlen x mit $x \in [a, b]$, $x < x_0$ und $f(x) > y_0$; wäre $f(x_0) < y_0$, so wäre $x_0 \neq b$, und nach Satz 7 gäbe es ein rechts an x_0 anschließendes Intervall I mit $f(x) < y_0$ für $x \in I$; beide Fälle sind also unmöglich nach Definition von x_0. Somit gilt $f(x_0) = y_0$ und $a < x_0 < b$.

[1] Bernard Bolzano 1781–1848.

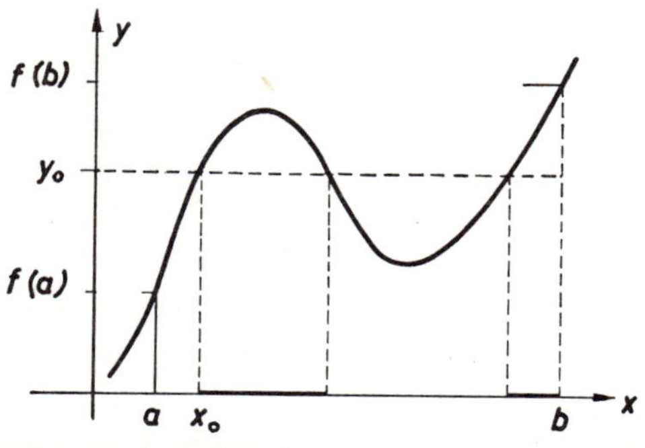

Fig. 11

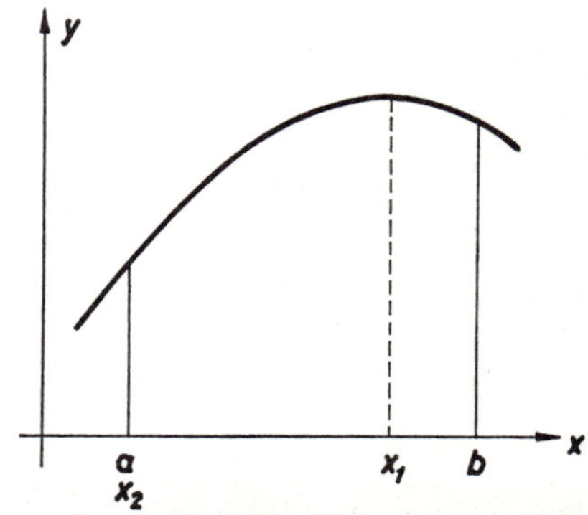

Fig. 12

Satz 9 (Satz vom Maximum von Weierstraß[1]*):* **Ist f eine auf einem abgeschlossenen Intervall $[a, b]$ stetige Funktion, so gibt es Zahlen x_1 und x_2 in diesem Intervall, so daß $f(x_1)$ das Maximum und $f(x_2)$ das Minimum der Menge aller Funktionswerte $f(x)$ mit $x \in [a, b]$ ist (Fig. 12).**

Beweis: a) Eine auf einem abgeschlossenen Intervall $[a, b]$ stetige Funktion f ist auf $[a, b]$ stets beschränkt[2]: Nehmen wir z.B. an, es gäbe keine obere Schranke, so gibt es zu jeder natürlichen Zahl n eine Zahl x_n mit $x_n \in [a, b]$ und $f(x_n) > n$. Da die Folge $n \to x_n$ beschränkt ist, enthält sie nach Satz 11 von § 8 eine konvergente Teilfolge $n \to x_{a_n}$, deren Grenzwert x_0 sei. Wegen $x_0 \in [a, b]$ und wegen der Stetigkeit von f wäre also $f(x_0) = \lim_{n \to \infty} f(x_{a_n})$, was wegen $f(x_{a_n}) > a_n$ unmöglich ist.

b) Nach § 8 (Satz 2 und Satz 3) hat also $f([a, b])$ eine obere Grenze M und eine untere Grenze m. In Satz 9 wird aber zusätzlich behauptet, daß diese Grenzen wirklich als Funktionswerte angenommen werden: Gäbe es nämlich z.B. keine Zahl x_1 mit $f(x_1) = M$, so wäre die Funktion

$$x \to \frac{1}{f(x) - M}$$

nach Satz 6 stetig auf $[a, b]$, also nach a) beschränkt auf $[a, b]$, d.h. es gäbe eine positive Zahl A, so daß für $x \in [a, b]$ gelten würde

$$\frac{1}{M - f(x)} < A,$$

also

$$\frac{1}{A} < M - f(x),$$

also

$$f(x) < M - \frac{1}{A},$$

was der Definition von M widerspricht.

Bemerkung: Die Voraussetzung, daß f auf einem abgeschlossenen Intervall stetig ist, ist wesentlich: so ist z.B. die Funktion $x \to x$ auf $[0, 1)$ zwar beschränkt, aber

[1] Karl Weierstraß 1815–1897.
[2] D.h. die Menge $f([a, b])$ ist beschränkt.

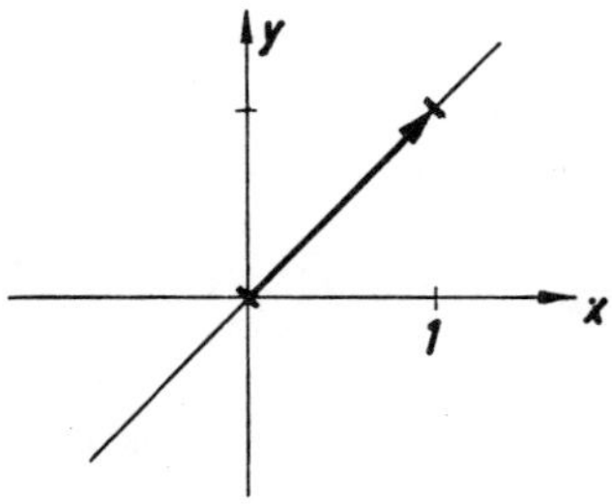

Fig. 13

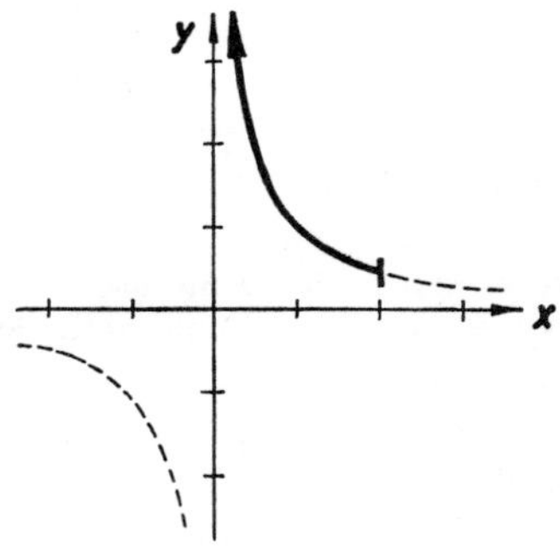

Fig. 14

sie nimmt auf $[0, 1)$ kein Maximum an (Fig. 13); die Funktion $x \to \frac{1}{x}$ ist auf dem Intervall $(0, 2]$ nicht einmal beschränkt (Fig. 14).

Aufgaben zu § 9

1. Gegeben ist eine Funktion $x \to f(x)$ und eine Folge $n \to a_n$. Man bilde die zugehörige Folge $n \to f(a_n)$ der Funktionswerte und berechne ihren Grenzwert:

   a) $f(x) = \frac{x}{x+1}$, $a_n = \frac{n}{n+1}$, b) $f(x) = \frac{x}{x+1}$, $a_n = \frac{2n}{n+1}$,

   c) $f(x) = \frac{2x^2 - x - 3}{x^2 - 1}$, $a_n = \frac{n-1}{n}$, d) $f(x) = \frac{2x^2 - x - 3}{x^2 - 1}$, $a_n = -\frac{n}{n+1}$,

   e) $f(x) = \frac{x^3 - 8}{x - 2}$, $a_n = \frac{2n+1}{n-1}$.

2. Man bestimme folgende Grenzwerte:

   a) $\lim\limits_{x \to 2} \frac{x^2 - 4}{x - 2}$, b) $\lim\limits_{x \to -4} \frac{x^2 - 16}{x + 4}$, c) $\lim\limits_{x \to -1} \frac{x^2 + 3x + 2}{x^2 - x - 2}$, d) $\lim\limits_{x \to 3} \frac{3x^2 - 27}{2x^2 - 18}$,

   e) $\lim\limits_{x \to 0} \frac{x^3 - x^2 + 2x}{4x}$, f) $\lim\limits_{x \to 4} \frac{x^2 + 2x - 5}{x^2 - 16}$, g) $\lim\limits_{x \uparrow 4} \frac{x^2 + 2x - 5}{x^2 - 16}$,

   h) $\lim\limits_{x \to 4} \left| \frac{x^2 + 2x - 5}{x^2 - 16} \right|$, i) $\lim\limits_{x \uparrow 1} (x - [x])$, k) $\lim\limits_{x \downarrow 1} (x - [x])$.

3. Man untersuche die Funktion $x \to f(x)$ auf Stetigkeit an der Stelle x_0:

   a) $f(x) = \begin{cases} x^2 & \text{für } x \leqq 1, \\ 2x - 1 & \text{für } x > 1, \end{cases}$ $x_0 = 1$, b) $f(x) = x + \operatorname{sgn} x$, $x_0 = 0$,

   c) $f(x) = \begin{cases} 0 & \text{für } x \leqq 0, \\ 2^{\frac{1}{x}} & \text{für } x > 0, \end{cases}$ $x_0 = 0$, d) $f(x) = \frac{x^3}{|x|}$, $x_0 = 0$,

   e) $f(x) = \begin{cases} \cos\frac{1}{x} & \text{für } x \neq 0, \\ 0 & \text{für } x \neq 0, \end{cases}$ $x_0 = 0$, f) $f(x) = \begin{cases} x^2 & \text{für } x \neq 1, \\ 0 & \text{für } x = 1, \end{cases}$ $x_0 = 1$,

   g) $f(x) = \begin{cases} x^2 & \text{für } x \neq 3, \\ 9 & \text{für } x = 3, \end{cases}$ $x_0 = 3$.

4. Man untersuche die Funktionen a) $x \to [x]$, $x \in \mathbb{R}$ und b) $x \to [x]$, $x \in [0, \infty)$ auf Stetigkeit an der Stelle 0.

5. Läßt sich die Funktion $x \to f(x)$ in die Stelle x_0 hinein stetig fortsetzen?

   a) $f(x) = \frac{x^3 - 8}{x - 2}$, $x_0 = 2$, b) $f(x) = \frac{x - 1}{x^2 - 1}$, $x_0 = 1$, c) $f(x) = \frac{x - 1}{x^2 - 1}$, $x_0 = -1$,

d) $f(x) = \frac{|x|-1}{x^2-1}$, $x_0 = 1$, e) $f(x) = \frac{|x|-1}{x^2-1}$, $x_0 = -1$, f) $f(x) = \frac{x}{|x|}$, $x_0 = 0$,

g) $f(x) = \frac{1}{|x|}$, $x_0 = 0$, h) $f(x) = \cos\frac{1}{x}$, $x_0 = 0$, i) $f(x) = x^2 \cos\frac{1}{x}$, $x_0 = 0$.

6. Man bestimme die Definitionslücken der Funktion $x \to \frac{(x-1)^2(x+3)^2}{(x-1)^3(x^2-9)}$. In welche dieser Stellen hinein ist sie stetig fortsetzbar?

7. Man untersuche die Funktion $x \to [x] + [-x]$ auf Stetigkeit.

8. Man beschreibe das Verhalten der Funktionen $x \to \tan\frac{1}{x}$ und $x \to \frac{1}{\sin\frac{1}{x}}$ in einer Umgebung der Stelle 0.

9. Man beweise: Ist f eine an der Stelle 0 stetige ungerade Funktion, so gilt $f(0) = 0$.

10. Man beweise: Ist die Funktion f an der Stelle x_0 stetig, so ist auch die Funktion $x \to |f(x)|$ an dieser Stelle stetig.

11. Man beweise: Sind f und g Funktionen, die auf einem gemeinsamen Bereich A stetig sind, so ist

$$x \to \max\{f(x), g(x)\}, \quad x \in A$$

eine stetige Funktion.

12. Gegeben ist eine Funktion $x \to f(x)$, die an der Stelle x_0 stetig ist. In welcher δ-Umgebung von x_0 muß x liegen, damit $|f(x) - f(x_0)| < \frac{1}{100}$ ist?

a) $f(x) = x^2 + 4x + 5$, $x_0 = -2$, b) $f(x) = \frac{x}{x+1}$, $x_0 = 1$.

13. Dem Dezimalbruch $x = \sum_{k=0}^{\infty} d_k 10^{-k}$ werde der Dezimalbruch $f(x) = \sum_{k=0}^{\infty} d_k 100^{-k}$ zugeordnet, also ist z.B.

$$f(0{,}274\ldots) = 0{,}020704\ldots$$

Man beweise, daß die Funktion $x \to f(x)$, $x \geqq 0$ monoton steigend ist, aber in jedem beliebigen Intervall Unstetigkeitsstellen hat.

14. Man beweise: Ist f auf einem Intervall I stetig, so ist $f(I)$ eine zusammenhängende Menge (vgl. § 8, Aufgabe 2).

15. Man beweise: Ist f auf $[a, b]$ stetig und gilt $a \leqq f(x) \leqq b$ für alle x mit $x \in [a,b]$ (d.h. bildet f das Intervall $[a, b]$ stetig in sich selbst ab), so gibt es eine Zahl x_1 mit $x_1 \in [a, b]$ und $f(x_1) = x_1$ (sog. *Fixpunkt* der Funktion f). Was ist die anschauliche Bedeutung des Satzes?

Ergebnisse

1. a) $\lim_{n\to\infty} \frac{n}{2n+1} = \frac{1}{2}$, b) $\lim_{n\to\infty} \frac{2n}{3n+1} = \frac{2}{3}$, c) $\lim_{n\to\infty} \frac{2n^2+3n-2}{2n-1} = \infty$,

d) $\lim_{n\to\infty} \frac{5n+3}{2n+1} = \frac{5}{2}$, e) $\lim_{n\to\infty} \frac{12n^2-6n+3}{n^2-2n+1} = 12$.

2. a) 4, b) -8, c) $-\frac{1}{3}$, d) $\frac{3}{2}$, e) $\frac{1}{2}$, f) existiert nicht, g) $-\infty$, h) ∞, i) 1, k) 0.
3. a) stetig, b) unstetig (Fall 2), c) unstetig (Fall 3), d) stetig, e) unstetig (Fall 3), f) unstetig (Fall 1), g) stetig.
4. a) unstetig (Sprungstelle), b) stetig (Randstelle!).
5. a) ja, b) ja, c) nein, d) ja, e) ja, f) nein, g) nein, h) nein, i) ja.

6. 1, -3, 3; stetig fortsetzbar in die Stelle -3.
7. Unstetig an den Stellen $x=k$, $k \in \mathbb{Z}$, sonst überall stetig.
8. Beide Funktionen nehmen in jeder Umgebung von 0 jeden beliebigen Wert an; ihre Unstetigkeitsstellen häufen sich gegen die Stelle 0.
9. Es gilt $\lim\limits_{x \downarrow 0} f(x) = f(0)$, also (weil f ungerade ist) $\lim\limits_{x \uparrow 0} f(x) = -f(0)$, und aus der Stetigkeit folgt die Gleichheit der beiden Grenzwerte, also $f(0)=0$.
10. Ist $n \to x_n$ eine Folge von Zahlen aus dem Definitionsbereich von f und mit $\lim\limits_{n\to\infty} x_n = x_0$, so gilt nach Satz 7 von § 7
$$\lim_{n\to\infty} |f(x_n)| = \left|\lim_{n\to\infty} f(x_n)\right| = |f(x_0)|.$$
11. Nach § 2, Aufgabe 6 ist
$$\max\{f(x), g(x)\} = \tfrac{1}{2}[f(x)+g(x)+|f(x)-g(x)|],$$
also folgt die Stetigkeit nach Satz 5 und Aufgabe 10 von § 9.
12. a) $\delta = \frac{1}{10}$, b) $\delta = \frac{2}{51}$.
13. Die Monotonität ist unmittelbar einleuchtend. f ist an jeder Stelle x mit abbrechendem Dezimalbruch unstetig: Z.B. sei
$$a_1 = 0{,}136, \quad a_2 = 0{,}1369, \quad a_3 = 0{,}13699, \ldots,$$
also ist
$$f(a_1) = 0{,}010306, \quad f(a_2) = 0{,}01030609, \quad f(a_3) = 0{,}0103060909, \ldots,$$
also $\lim\limits_{n\to\infty} a_n = 0{,}137$, $f(\lim\limits_{n\to\infty} a_n) = 0{,}010307$, aber $\lim\limits_{n\to\infty} f(a_n) = 0{,}01030\overline{609}\ldots$
14. Es sei $y_1 \in f(I)$ und $y_2 \in f(I)$, ferner y zwischen y_1 und y_2. Dann gibt es ein x_1 und ein x_2 in I mit $y_1=f(x_1)$ und $y_2=f(x_2)$. Es sei $x_1 < x_2$. Nach dem Zwischenwertsatz gibt es also ein x mit $x_1 < x < x_2$ und $f(x)=y$, also $y \in f(I)$.
15. Gilt weder $f(a)=a$ noch $f(b)=b$, so sei $g(x)=f(x)-x$. g ist stetig auf $[a, b]$, und es gilt $g(a) > a$, $g(b) < b$. Nach dem Zwischenwertsatz gibt es also ein x_1 in $[a, b]$ mit $g(x_1)=f(x_1)-x_1=0$, also mit $f(x_1)=x_1$. – Anschaulich bedeutet dies, daß sich der Graph von f und die 45°-Linie an einer Stelle x mit $x \in [a, b]$ schneiden.

§ 10. Das bestimmte Integral

1. Das Problem der Flächenmessung

Bei der Messung von Linien, Flächen und geometrischen Körpern geht es zunächst darum, möglichst vielen Punktmengen α einer Geraden, einer Ebene bzw. des Raumes eine reelle Zahl $F(\alpha)$ mit $F(\alpha) \geqq 0$ zuzuordnen (nämlich das Längenmaß, das Flächenmaß oder den Flächeninhalt bzw. das Raummaß oder das Volumen von α). Es handelt sich also um ein sogenanntes *Funktional*, d.h. eine Abbildung von einer Menge in die Menge $\mathbb{R}$ (eine *Funktion* ist also ein spezielles Funktional).

Dabei geht man so vor, daß man zunächst (auf Grund der geometrischen Anschauung) den Elementen $\alpha, \beta, \ldots$ einer gewissen Menge M von Teilmengen der Geraden, Ebene bzw. des Raumes, die mit α und β stets auch $\alpha \cup \beta$ und $\alpha - \beta$ enthält, ihre Maßzahlen zuordnet, so daß gilt:

1. Sind α und β kongruent, so sei $F(\alpha) = F(\beta)$.
2. Haben α und β keine inneren Punkte gemeinsam, so sei
$$F(\alpha \cup \beta) = F(\alpha) + F(\beta).$$

Diese Eigenschaft überträgt sich dann leicht auf endlich viele Elemente. Zudem fordert man: Ist $n \to \alpha_n$ eine Folge von Elementen aus M, so daß für $n_1 \neq n_2$ stets α_{n_1} und α_{n_2}

keine inneren Punkte gemeinsam haben, und konvergiert die Reihe $\sum_{n=1}^{\infty} F(\alpha_n)$, so gilt

$$F(\alpha_1 \cup \alpha_2 \cup \alpha_3 \cup \ldots) = \sum_{n=1}^{\infty} F(\alpha_n).$$

3. Eine Normierungsbedingung: gewissen ausgezeichneten Elementen aus M werden gewisse Zahlen zum vornherein zugeordnet.

Bei der Messung von Strecken ist M die Menge aller Strecken, die mit einer gewissen Einheitsstrecke η *kommensurabel* sind (die Längenmaße der Strecken von M sind dann rationale Zahlen, vgl. § 1); als Normierungsbedingung nimmt man $F(\eta) = 1$. Bei der Flächenmessung nimmt man die Menge aller *Polygone* als Menge M, denen nach den bekannten Formeln der Planimetrie (für Dreiecke, Parallelogramme, Trapeze usw.) Flächeninhalte zugeordnet werden können, und als Normierungsbedingung die Bedingung $F(\varrho) = ab$, wenn ϱ ein Rechteck mit den Seitenlängenmaßen a und b ist.

Aus Eigenschaft 2 folgt übrigens noch folgende Eigenschaft: Sind α und β Elemente aus M mit $\alpha \subset \beta$, so gilt

$$F(\alpha) \leqq F(\beta).$$

Denn es ist $\beta = \alpha \cup (\beta - \alpha)$, und da auch $\beta - \alpha$ zu M gehört, ist

$$F(\beta) = F(\alpha) + F(\beta - \alpha) \geqq F(\alpha).$$

Die Maßzahl $F(\alpha)$ einer Teilmenge α der Geraden, der Ebene bzw. des Raumes, die nicht zu M gehört, kann dann mit Hilfe eines *infinitesimalen Prozesses* auf folgende Art definiert werden, so daß die Bedingungen 1 bis 3 für alle Elemente von $M \cup \{\alpha\}$ erfüllt sind: Es sei A eine Menge von Maßzahlen $F(\beta)$ mit $\beta \in M$ und $\beta \subset \alpha$, und B eine Menge von Maßzahlen $F(\beta)$ mit $\beta \in M$ und $\alpha \subset \beta$. Dann gilt

$$x \in A \wedge y \in B \Rightarrow x < y,$$

also $\sup A \leqq \inf B$. Gilt $\sup A = \inf B$, so wird definiert:

$$F(\alpha) = \sup A = \inf B.$$

Dazu genügt es nach Satz 6 von § 8, daß es Folgen $n \to \beta_n$ und $n \to \gamma_n$ von Elementen aus M gibt mit $\beta_n \subset \alpha \subset \gamma_n$, für die $F(\gamma_n) - F(\beta_n)$ beliebig klein wird. Bei der Streckenmessung kann man für A und B die Maßzahlen aller mit α kommensurablen Strecken β mit $\beta \subset \alpha$ bzw. $\alpha \subset \beta$ nehmen (vgl. § 1). Bei der Flächenmessung läßt sich z.B. jedem *Kreis* $\varkappa$ ein Flächeninhalt $F(\varkappa)$ nach dem *Archimedischen Verfahren*[1] zuordnen, indem man eine Folge von dem Kreis einbeschriebenen regulären Polygonen (deren Ecken auf der Kreislinie liegen) und eine Folge von ihm umbeschriebenen regulären Polygonen (deren Seiten die Kreislinie berühren) nimmt, die den Kreis von innen bzw. von außen ausschöpfen *(Exhaustionsmethode)*. Dieses Verfahren ist bekannt, wird aber hier kurz repetiert.

Es sei r das Längenmaß des Kreisradius, also $d = 2r$ dasjenige des Kreisdurchmessers; ferner seien s_n, u_n und f_n die Längenmaße der Seite, des Umfangs und der Flächeninhalt des einbeschriebenen und S_n, U_n und F_n die entsprechenden Zahlen des umbeschriebenen regulären n-Ecks. Ist in Fig. 1 $\overline{MA} = \overline{MB} = r$, $\overline{AB} = s_n$, so ist $\overline{DE} = S_n$, $\overline{FB} = s_{2n}$, $\overline{GB} = \frac{1}{2} S_{2n}$. Bezeichnen wir allgemein den Flächeninhalt eines Dreiecks ABC mit $F(ABC)$ und eines Vierecks $ABCD$ mit $F(ABCD)$, so wird also für jede natürliche Zahl n mit $n \geqq 3$

$$F(MCB) = \frac{1}{2n} f_n < F(MFB) = \frac{1}{2n} f_{2n}, \quad \text{also} \quad f_n < f_{2n},$$

$$F(MFE) = \frac{1}{2n} F_n > 2 \cdot F(MGB) = 2 \cdot \frac{1}{4n} F_{2n}, \quad \text{also} \quad F_n > F_{2n},$$

$$F(MCB) = \frac{1}{2n} f_n < F(MFE) = \frac{1}{2n} F_n, \quad \text{also} \quad f_n < F_n,$$

[1] Archimedes 287–212 v. Chr.

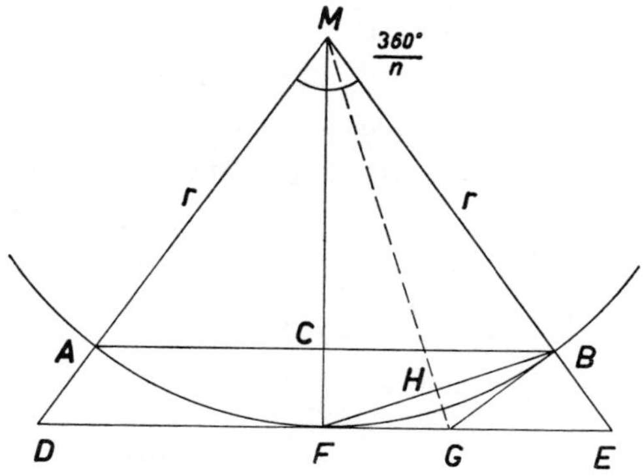

Fig. 1

$$F(FGB) = \frac{1}{2n}(F_{2n} - f_{2n}) < \tfrac{1}{2} F(FEBC) = \frac{1}{4n}(F_n - f_n),$$

$$\text{also} \quad F_{2n} - f_{2n} < \tfrac{1}{2}(F_n - f_n).$$

Nach Satz 8 von § 6 bilden also die Flächeninhalte, die man durch fortgesetzte Verdoppelung der Eckenzahl erhält, eine Intervallschachtelung, z. B. also die Flächeninhalte

$$f_6, f_{12}, f_{24}, \ldots \quad \text{und} \quad F_6, F_{12}, F_{24}, \ldots$$

(Archimedes begann nämlich mit dem 6-Eck). Somit gilt für die Kreisfläche $\varkappa$

$$F(\varkappa) = \lim_{n \to \infty} f_{6 \cdot 2^n} = \lim_{n \to \infty} F_{6 \cdot 2^n}.$$

Das Problem der Bestimmung dieses Grenzwertes wird meist im Zusammenhang mit der *Rektifikation* des Kreises behandelt, d. h. mit dem Problem, der Kreislinie ein Längenmaß u (Umfang) zuzuordnen: Aus Fig. 1 entnehmen wir

$$\overline{CB} = \tfrac{1}{2} s_n < \overline{FB} = s_{2n}, \quad \text{also} \quad u_n = n s_n < 2n s_{2n} = u_{2n},$$

$$\tfrac{1}{2}\overline{FE} = \tfrac{1}{4} S_n > \overline{FG} = \tfrac{1}{2} S_{2n}, \quad \text{also} \quad U_n = n S_n > 2n \cdot S_{2n} = U_{2n}$$

(denn MG halbiert den $\sphericalangle\, FME$),

$$\overline{CB} = \tfrac{1}{2} s_n < \overline{FE} = \tfrac{1}{2} S_n, \quad \text{also} \quad u_n < U_n,$$

ferner ist

$$F_n = n \cdot \tfrac{1}{2} S_n r = \tfrac{1}{2} U_n r$$

$$f_n = n \cdot \tfrac{1}{2} s_n \overline{MC} = \tfrac{1}{2} u_n \overline{MC} < \tfrac{1}{2} u_n r.$$

Somit bilden die Zahlen

$$\tfrac{1}{2} u_6 r,\ \tfrac{1}{2} u_{12} r,\ \tfrac{1}{2} u_{24} r, \ldots \text{ und } \tfrac{1}{2} U_6 r,\ \tfrac{1}{2} U_{12} r,\ \tfrac{1}{2} U_{24} r, \ldots$$

eine Intervallschachtelung mit demselben Grenzwert $F(\varkappa)$ wie oben (vgl. Fig. 2, wobei speziell $r = 1$ gewählt wurde), also bilden auch die Umfänge

$$u_6, u_{12}, u_{24}, \ldots \quad \text{und} \quad U_6, U_{12}, U_{24}, \ldots$$

eine Intervallschachtelung, deren Grenzwert wir als den Kreisumfang u definieren. Dabei gilt

$$F(\varkappa) = \lim_{n \to \infty} F_{6 \cdot 2^n} = \lim_{n \to \infty} \tfrac{1}{2} U_{6 \cdot 2^n} r = \tfrac{1}{2} r \cdot \lim_{n \to \infty} U_{6 \cdot 2^n} = \tfrac{1}{2} r\, u. \tag{1}$$

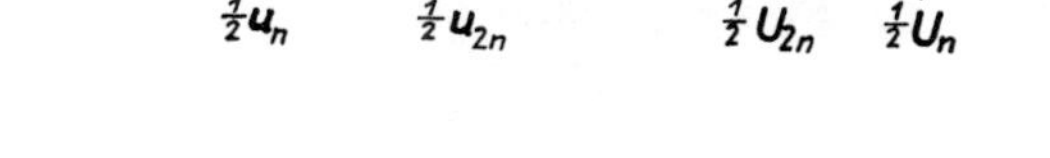

Fig. 2

Diese Umfänge lassen sich, ausgehend von

$$u_6 = 6\,r, \qquad U_6 = 4\sqrt{3}\,r, \tag{2}$$

sukzessive berechnen: Wegen der Ähnlichkeit der Dreiecke GBE und MFE ist

$$\overline{GB} : \overline{GE} = \overline{MF} : \overline{ME} = \overline{MB} : \overline{ME} = \overline{CB} : \overline{FE},$$

also

$$\tfrac{1}{2} S_{2n} : \left(\tfrac{1}{2} S_n - \tfrac{1}{2} S_{2n}\right) = \tfrac{1}{2} s_n : \tfrac{1}{2} S_n,$$

also

$$S_{2n} S_n = S_n s_n - S_{2n} s_n,$$

$$S_{2n} = \frac{S_n s_n}{S_n + s_n},$$

also

$$U_{2n} = 2n\,S_{2n} = \frac{2n\,S_n\,n s_n}{n\,S_n + n s_n} = \frac{2\,U_n u_n}{U_n + u_n} \tag{3}$$

(«harmonisches Mittel» von U_n und u_n). Ferner folgt aus der Ähnlichkeit der Dreiecke FBG und ABF

$$\overline{FB} : \overline{BG} = \overline{AB} : \overline{FB},$$

also

$$s_{2n} : \tfrac{1}{2} S_{2n} = s_n : s_{2n},$$

$$s_{2n}{}^2 = \tfrac{1}{2} s_n S_{2n},$$

$$u_{2n}{}^2 = (2n\,s_{2n})^2 = 4\,n^2 s_{2n}{}^2 = 4\,n^2 \cdot \tfrac{1}{2} s_n S_{2n} = 2n\,S_{2n} \cdot n s_n = U_{2n} \cdot u_n,$$

also

$$u_{2n} = \sqrt{u_n U_{2n}} \tag{4}$$

(«geometrisches Mittel» von u_n und U_{2n}).

Definition 1 (erste Definition der Zahl π): Der Grenzwert der Intervallschachtelung $n \to [u_{6\cdot 2^n}, U_{6\cdot 2^n}]$, die durch die obigen Formeln (2), (3) und (4) mit $r = \frac{1}{2}$ definiert ist, wird mit π bezeichnet.

Die nachfolgende Tabelle gibt einige Werte von u_k und U_k für $k = 6 \cdot 2^n$ mit $n = 0, 1, 2, \ldots$ Sie zeigt, wie sich ein Dezimalbruch konsolidiert, nämlich die Zahl π, für die man bei genauerer Rechnung folgenden Wert erhält:

$$\pi = 3{,}14159\ 26535\ 89793\ldots$$

n	k	u_k	U_k
0	6	3,000000	3,464102
1	12	3,105829	3,215390
2	24	3,132629	3,159660
3	48	3,139350	3,146086
4	96	3,141032	3,142715
5	192	3.141452	3,141873
6	384	3,141558	3,141663
7	768	3,141584	3,141610
8	1536	3,141590	3,141597
9	3072	3,141592	3,141594

Schließlich erwähnen wir noch, daß sich für einen beliebigen Radius r für alle diese Umfänge das $2r$-fache ergibt, also auch für den Grenzwert; also ist

$$u = 2\pi r, \tag{5}$$

und daraus folgt nach (1)

$$F(\varkappa) = \tfrac{1}{2} r \cdot 2\pi r = \pi r^2. \tag{6}$$

2. Integration der Potenzfunktionen

a) Integration der quadratischen Grundfunktion

Um nun für weitere Flächenstücke einen Flächeninhalt zu definieren, versuchen wir zunächst, dem Flächenstück zwischen der Parabel mit der Gleichung $y = x^2$, der x-Achse und der Vertikalen bei $x = a$ (mit $a > 0$) einen Flächeninhalt zuzuordnen. Dies ist bereits Archimedes gelungen («Parabelquadratur»); wir führen aber ein verallgemeinerungsfähigeres Verfahren durch, das auf Cavalieri[1] zurückgeht.

Dazu teilen wir das Intervall $[0, a]$ in n gleiche Teile von der Länge $\Delta x = \frac{a}{n}$ (Fig. 3). Die Teilpunkte (inklusive Randpunkte des Intervalls) haben die Abszissen

$$x_0 = 0,\ x_1 = \frac{a}{n},\ x_2 = \frac{2a}{n}, \ldots,\ x_n = a,$$

allgemein $x_k = \frac{ka}{n}$ $(k = 0, 1, 2, \ldots, n)$. Nun berechnen wir die Summe der Flächeninhalte aller einbeschriebenen Rechtecke, die in jedem Teilintervall von unten an die Kurve stoßen (in Fig. 3 für $n = 4$ dick schwarz ausgezogen); diese Summe heißt die zur Einteilung gehörige *Untersumme* U_n. Setzen wir $y_k = x_k^2$ $(k = 0, 1, \ldots, n)$, so erhalten wir

$$U_n = y_1 \Delta x + y_2 \Delta x + \ldots + y_{n-1} \Delta x = \sum_{k=1}^{n-1} y_k \Delta x = \sum_{k=1}^{n-1} x_k^2 \Delta x$$

$$= \sum_{k=1}^{n-1} \frac{k^2 a^2}{n^2} \cdot \frac{a}{n} = \frac{a^3}{n^3} \sum_{k=1}^{n-1} k^2.$$

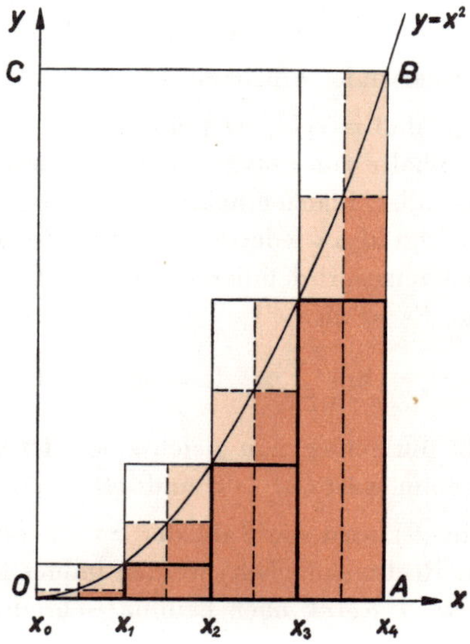

Fig. 3

[1] Bonaventura Cavalieri 1598–1647.

Nach Satz 5 von § 4 wird (wenn in ihm n durch $n-1$ ersetzt wird) $\sum_{k=1}^{n-1} k^2 = \frac{1}{6}(n-1)\,n\,(2n-1)$, also

$$U_n = \frac{a^3}{6}\left(1-\frac{1}{n}\right)\left(2-\frac{1}{n}\right) = \frac{a^3}{3}\left(1-\frac{3}{2n}+\frac{1}{2n^2}\right). \tag{7}$$

Da die Folgen $n \to 1-\frac{1}{n}$ und $n \to 2-\frac{1}{n}$ monoton steigend sind, ist auch die Folge $n \to U_n$ monoton steigend.

In gleicher Weise berechnen wir die zur Einteilung gehörige *Obersumme* O_n, d.h. die Summe der Flächeninhalte aller zur Einteilung gehörenden umbeschriebenen Rechtecke (für $n=4$ dünn schwarz ausgezogen in Fig. 3) und erhalten

$$O_n = y_1 \Delta x + y_2 \Delta x + \ldots + y_n \Delta x$$

$$= \sum_{k=1}^{n} y_k \Delta x = \sum_{k=1}^{n} x_k{}^2 \Delta x = \sum_{k=1}^{n} \frac{k^2 a^2}{n^2}\cdot\frac{a}{n} = \frac{a^3}{n^3}\sum_{k=1}^{n} k^2;$$

nach Satz 5 von § 4 wird

$$O_n = \frac{a^3}{6}\left(1+\frac{1}{n}\right)\left(2+\frac{1}{n}\right) = \frac{a^3}{3}\left(1+\frac{3}{2n}+\frac{1}{2n^2}\right). \tag{8}$$

Da die Folgen $n \to 1+\frac{1}{n}$ und $n \to 2+\frac{1}{n}$ monoton fallend sind, gilt dies auch für die Folge $n \to O_n$.

Verdoppelt man die Anzahl n der Teile (in Fig. 3 ist für $n=8$ die einbeschriebene und umbeschriebene Treppenfläche durch verschiedene Färbungen angedeutet), so ist es auch anschaulich klar, daß U_n größer und O_n kleiner wird.

Schließlich wird nach (7) und (8)

$$O_n - U_n = \frac{a^3}{3}\cdot\frac{6}{2n} = \frac{a^3}{n},$$

d.h. $O_n - U_n$ wird für wachsendes n beliebig klein.

Somit haben wir gezeigt, daß $n \to [U_n, O_n]$ eine Intervallschachtelung ist. Ist A die Menge aller Flächeninhalte von Polygonen, die unserer Fläche einbeschrieben sind, und B die Menge aller Flächeninhalte von Polygonen, in denen unsere Fläche enthalten ist, so folgt also wiederum nach Satz 6 von § 8 $\sup A = \inf B$; als diesen gemeinsamen Grenzwert definieren wir nach Nr. 1 dieses § den Flächeninhalt F unserer Fläche. Es ist also

$$F = \lim_{n\to\infty} U_n = \lim_{n\to\infty} O_n = \lim_{n\to\infty} \sum_{k=1}^{n} x_k{}^2 \Delta x = \lim_{n\to\infty} \frac{a^3}{3}\left(1+\frac{1}{n}\right)\left(2+\frac{1}{n}\right) = \frac{a^3}{3}. \tag{9}$$

Dieser Flächeninhalt ist übrigens genau gleich einem Drittel des Flächeninhalts des Rechtecks $OABC$ (denn es ist $\overline{OA} = a$ und $\overline{AB} = a^2$).

Beim Grenzübergang in (9) wird die Zahl der Summanden immer größer, die Summanden selbst (die Rechteckflächen) werden immer kleiner. Der Grenzwert in (9) heißt ein *bestimmtes Integral;* nach Leibniz[1] schreibt man dafür kurz

[1] Gottfried W. Leibniz 1646–1716.

$$\int_0^a x^2 \, \mathrm{d}x = \lim_{n \to \infty} \sum_{k=1}^{n} x_k^2 \, \Delta x \tag{10}$$

(gelesen: «Integral über $x^2 \, \mathrm{d}x$ von 0 bis a); man läßt also das Limeszeichen weg, ersetzt aber das Summenzeichen $\sum$ durch das Integralzeichen $\int$ (aus dem Buchstaben S entstanden) und Δx durch $\mathrm{d}x$ (weil Δx beliebig klein wird und früher sehr kleine x-Differenzen mit $\mathrm{d}x$ bezeichnet wurden). Das Zeichen $\mathrm{d}x$ darf nicht weggelassen werden, weil man sonst $\int_0^a x^2$ als $\lim_{n \to \infty} \sum_{k=1}^{n} x_k^2$ verstehen könnte (der letztere Grenzwert würde nicht existieren).

Wir bemerken noch, daß dieses Integral, obschon wir bei seiner Berechnung von der geometrischen Anschauung ausgegangen sind, nun auch unabhängig von der Anschauung aus der Funktion $x \to x^2$ durch die Gleichung (10) definiert werden kann.

b) Verallgemeinerung auf Potenzfunktionen

Ganz analog kann man auch bei der Funktion $x \to x^3$ verfahren; man erhält dann

$$\int_0^a x^3 \, \mathrm{d}x = \lim_{n \to \infty} \sum_{k=1}^{n} x_k^3 \, \Delta x = \lim_{n \to \infty} \frac{a^4}{n^4} \sum_{k=1}^{n} k^3 ;$$

nach § 4, Aufgabe 61 ist $\sum_{k=1}^{n} k^3 = \frac{1}{4}(n^4 + 2n^3 + n^2)$, also

$$\int_0^a x^3 \, \mathrm{d}x = \lim_{n \to \infty} \frac{a^4}{n^4} \cdot \frac{n^4 + 2n^3 + n^2}{4} = \lim_{n \to \infty} \frac{a^4}{4} \left(1 + \frac{2}{n} + \frac{1}{n^2}\right) = \frac{a^4}{4} . \tag{11}$$

Ferner ist es anschaulich klar, daß man erhält

$$\int_0^a x^1 \, \mathrm{d}x = \int_0^a x \, \mathrm{d}x = \frac{a^2}{2} \quad \text{und} \quad \int_0^a x^0 \, \mathrm{d}x = \int_0^a 1 \, \mathrm{d}x = a = \frac{a^1}{1} \tag{12}$$

(denn die entsprechenden Flächeninhalte lassen sich elementar berechnen, siehe Fig. 4 und 5). Die Verallgemeinerung dieser Formeln auf Potenzfunktionen mit beliebigen natürlichen Exponenten liegt also auf der Hand. Zum Beweis der allgemeinen Formel brauchen wir einen Hilfssatz über die Potenzsummen

$$S_m(n) = 1^m + 2^m + \ldots + n^m .$$

Hilfssatz 1: Definiert man für $m \in \mathbb{N}_0$ und $n \in \mathbb{N}$

$$S_m(n) = \sum_{k=1}^{n} k^m ,$$

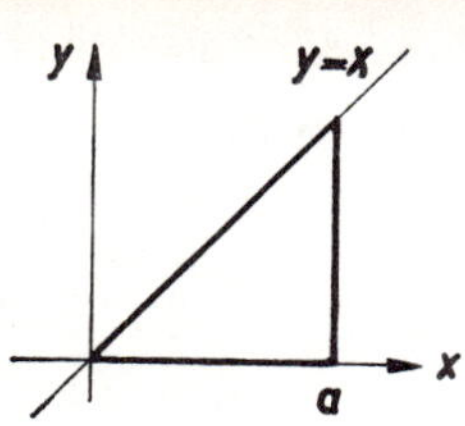

Fig. 4

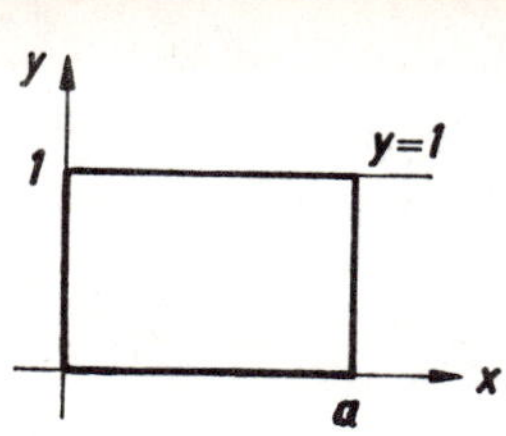

Fig. 5

so ist

$$\lim_{n\to\infty} \frac{S_m(n)}{n^{m+1}} = \frac{1}{m+1}.$$

Beweis: Für $m = 0$ ist die Aussage trivial. Es sei $m > 0$. Nach Satz 10 von § 4 ist für $k \in \mathbb{N}$

$$k^{m+1} - (k-1)^{m+1} = \sum_{p=0}^{m} k^{m-p}(k-1)^p.$$

Diese Summe wird kleiner, wenn man jeden Summanden $k^{m-p}(k-1)^p$ durch $(k-1)^m$ ersetzt, dagegen größer, wenn man ihn durch k^m ersetzt; also gilt (weil die Summe $m+1$ Summanden hat)

$$(m+1)(k-1)^m < k^{m+1} - (k-1)^{m+1} < (m+1)\, k^m.$$

Durch Summierung erhält man

$$(m+1)\sum_{k=1}^{n}(k-1)^m < \sum_{k=1}^{n}\left[k^{m+1} - (k-1)^{m+1}\right] < (m+1)\sum_{k=1}^{n} k^m,$$

also

$$(m+1)\cdot S_m(n-1) < n^{m+1} < (m+1)\cdot S_m(n).$$

Aus dem linken Teil dieser Ungleichung erhält man

$$S_m(n-1) < \frac{n^{m+1}}{m+1}, \quad \text{also} \quad \frac{S_m(n)}{n^{m+1}} < \frac{1}{m+1}\cdot\frac{(n+1)^{m+1}}{n^{m+1}},$$

aus ihrem rechten Teil

$$\frac{S_m(n)}{n^{m+1}} > \frac{1}{m+1},$$

also zusammengefaßt

$$\frac{1}{m+1} < \frac{S_m(n)}{n^{m+1}} < \frac{1}{m+1}\cdot\frac{(n+1)^{m+1}}{n^{m+1}} = \frac{1}{m+1}\cdot\left(1+\frac{1}{n}\right)^{m+1}.$$

Da nach Satz 6 von § 7 gilt

$$\lim_{n\to\infty}\left(1+\frac{1}{n}\right)^{m+1} = 1^{m+1} = 1,$$

folgt

$$\lim_{n\to\infty} \frac{S_m(n)}{n^{m+1}} = \frac{1}{m+1}.$$

Nun sind wir in der Lage, den angekündigten allgemeinen Satz zu beweisen[1]:

Satz 1: Für alle m mit $m \in \mathbb{N}_0$ gilt

$$\int_0^a x^m \,\mathrm{d}x = \frac{a^{m+1}}{m+1}.$$

Beweis: Analog zur quadratischen Funktion erhalten wir für die Potenzfunktion $x \to x^m$ die Untersumme

$$U_n = \sum_{k=1}^{n-1} x_k{}^m \Delta x = \sum_{k=1}^{n-1} \frac{k^m a^m}{n^m}\cdot\frac{a}{n} = \frac{a^{m+1}}{n^{m+1}}\cdot\sum_{k=1}^{n-1} k^m = \frac{a^{m+1}}{n^{m+1}}\cdot S_m(n-1)$$

[1] Satz 1 folgt viel einfacher aus einer Differentiationsregel (Satz 3 von § 12) und aus Satz 5 von § 16.

und für die Obersumme

$$O_n = \sum_{k=1}^{n} x_k{}^m \Delta x = \frac{a^{m+1}}{n^{m+1}} \cdot \sum_{k=1}^{n} k^m = \frac{a^{m+1}}{n^{m+1}} \cdot S_m(n).$$

Nach Hilfssatz 1 ist

$$\lim_{n\to\infty} \frac{S_m(n-1)}{n^{m+1}} = \lim_{n\to\infty} \frac{S_m(n)-n^m}{n^{m+1}} = \lim_{n\to\infty}\left(\frac{S_m(n)}{n^{m+1}} - \frac{1}{n}\right)$$

$$= \lim_{n\to\infty} \frac{S_m(n)}{m^{m+1}} - \lim_{n\to\infty} \frac{1}{n} = \frac{1}{m+1},$$

also

$$\lim_{n\to\infty} U_n = \lim_{n\to\infty} O_n = \frac{a^{m+1}}{m+1}.$$

3. Integration beliebiger beschränkter Funktionen

Wir verallgemeinern nun den Begriff des bestimmten Integrals auf beliebige beschränkte Funktionen. Es seien zwei Zahlen a und b mit $a < b$ und eine Funktion $x \to f(x)$, $x \in [a, b]$ gegeben, die auf diesem Intervall beschränkt sei. Wir teilen dann das Intervall in Teilintervalle ein, die nun nicht mehr einander gleich sein müssen.

Definition 2: Unter einer *Einteilung* des Intervalls $[a, b]$ in m Teile verstehen wir eine Menge

$$E = \{x_0, x_1, x_2, \ldots, x_m\}$$

von Zahlen x_k ($k = 0, 1, 2, \ldots, m$) mit der Eigenschaft

$$a = x_0 < x_1 < x_2 < \ldots < x_m = b.$$

Definition 3: Unter der zur Einteilung E von $[a, b]$ gehörenden *Untersumme* von f verstehen wir die Summe

$$U_E = \sum_{k=1}^{m} m_k \Delta x_k,$$

unter der zu E gehörenden *Obersumme* von f die Summe

$$O_E = \sum_{k=1}^{m} M_k \Delta x_k,$$

wobei $\Delta x_k = x_k - x_{k-1}$ die Länge des k. Teilintervalls, und m_k die untere und M_k die obere Grenze der Menge der Funktionswerte $f(x)$ mit $x_{k-1} \leqq x \leqq x_k$ sei.

Die Untersumme und die Obersumme bedeuten geometrisch die Flächeninhalte der einbeschriebenen bzw. umbeschriebenen Treppenfläche, die zu E gehört (in Fig. 6 dick bzw. dünn ausgezogen).

Definition 4: Unter einer zur Einteilung E gehörenden *Zwischensumme* von f versteht man die Summe

$$Z_E = \sum_{k=1}^{m} f(\xi_k)\, \Delta x_k,$$

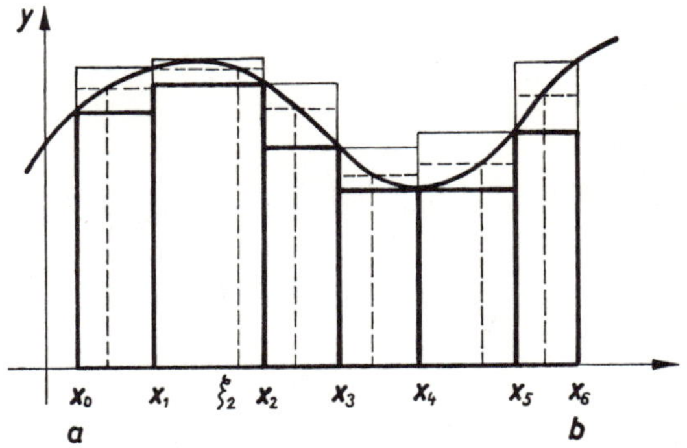

Fig. 6

wobei ξ_k $(k=1, 2, \ldots, m)$ irgendwelche Zahlen sind, für die gilt $x_{k-1} \leqq \xi_k \leqq x_k$ für $k=1, 2, \ldots, m$.

Die einer solchen Zwischensumme entsprechenden Rechtecke sind in Fig. 6 gestrichelt gezeichnet. Nimmt man als spezielle Zwischenstellen ξ_k die rechten Ränder der Teilintervalle, so erhält man als spezielle Zwischensumme

$$\sum_{k=1}^{m} f(x_k)\, \Delta x_k ;$$

auch U_E und O_E sind spezielle Zwischensummen zu E.

Definition 5: Von zwei Einteilungen E_1 und E_2 von $[a, b]$ heißt E_1 *feiner* als E_2, wenn $E_2 \subset E_1$ gilt.

Über die Einteilungen und die zugehörigen Summen gelten folgende Sätze:

Hilfssatz 2: Für jede Zwischensumme Z_E einer Einteilung E gilt stets

$$U_E \leqq Z_E \leqq O_E .$$

Beweis: Für jeden Zwischenwert ξ_k mit $x_{k-1} \leqq \xi \leqq x_k$ gilt $m_k \leqq f(\xi_k) \leqq M_k$, woraus die Behauptung von Hilfssatz 2 folgt.

Hilfssatz 3: Ist die Einteilung E_1 feiner als die Einteilung E_2, so gilt

$$U_{E1} \geqq U_{E2} \quad \text{und} \quad O_{E1} \leqq O_{E2} .$$

Beweis: Wird das k. Teilintervall einer Einteilung E durch Einführung eines neuen Teilpunktes in zwei Teilintervalle mit den Längen Δ_{k1} und Δ_{k2} zerlegt, und sind m_{k1} und m_{k2} die unteren und M_{k1} und M_{k2} die oberen Grenzen der Menge der Werte $f(x)$ in diesen Intervallen, so ist

$$m_{k1} \geqq m_k, \; m_{k2} \geqq m_k, \; M_{k1} \leqq M_k, \; M_{k2} \leqq M_k,$$

also

$$m_{k1} \Delta x_{k1} + m_{k2} \Delta x_{k2} \geqq m_k(\Delta_{k1} + \Delta_{k2}) = m_k \Delta x_k$$

und

$$M_{k1} \Delta x_{k1} + M_{k2} \Delta_{k2} \leqq M_k(\Delta_{k1} + \Delta_{k2}) = M_k \Delta x .$$

Durch Hinzukommen eines neuen Teilpunktes wird also die Untersumme nicht kleiner und die Obersumme nicht größer.

Hilfssatz 4: Sind E_1 und E_2 beliebige Einteilungen des Intervalls, so ist stets

$$U_{E1} \leqq O_{E2}.$$

Beweis: Sind E_1 und E_2 beliebige Einteilungen des Intervalls, so ist $E_1 \cup E_2$ eine Einteilung, die feiner als E_1 und feiner als E_2 ist. Nach den Hilfssätzen 2 und 3 ist also

$$U_{E1} \leqq U_{E1 \cup E2} \leqq O_{E1 \cup E2} \leqq O_{E2}.$$

Wir bezeichnen die obere Grenze aller möglichen Untersummen des Intervalls mit g, die untere Grenze aller möglichen Obersummen mit G. Nach Hilfssatz 4 ist $g \leqq G$.

Definition 6: Eine auf einem Intervall $[a, b]$ definierte beschränkte Funktion f heißt auf diesem Intervall *integrierbar* (im Riemannschen Sinne[1]), wenn die obere Grenze g aller Untersummen mit der unteren Grenze G aller Obersummen übereinstimmt, oder (was nach Satz 6 von § 8 damit äquivalent ist), wenn es eine Folge $n \to U_n$ von Untersummen und eine Folge $n \to O_n$ von Obersummen gibt mit

$$\lim_{n \to \infty} (O_n - U_n) = 0.$$

Der gemeinsame Grenzwert

$$g = G = \lim_{n \to \infty} U_n = \lim_{n \to \infty} O_n$$

heißt das *bestimmte Integral* der Funktion im Intervall $[a, b]$ und wird mit

$$\int_a^b f(x)\, dx$$

bezeichnet (dabei erhält man für *alle* Folgen $n \to U_n$ und $n \to O_n$ von Unter- bzw. Obersummen mit $\lim_{n \to \infty} (O_n - U_n) = 0$ stets denselben Grenzwert $g = G$); in diesem Ausdruck ist x eine gebundene Variable.

Ist f auf $[a, b]$ integrierbar, so gibt es stets auch eine Folge $n \to U_n'$ von Untersummen und eine Folge $n \to O_n'$ von Obersummen mit $\lim_{n \to \infty} (O_n' - U_n') = 0$, die zur *gleichen* Folge von Einteilungen gehören; denn sind E_n und E_n' die zu O_n bzw. U_n gehörigen Einteilungen von $[a, b]$ und gilt $\lim_{n \to \infty} (O_n - U_n) = 0$, so gilt für die zur Einteilung $E_n \cup E_n'$ gehörigen Unter- und Obersummen U_n' bzw. O_n' nach den Hilfssätzen 3 und 4

$$U_n \leqq U_n' \leqq O_n' \leqq O_n, \text{ also auch } \lim_{n \to \infty} (O_n' - U_n') = 0.$$

Im allgemeinen müssen dabei die Einteilungen E_n und E_n' mit wachsendem n beliebig fein werden. Ist dann (für jede natürliche Zahl n) Z_n eine Zwischensumme der Einteilung $E_n \cup E_n'$, so ist nach Hilfssatz 2 auch

[1] Bernhard Riemann 1826–1866.

$$\int_a^b f(x)\,\mathrm{d}x = \lim_{n\to\infty} Z_n = \lim_{n\to\infty} \sum_{k=1}^{z_n} f(\xi_k)\,\Delta x_k,$$

wobei z_n die Anzahl der Teilintervalle von $E_n \cup E_n'$ ist.

Beispiel 1: Die Potenzfunktionen $x \to x^n$ (mit $n \in \mathbb{N}_0$) sind für beliebiges a mit $a > 0$ im Intervall $[0, a]$ integrierbar (nach Satz 1).

Beispiel 2: Die Funktion $x \to f(x)$ mit

$$f(x) = \begin{cases} 0, & \text{wenn } x \text{ rational,} \\ 1, & \text{wenn } x \text{ irrational} \end{cases}$$

ist in keinem Intervall $[a, b]$ integrierbar, weil stets $U_E = 0$ und $O_E = b - a$, also $g = 0$ und $G = b - a$ ist.

Definition 7: Unter der *Feinheit* $\mu(E)$ einer Einteilung E von $[a, b]$ in m Teilintervalle versteht man die Zahl

$$\mu(E) = \max\{\Delta x_1, \Delta x_2, \ldots, \Delta x_m\}.$$

Ist die Einteilung E_1 feiner als die Einteilung E_2, so ist $\mu(E_1) \leqq \mu(E_2)$.

Satz 2: Eine auf $[a, b]$ definierte monotone Funktion ist auf $[a, b]$ integrierbar, und zwar gilt für jede Folge $n \to E_n$ von Einteilungen von $[a, b]$ mit $\lim\limits_{n\to\infty} \mu(E_n) = 0$

$$\lim_{x\to\infty} (O_{E_n} - U_{E_n}) = 0.$$

Beweis: Die Funktion f sei z. B. auf $[a, b]$ monoton nicht-abnehmend, und es sei $n \to E_n$ eine Folge von Einteilungen von $[a, b]$ mit $\lim\limits_{n\to\infty} \mu(E_n) = 0$, wobei für jedes n mit $n \in \mathbb{N}$ gelte

$$E_n = \{x_0^{(n)}, x_1^{(n)}, x_2^{(n)}, \ldots, x_{z_n}^{(n)}\},$$

ferner für $k = 1, 2, \ldots, z_n$

$$I_k^{(n)} = [x_{k-1}^{(n)}, x_k^{(n)}],\ m_k^{(n)} = \inf f(I_k^{(n)}),\ M_k^{(n)} = \sup f(I_k^{(n)})$$

und

$$\Delta x_k^{(n)} = x_k^{(n)} - x_{k-1}^{(n)} \leqq \mu(E_n).$$

Nun ist wegen der Monotonität von f

$$m_k^{(n)} = f(x_{k-1}^{(n)}),\ M_k^{(n)} = f(x_k^{(n)}),$$

also

$$O_{E_n} - U_{E_n} = \sum_{k=1}^{z_n} [f(x_k^{(n)}) - f(x_{k-1}^{(n)})]\,\Delta x_k^{(n)} \leqq \sum_{k=1}^{z_n} [f(x_k^{(n)}) - f(x_{k-1}^{(n)})]\,\mu(E_n)$$

$$= \mu(E_n) \sum_{k=1}^{z_n} [f(x_k^{(n)}) - f(x_{k-1}^{(n)})] = \mu(E_n)\,[f(b) - f(a)],$$

also gilt

$$\lim_{n\to\infty} (O_{E_n} - U_{E_n}) = 0.$$

Noch wichtiger ist der folgende (anschaulich evidente) Satz:

Satz 3: Ist die Funktion f im Intervall $[a, b]$ stetig, so ist sie in diesem Intervall integrierbar, und zwar gilt $\lim\limits_{n\to\infty} (O_{E_n} - U_{E_n}) = 0$ für jede Folge $n \to E_n$ von Einteilungen von $[a, b]$ mit $\lim\limits_{n\to\infty} \mu(E_n) = 0$.

Beweis: a) Es sei $n \to E_n$ eine Folge von Einteilungen

$$E_n = \{x_0^{(n)}, x_1^{(n)}, \ldots, x_{z_n}^{(n)}\}$$

von $[a, b]$ in z_n Intervalle

$$I_k^{(n)} = [x_{k-1}^{(n)}, x_k^{(n)}] \text{ mit } k = 1, 2, \ldots, z_n$$

mit $\lim\limits_{n \to \infty} \mu(E_n) = 0$. Nach Satz 9 von § 9 existieren die Zahlen

$$m_k^{(n)} = \inf f(I_k^{(n)}) \text{ und } M_k^{(n)} = \sup f(I_k^{(n)}).$$

Die sogenannte «Schwankung» der Funktion im k. Intervall $I_k^{(n)}$ der Einteilung E_n ist also

$$\sigma_k^{(n)} = M_k^{(n)} - m_k^{(n)}.$$

b) Wir zeigen, daß für großes n nicht nur alle $\sigma_k^{(n)}$ beliebig klein gemacht werden können, sondern daß es zu jeder positiven Zahl ε eine natürliche Zahl n_0 gibt, so daß für alle $\sigma_k^{(n)}$ mit $n > n_0$ und $k \leqq z_n$ gemeinsam gilt

$$\sigma_k^{(n)} < \varepsilon.$$

Dazu nehmen wir an, das Gegenteil sei der Fall, d. h. es gebe eine positive Zahl ε, so daß es beliebig große n gibt, zu denen je eine natürliche Zahl k existiert mit $k \leqq z_n$ und $\sigma_k^{(n)} \geqq \varepsilon$. Dann gäbe es also monoton steigende Folgen $n \to m_n$ und $n \to k_n$ natürlicher Zahlen, für die gilt $k_n \leqq m_n$ und $\sigma_{k_n}^{(m_n)} \geqq \varepsilon$. Die entsprechende Intervallfolge sei

$$n \to I_{k_n}^{(m_n)} = [a_n, b_n].$$

Die Folge $n \to a_n$ ist beschränkt, also enthält sie nach Satz 11 von § 8 eine konvergente Teilfolge $n \to a_{l_n}$; ihr Grenzwert sei c. Wegen

$$b_n - a_n \leqq \mu(E_{m_n}) \text{ und } \lim_{n \to \infty} \mu(E_n) = 0$$

ist auch $\lim\limits_{n \to \infty} b_{l_n} = c$. Jede Umgebung von c enthält also Intervalle $[a_n, b_n]$ mit $\sigma_{k_n}^{(m_n)} \geqq \varepsilon$, was im Widerspruch steht zur Stetigkeit von f an der Stelle c.

c) Also gilt, wenn wir $\Delta x_k^{(n)} = x_k^{(n)} - x_{k-1}^{(n)}$ setzen, für alle n mit $n > n_0$

$$O_{E_n} - U_{E_n} = \sum_{k=1}^{z_n} \sigma_k^{(n)} \Delta x^{(n)} \leqq \varepsilon \sum_{k=1}^{n} \Delta x_k^{(n)} = \varepsilon(b-a);$$

also kann $O_{E_n} - U_{E_n}$ beliebig klein gemacht werden.

Physikalische Anwendung des bestimmten Integrals: Weg als Integral der Geschwindigkeit-Zeit-Funktion, Geschwindigkeit als Integral der Beschleunigung-Zeit-Funktion, Arbeit als Integral der Kraft-Weg-Funktion.

4. Integrationsregeln

Satz 4 (Monotonität des Integrals): Sind f und g zwei auf $[a, b]$ integrierbare Funktionen und gilt $f(x) \leqq g(x)$ für alle x mit $x \in [a, b]$, so gilt

$$\int_a^b f(x)\,\mathrm{d}x \leqq \int_a^b g(x)\,\mathrm{d}x.$$

Beweis: Für jede Einteilung E von $[a, b]$ gilt für die Untersummen U_E und U'_E von f bzw. g

$$U_E \leqq U'_E;$$

also gilt für die obere Grenze $\int_a^b f(x)\,dx$ der Menge aller Untersummen von f und für die obere Grenze $\int_a^b g(x)\,dx$ der Menge aller Untersummen von g

$$\int_a^b f(x)\,dx \leqq \int_a^b g(x)\,dx.$$

Satz 5 (Konstantenregel der Integralrechnung): Die konstante Funktion $x \to c$ ist in jedem Intervall $[a, b]$ integrierbar, und es ist

$$\int_a^b c\,dx = c(b-a).$$

Beweis: Für jede Einteilung E wird $U_E = O_E = c(b-a)$. Anschaulich bedeutet das Integral den Flächeninhalt eines Rechtecks.

Satz 6 (Faktorregel der Integralrechnung): Ist $x \to f(x)$ im Intervall $[a, b]$ integrierbar und ist c eine reelle Zahl, so ist auch $x \to cf(x)$ in diesem Intervall integrierbar, und es ist

$$\int_a^b cf(x)\,dx = c\int_a^b f(x)\,dx.$$

Beweis: Der Satz ist anschaulich klar, weil z. B. die Verdoppelung der Ordinaten jedes Punktes des Graphen auch eine Verdoppelung der Fläche unter der Kurve bedeutet. Strenger Beweis: Sind $n \to U_n$ und $n \to O_n$ Folgen von Unter- bzw. Obersummen von f mit $\lim\limits_{n\to\infty}(O_n - U_n) = 0$, so ist (für $c \geqq 0$) $c\,U_n$ eine Unter- und $c\,O_n$ eine Obersumme für $x \to cf(x)$ (im Fall $c < 0$ umgekehrt!), also ist

$$\lim_{n\to\infty}(c\,O_n - c\,U_n) = \lim_{n\to\infty} c(O_n - U_n) = 0,$$

also

$$\int_a^b cf(x)\,dx = \lim_{n\to\infty} c\,U_n = c\lim_{n\to\infty} U_n = c\int_a^b f(x)\,dx.$$

Hilfssatz 5: Sind U_E, U'_E und U''_E die zu einer Einteilung E gehörenden Untersummen zweier Funktionen $x \to f(x)$, $x \to g(x)$ und ihrer Summenfunktion $x \to f(x)+g(x)$, und sind O_E, O'_E und O''_E die entsprechenden Obersummen, so gilt

$$U_E + U'_E \leqq U''_E \leqq O''_E \leqq O_E + O'_E.$$

Beweis: Ist I ein Teilintervall von E und sind a, b und c die unteren Grenzen der Mengen der Werte $f(x)$, der Werte $g(x)$ bzw. der Werte $f(x)+g(x)$ für $x \in I$, so gilt für jedes x mit $x \in I$

$$f(x)+g(x) \geqq a+b,$$

also gilt

$$a+b \leqq c$$

(daß $a+b < c$ sein kann, zeigt Fig. 7), also folgt

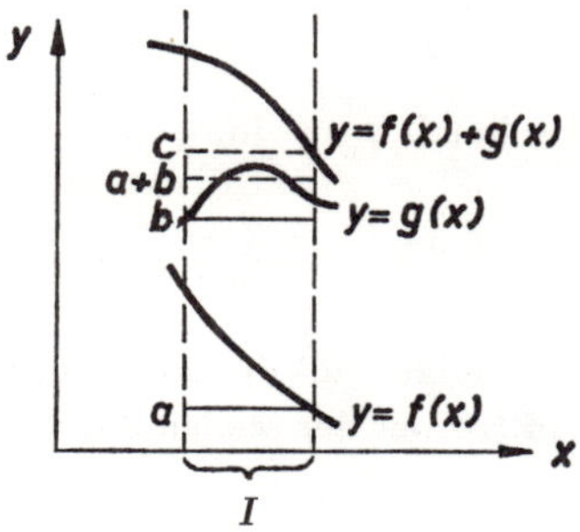

Fig. 7

$$U_E + U'_E \leqq U''_E \,.$$

Entsprechendes gilt für die Obersummen.

Satz 7 (Summenregel der Integralrechnung): Sind die Funktionen $x \to f(x)$ und $x \to g(x)$ auf dem Intervall $[a, b]$ integrierbar, so ist auch die Funktion $x \to f(x) + g(x)$ auf diesem Intervall integrierbar, und es ist

$$\int_a^b [f(x) + g(x)]\,\mathrm{d}x = \int_a^b f(x)\,\mathrm{d}x + \int_a^b g(x)\,\mathrm{d}x.$$

Beweis: Der Satz ist wiederum anschaulich klar, weil die Summe der Flächeninhalte der beiden Rechtecke, die für ein festes Teilintervall und einen festen Zwischenwert zu den beiden Funktionen gehören, gleich dem Flächeninhalt des entsprechenden Rechtecks für die Superposition der beiden Kurven ist. Strenger Beweis: Es gibt eine Folge $n \to E_n$ von Einteilungen von $[a, b]$, so daß für die zugehörigen Summen U_{E_n} und O_{E_n} von f gilt

$$\lim_{n \to \infty} (O_{E_n} - U_{E_n}) = 0, \tag{*}$$

und eine Folge $n \to E_n'$ von Einteilungen, so daß für die zugehörigen Summen $U'_{E_n'}$ und $O'_{E_n'}$ von g gilt

$$\lim_{n \to \infty} (O'_{E_n'} - U'_{E_n'}) = 0. \tag{**}$$

Bezeichnen wir die zur Folge $n \to E_n'' = E_n \cup E_n'$ gehörenden Summen für die Funktion $x \to f(x) + g(x)$ mit $U''_{E_n''}$ bzw. $O''_{E_n''}$, so gilt nach den Hilfssätzen 2, 3 und 5

$$U_{E_n} + U'_{E_n'} \underset{\text{HS. 3}}{\leqq} U_{E_n''} + U'_{E_n''} \underset{\text{HS. 5}}{\leqq} U''_{E_n''} \underset{\text{HS. 2}}{\leqq} O''_{E_n''} \underset{\text{HS. 5}}{\leqq} O_{E_n''} + O'_{E_n''} \underset{\text{HS. 3}}{\leqq} O_{E_n} + O'_{E_n'}, \tag{***}$$

ferner nach (*) und (**)

$$\lim_{n \to \infty} [(O_{E_n} + O'_{E_n'}) - (U_{E_n} + U'_{E_n'})] = \lim_{n \to \infty} [(O_{E_n} - U_{E_n}) + (O'_{E_n'} - U'_{E_n'})] = 0,$$

also ist wegen (***)

$$\lim_{n \to \infty} (O''_{E_n''} - U''_{E_n''}) = 0,$$

also gilt

$$\int_a^b [f(x)+g(x)]\,\mathrm{d}x = \lim_{n\to\infty} U''_{E_n''} = \lim_{n\to\infty} (U_{E_n} + U'_{E_n'})$$
$$= \lim_{n\to\infty} U_{E_n} + \lim_{n\to\infty} U'_{E_n'} = \int_a^b f(x)\,\mathrm{d}x + \int_a^b g(x)\,\mathrm{d}x.$$

Folgerung: Aus Satz 6 und 7 folgt, daß die auf $[a,b]$ integrierbaren Funktionen einen Vektorraum über dem Körper der reellen Zahlen bilden und daß durch die Zuordnung

$$f \to \int_a^b f(x)\,\mathrm{d}x$$

ein lineares Funktional auf der Menge der auf $[a,b]$ integrierbaren Funktionen definiert wird.

Satz 8 (Additivität des Integrals): Ist $a<b<c$, und ist f auf $[a,b]$ und auf $[b,c]$ integrierbar, so ist f auch auf $[a,c]$ integrierbar, und es ist

$$\int_a^b f(x)\,\mathrm{d}x + \int_b^c f(x)\,\mathrm{d}x = \int_a^c f(x)\,\mathrm{d}x.$$

Beweis: Der Satz ist anschaulich sofort klar, wenn man die geometrische Bedeutung des Integrals berücksichtigt (Fig. 8). Strenger Beweis: Nach Voraussetzung gibt es Folgen $n \to U_n$ und $n \to O_n$ von Unter- bzw. Obersummen für $[a, c]$ und solche Folgen $n \to U_n'$ und $n \to O_n'$ für $[b, c]$ mit

$$\lim_{n\to\infty} (O_n - U_n) = 0 \quad \text{und} \quad \lim_{n\to\infty} (O_n' - U_n') = 0.$$

Nun sind $n \to U_n + U_n'$ und $n \to O_n + O_n'$ Folgen von Unter- bzw. Obersummen für $[a, c]$, und es ist

$$\lim_{n\to\infty} [(O_n + O_n') - (U_n + U_n')] = \lim_{n\to\infty} [(O_n - U_n) + (O_n' - U_n')]$$
$$= \lim_{n\to\infty} (O_n - U_n) + \lim_{n\to\infty} (O_n' - U_n') = 0,$$

also

$$\int_a^b f(x)\,\mathrm{d}x + \int_b^c f(x)\,\mathrm{d}x = \lim_{n\to\infty} O_n + \lim_{n\to\infty} O_n' = \lim_{n\to\infty} (O_n + O_n') = \int_a^c f(x)\,\mathrm{d}x.$$

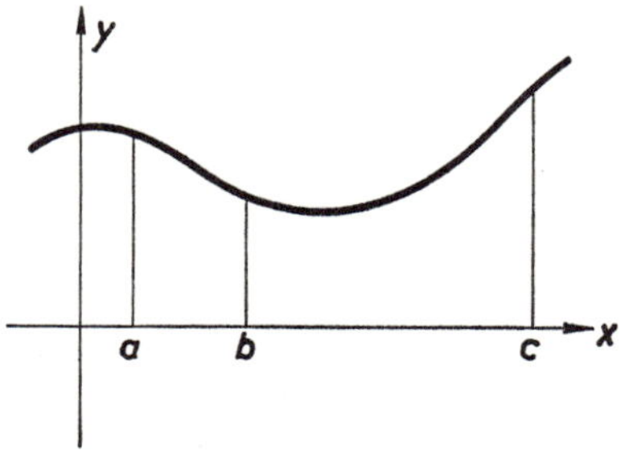

Fig. 8

Satz 9: Für $n \in \mathbb{N}_0$ *und für* $a < b$ *gilt*

$$\int_a^b x^n \,\mathrm{d}x = \frac{b^{n+1}}{n+1} - \frac{a^{n+1}}{n+1}.$$

Beweis[1]: a) Ist $0 < a < b$, so ist nach Satz 8

$$\int_a^b x^n \,\mathrm{d}x = \int_0^b x^n \,\mathrm{d}x - \int_0^a x^n \,\mathrm{d}x,$$

also nach Satz 1

$$\int_a^b x^n \,\mathrm{d}x = \frac{b^{n+1}}{n+1} - \frac{a^{n+1}}{n+1}.$$

b) Ist $0 = a < b$, so ist $\int_a^b x^n \,\mathrm{d}x = \int_0^b x^n \,\mathrm{d}x$, also gilt Satz 9 ebenfalls.

c) Ist $a < 0$, so ist

$$\int_a^0 x^n \,\mathrm{d}x = \pm \int_0^{|a|} x^n \,\mathrm{d}x,$$

je nachdem n gerade oder ungerade ist (weil dann $x \to x^n$ eine gerade bzw. eine ungerade Funktion ist, vgl. Fig. 9 und 10 für $n = 2$ und 3), also nach Satz 1

$$\int_a^0 x^n \,\mathrm{d}x = \pm \frac{|a|^{n+1}}{n+1} = -\frac{a^{n+1}}{n+1}.$$

d) Ist $a < 0 < b$, so ist nach Satz 8

$$\int_a^b x^n \,\mathrm{d}x = \int_a^0 x^n \,\mathrm{d}x + \int_0^b x^n \,\mathrm{d}x,$$

also nach c) und Satz 1

$$\int_a^b x^n \,\mathrm{d}x = -\frac{a^{n+1}}{n+1} + \frac{b^{n+1}}{n+1}.$$

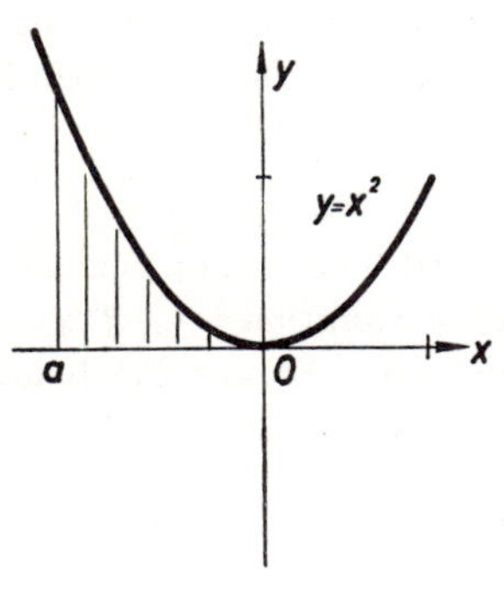

Fig. 9

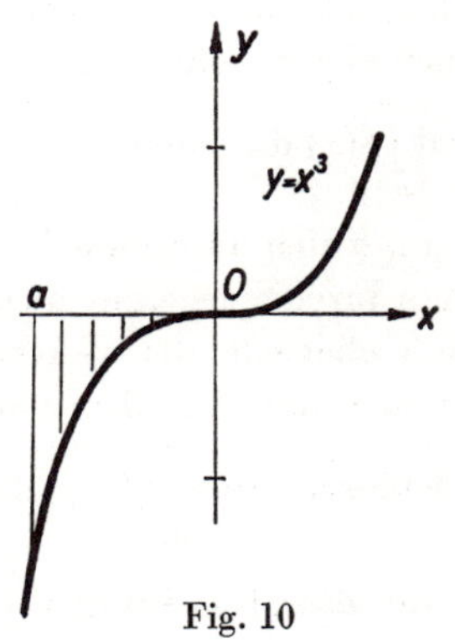

Fig. 10

[1] Der Beweis dieses Satzes (ja sogar seiner Verallgemeinerung auf beliebige a und b) ergibt sich einfacher aus der Theorie von § 16.

e) Ist $a < b = 0$, so ist nach c)

$$\int_a^b x^n \, dx = \int_a^0 x^n \, dx = -\frac{a^{n+1}}{n+1},$$

so daß Satz 9 auch gilt.

f) Ist $a < b < 0$, so ist nach Satz 8

$$\int_a^b x^n \, dx = \int_a^0 x^n \, dx - \int_b^0 x^n \, dx,$$

also nach c)

$$\int_a^b x^n \, dx = -\frac{a^{n+1}}{n+1} - \left(-\frac{b^{n+1}}{n+1}\right) = \frac{b^{n+1}}{n+1} - \frac{a^{n+1}}{n+1}.$$

Beispiel 3: $\int_0^2 \frac{3}{2} x^2 \, dx = \frac{3}{2} \int_0^2 x^2 \, dx = \frac{3}{2} \cdot \frac{2^3}{3} = 4.$

Beispiel 4: $\int_0^2 (x^3 + 2x + 2) \, dx = \int_0^2 x^3 \, dx + 2\int_0^2 x \, dx + 2\int_0^2 dx$

$$= \frac{2^4}{4} + 2 \cdot \frac{2^2}{2} + 2 \cdot 2 = 12.$$

Beispiel 5: $\int_{-2}^3 x^4 \, dx = \frac{3^5}{5} - \frac{(-2)^5}{5} = 55.$

Beispiel 6: $\int_2^5 (x^2 - 6x + 2) \, dx = \int_2^5 x^2 \, dx - 6\int_2^5 x \, dx + 2\int_2^5 dx$

$$= \left(\frac{5^3}{3} - \frac{2^3}{3}\right) - 6\left(\frac{5^2}{2} - \frac{2^2}{2}\right) + 2(5-2) = -18.$$

5. Flächen zwischen zwei Kurven

1. Liegt der Graph einer Funktion f im Intervall $[a, b]$ oberhalb der x-Achse [d.h. ist $f(x) \geqq 0$ für $a \leqq x \leqq b$], so wird der Flächeninhalt der Fläche zwischen dem Graphen, der x-Achse und den Vertikalen bei $x = a$ und $x = b$ definiert durch das Integral $\int_a^b f(x) \, dx$ (sofern es existiert).

Liegt der Graph aber unterhalb der x-Achse [d. h. ist $f(x) < 0$ für $a \leqq x \leqq b$, Fig. 11], so erhält man durch Spiegelung an der x-Achse die Funktion $x \to -f(x) = |f(x)|$, deren Graph oberhalb der x-Achse liegt; deshalb wird der Flächeninhalt der Fläche zwischen dem Graphen von f, der x-Achse und der Vertikalen bei $x = a$ und $x = b$ definiert durch $\int_a^b |f(x)| \, dx = -\int_a^b f(x) \, dx$.

Allgemein gilt also: Das Integral $\int_a^b f(x) \, dx$ bedeutet geometrisch den Flächeninhalt der Fläche zwischen dem Graphen von f, der x-Achse und den Vertikalen bei $x = a$ und $x = b$, wobei Flächenteile unterhalb der x-Achse *negativ gezählt wer-*

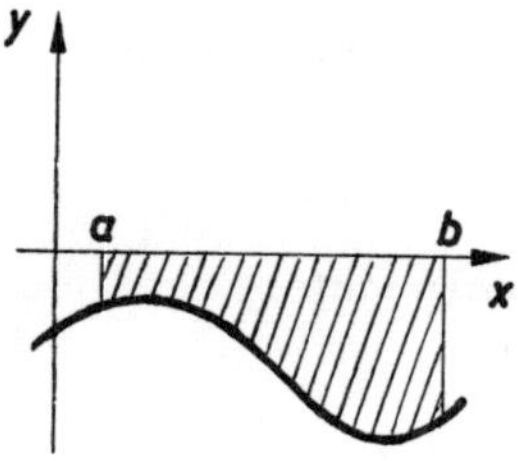

Fig. 11

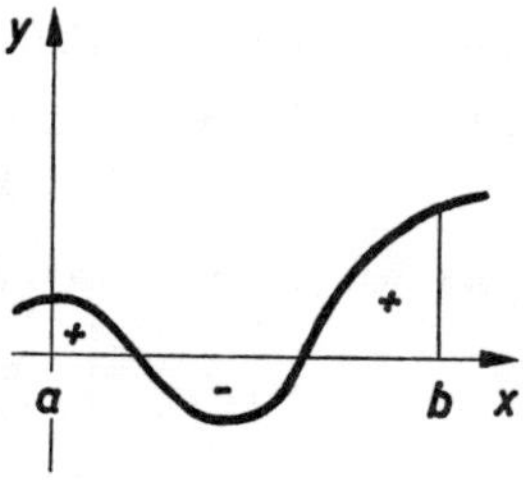

Fig. 12

den (Fig. 12). Zur Berechnung des Flächeninhalts muß also das Intervall $[a, b]$ geeignet eingeteilt werden.

2. Sind f und g zwei Funktionen, deren Graphen sich im Intervall $[a, b]$ nicht schneiden (Fig. 13), wobei der Graph von f oberhalb des Graphen von g liege, d.h. gilt

$$f(x) \geqq g(x) \text{ für alle } x \text{ mit } x \in [a, b],$$

so ist der Flächeninhalt der Fläche zwischen den Graphen und den Vertikalen bei $x = a$ und $x = b$ definiert durch

$$F = \int_a^b f(x)\,\mathrm{d}x - \int_a^b g(x)\,\mathrm{d}x = \int_a^b [f(x) - g(x)]\,\mathrm{d}x, \tag{13}$$

falls beide Graphen oberhalb der x-Achse liegen. Diese Formel gilt aber auch, wenn die Graphen unterhalb oder teilweise unterhalb der x-Achse liegen; denn durch Addition einer geeigneten Konstanten c erhält man Funktionen, deren Graphen oberhalb der x-Achse liegen, und deshalb gilt

$$F = \int_a^b [f(x) + c]\,\mathrm{d}x - \int_a^b [g(x) + c]\,\mathrm{d}x = \int_a^b [f(x) - g(x)]\,\mathrm{d}x.$$

Nach (13) läßt sich z.B. der Flächeninhalt eines von zwei sich schneidenden Kurven eingeschlossenen Flächenstücks berechnen; dazu hat man nur für a und b die Abszissen der Schnittpunkte einzusetzen (Fig. 14). Ist nicht bekannt, ob f die Funktion mit dem höher liegenden Graphen ist, so kann man den Flächeninhalt nach der Formel

$$F = \left| \int_a^b [f(x) - g(x)]\,\mathrm{d}x \right|$$

berechnen.

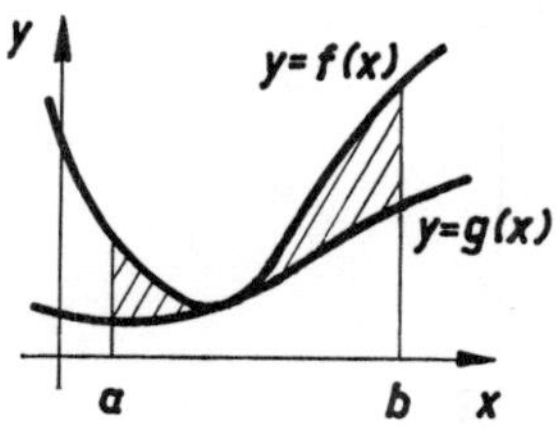

Fig. 13

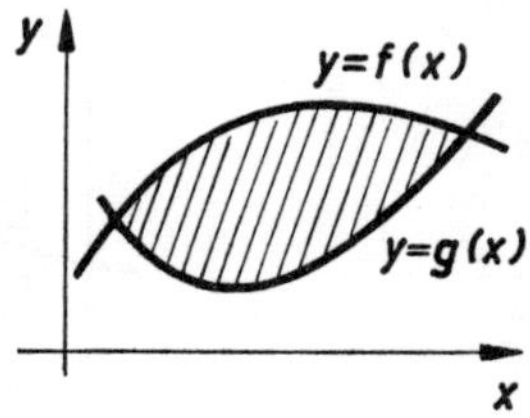

Fig. 14

Beispiel 7: Man berechne den Flächeninhalt des Flächenstückes zwischen den Parabeln mit den Gleichungen

$$y = \tfrac{1}{2}x^2 \text{ und } y = -x^2 + 6x - \tfrac{9}{2}.$$

Zuerst berechnen wir die Abszissen der Schnittpunkte:

$$\left.\begin{aligned} y &= \tfrac{1}{2}x^2 \\ y &= -x^2 + 6x - \tfrac{9}{2} \end{aligned}\right\}$$

$$\tfrac{1}{2}x^2 = -x^2 + 6x - \tfrac{9}{2},$$

$$\tfrac{3}{2}x^2 - 6x + \tfrac{9}{2} = 0,$$

$$x_{1,2} = \frac{6 \pm \sqrt{36-27}}{3} = \begin{cases} 3 \\ 1 \end{cases}$$

Somit wird

$$F = \int_1^3 \left(-x^2 + 6x - \tfrac{9}{2} - \tfrac{1}{2}x^2\right) \mathrm{d}x = \int_1^3 \left(-\tfrac{3}{2}x^2 + 6x - \tfrac{9}{2}\right) \mathrm{d}x$$

$$= -\tfrac{3}{2}\int_1^3 x^2\,\mathrm{d}x + 6\int_1^3 x\,\mathrm{d}x - \tfrac{9}{2}\int_1^3 \mathrm{d}x = -\frac{3}{2}\left(\frac{3^3}{3} - \frac{1^3}{3}\right) + 6\left(\frac{3^2}{2} - \frac{1^2}{2}\right) - \frac{9}{2}(3-1) = 2.$$

6. Numerische Integration

a) Sehnentrapezformel

Um ein Integral $\int_a^b f(x)\,\mathrm{d}x$ zu berechnen, kann man den Beitrag eines Teilintervalls $[x_{\mathrm{I}}, x_{\mathrm{II}}]$ des Intervalls $[a, b]$ approximieren durch den Flächeninhalt des durch die Sehne CD definierten «Sehnentrapezes» $ABDC$ (Fig. 15), also durch

$$\Delta J_1 = (x_{\mathrm{II}} - x_{\mathrm{I}}) \cdot \tfrac{1}{2}[f(x_{\mathrm{I}}) + f(x_{\mathrm{II}})]. \tag{14}$$

Für das gegebene Integral erhält man also, wenn

$$\{x_0, x_1, \ldots, x_n\}$$

eine Einteilung von $[a, b]$ in n gleiche Teile von der Länge $\Delta x = \dfrac{b-a}{n}$ ist, durch Anwendung von (14) auf die Teilintervalle den Näherungswert

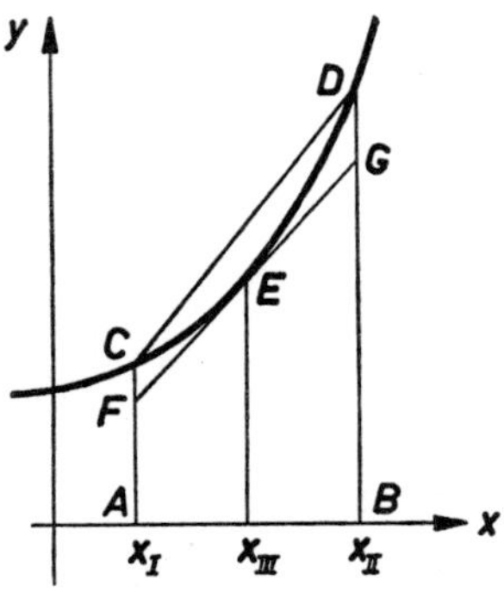

Fig. 15

$$\int_a^b f(x)\,\mathrm{d}x \approx \Delta x \cdot \tfrac{1}{2}(y_0+y_1) + \Delta x \cdot \tfrac{1}{2}(y_1+y_2) + \ldots + \Delta x \cdot \tfrac{1}{2}(y_{n-1}+y_n)$$

$$= \frac{b-a}{2n}(y_0+2y_1+2y_2+\ldots+2y_{n-1}+y_n), \tag{15}$$

wobei $y_k = f(x_k)$ ist (für $k = 0, 1, 2, \ldots, n$).

b) Tangententrapezformel

Approximiert man den Beitrag des Teilintervalls $[x_{\mathrm{I}}, x_{\mathrm{II}}]$ durch den Flächeninhalt des durch die Tangente FG an der Stelle E mit der Abszisse

$$x_{\mathrm{III}} = \tfrac{1}{2}(x_{\mathrm{I}} + x_{\mathrm{II}})$$

gebildeten «Tangententrapezes» $ABGF$ (Fig. 15), so erhält man für diesen Beitrag den Näherungswert

$$\Delta J_2 = (x_{\mathrm{II}} - x_{\mathrm{I}}) \cdot f(x_{\mathrm{III}}). \tag{16}$$

Somit erhält man für das gegebene Integral, wenn

$$\{x_0, x_1, x_2, \ldots, x_{2n}\}$$

eine Einteilung von $[a, b]$ in $2n$ gleiche Teile von der Länge $\Delta x = \dfrac{b-a}{2n}$ ist, durch Anwendung von (16) auf die Teilintervalle $[x_0, x_2]$, $[x_2, x_4]$, ... die Näherungsformel

$$\int_a^b f(x)\,\mathrm{d}x \approx 2\Delta x \cdot y_1 + 2\Delta x \cdot y_3 + \ldots + 2\Delta x \cdot y_{2n-1} = \frac{b-a}{n}(y_1+y_3+\ldots+y_{2n-1}), \tag{17}$$

wobei $y_k = f(x_k)$ für $k = 0, 1, 2, \ldots, 2n$.

c) Die Simpsonsche Formel

Eine viel bessere Näherung erhält man, wenn man (14) und (16) durch das gewogene Mittel

$$\Delta J_3 = \frac{\Delta J_1 + 2\Delta J_2}{3} = \tfrac{1}{6}(x_{\mathrm{II}} - x_{\mathrm{I}})[f(x_{\mathrm{I}}) + f(x_{\mathrm{II}}) + 4f(x_{\mathrm{III}})] \tag{18}$$

ersetzt. Um dies zu zeigen, beweisen wir zunächst den folgenden Satz:

Satz 10[1]: Ist $f(x)$ ein Polynom von höchstens 3. Grad, so gilt

$$\int_a^b f(x)\,\mathrm{d}x = \frac{b-a}{6}\left[f(a) + f(b) + 4f\left(\frac{a+b}{2}\right)\right].$$

Beweis: Ist $f(x) = Ax^3 + Bx^2 + Cx + D$, so ist

$$f(a) = Aa^3 + Ba^2 + Ca + D,$$
$$f(b) = Ab^3 + Bb^2 + Cb + D,$$
$$f\left(\frac{a+b}{2}\right) = \frac{A}{8}(a+b)^3 + \frac{B}{4}(a+b)^2 + \frac{C}{2}(a+b) + D,$$

also

$$f(a) + f(b) + 4f\left(\frac{a+b}{2}\right)$$
$$= A[a^3 + b^3 + \tfrac{1}{2}(a+b)^3] + B[a^2 + b^2 + (a+b)^2] + C[a + b + 2(a+b)] + 6D$$
$$= \tfrac{3}{2}A(a^3 + b^3 + a^2b + ab^2) + 2B(a^2 + ab + b^2) + 3C(a+b) + 6D,$$

also

[1] Auch als «Keplersche Faßregel» bekannt (Johannes Kepler 1571–1630).

$$\int_a^b f(x)\,\mathrm{d}x = \int_a^b (Ax^3+Bx^2+Cx+D)\,\mathrm{d}x$$
$$= \frac{A}{4}(b^4-a^4)+\frac{B}{3}(b^3-a^3)+\frac{C}{2}(b^2-a^2)+D(b-a)$$
$$= (b-a)\left[\frac{A}{4}(b^3+b^2a+ba^2+a^3)+\frac{B}{3}(b^2+ba+a^2)+\frac{C}{2}(b+a)+D\right]$$
$$= \frac{b-a}{6}\left[f(a)+f(b)+4f\left(\frac{a+b}{2}\right)\right].$$

Ist $f(x)$ ein Polynom von höchstens 3. Grad, so wird also der Beitrag des Teilintervalls $[x_{\mathrm{I}}, x_{\mathrm{II}}]$ zum Integral *genau* ΔJ_3.

Ist

$$\{x_0, x_1, x_2, \ldots, x_{2n}\}$$

eine Einteilung von $[a, b]$ in $2n$ gleiche Teile von der Länge $\Delta x = \dfrac{b-a}{2n}$, so erhält man durch Anwendung von (18) auf die Intervalle $[x_0, x_2]$, $[x_2, x_4]$, ... die Formel

$$\int_a^b f(x)\,\mathrm{d}x \approx \frac{2\Delta x}{6}(y_0+y_2+4y_1+y_2+y_4+4y_3+y_4+y_6+4y_5+\ldots$$
$$\ldots+y_{2n-2}+y_{2n}+4y_{2n-1})$$
$$= \frac{b-a}{6n}(y_0+4y_1+2y_2+4y_3+2y_4+4y_5+\ldots+2y_{2n-2}+4y_{2n-1}+y_{2n})$$
$$= \frac{b-a}{6n}\left(y_0+y_{2n}+4\sum_{k=1}^{n} y_{2k-1}+2\sum_{k=1}^{n-1} y_{2k}\right), \tag{19}$$

wobei $y_k = f(x_k)$ für $k = 0, 1, 2, \ldots, 2n$. Formel (19) heißt die *Simpsonsche Formel*[1]. Diese stimmt genau, wenn $f(x)$ ein Polynom von höchstens 3. Grad ist; allgemein liefert sie dieselbe Genauigkeit, wie wenn man stets 3 Funktionswerte (also zuerst y_0, y_1, y_2, dann y_2, y_3, y_4, usw.) quadratisch interpolieren würde.

Aufgaben zu § 10

1. Man berechne folgende Integrale:

   a) $\int_0^4 \frac{3}{4}x^2\,\mathrm{d}x$, b) $\int_2^5 x^2\,\mathrm{d}x$, c) $\int_1^2 \frac{4}{3}x^3\,\mathrm{d}x$, d) $\int_0^2 (x^3+2x+1)\,\mathrm{d}x$,

   e) $\int_1^3 \left(\frac{3}{2}x^2+3x-4\right)\mathrm{d}x$, f) $\int_{-3}^4 \frac{3}{7}x^2\,\mathrm{d}x$, g) $\int_{-2}^1 \frac{4}{5}x^3\,\mathrm{d}x$, h) $\int_{-1}^2 (2x^3-x^2+3x-4)\,\mathrm{d}x$,

   i) $\int_{-1}^2 (x^4-2x^3+3x^2-2{,}7)\,\mathrm{d}x$, k) $\int_{-1}^3 (6x^2-4x-6)\,\mathrm{d}x$, l) $\int_{-2}^1 (3x^2-2x+6)\,\mathrm{d}x$.

2. Man berechne den Flächeninhalt des von den Kurven mit den folgenden Gleichungen eingeschlossenen Flächenstücks:

   a) $y = \frac{1}{2}x^2$ und $y = 4-x$, b) $y = \frac{1}{4}x^2$ und $y = \frac{1}{2}x+2$,

   c) $y = 1+\frac{1}{9}x^2$ und $y = 3-\frac{1}{9}x^2$, d) $y = -x+10$ und $y = -\frac{1}{2}x^2+4x+2$,

   e) $y = \frac{3}{2}x^2$ und $12x-2y-9=0$, f) $y = 9x^2-3x^3$ und $y = -3x^2+12x$.

[1] Thomas Simpson 1710–1761.

3. Wie groß ist die Fläche zwischen der Kurve mit der Gleichung $y = 12x^2 - 4x^3$ und der x-Achse?

4. Man berechne die Flächeninhalte der von den Kurven mit den folgenden Gleichungen eingeschlossenen Flächenstücke:
   a) $y = 3x^2$ und $y = 9x - \frac{3}{4}x^3$, b) $y = x + 2$ und $y = \frac{1}{4}x^3 - \frac{3}{2}x^2 + 8$.

5. Man berechne die Fläche zwischen der Kurve mit der Gleichung $y = \frac{1}{4}x^3 + 2$, der x-Achse und der Vertikalen an der Stelle $x = 4$.

6. Wie groß ist die Fläche zwischen der Geraden mit der Gleichung $4x - 3y + 7 = 0$ und dem Graphen der Funktion f mit
$$f(x) = \begin{cases} x^2 & \text{für } x \leqq 1, \\ (x-2)^2 & \text{für } x > 1. \end{cases}$$

7. In welchem Verhältnis teilt die Gerade mit der Gleichung $y = x$ die Fläche, die zwischen der Kurve mit der Gleichung $y = 3x - x^3$ und der x-Achse im 1. Quadranten liegt?

8. In welchem Verhältnis teilt die Kurve mit der Gleichung $y = x^2$ das Flächenstück, das zwischen der Kurve mit der Gleichung $y = 2x - x^3$ und der x-Achse im 1. Quadranten liegt?

9. Man beweise, daß für jede positive Zahl a gilt: Die im 1. Quadranten liegende Fläche zwischen der Kurve mit der Gleichung $y = ax - x^3$ und der x-Achse wird von der Kurve mit der Gleichung $y = x^3$ halbiert.

10. Ebenso: Die Kurve mit der Gleichung $y = 2x - ax^3$ halbiert das Quadrat über der Strecke vom Ursprung bis zur Nullstelle rechts davon.

11. Gegeben sind zwei Punkte $P_1(x_1/y_1)$ und $P_2(x_2/y_2)$ oberhalb der x-Achse mit $x_1 < x_2$. Wie groß ist der Flächeninhalt des Flächenstückes zwischen den beiden Parabeln mit vertikalen Achsen, die sich durch diese beiden Punkte legen lassen, und die die x-Achse berühren?
    a) $P_1(-1/4), P_2(2/9)$, b) $P_1(-2/4), P_2(2/9)$, c) $P_1(0/4), P_2(3/16)$, d) allgemein.

12. Wie groß muß a sein, damit die Fläche zwischen der Kurve mit der Gleichung $y = a\left(1 - \frac{x^2}{4}\right)$ und der x-Achse den Inhalt 8 hat?

13. Wie groß ist die Steigung der Geraden durch den Ursprung, die die im 1. Quadranten liegende Fläche zwischen der Kurve mit der Gleichung $y = 2x - x^3$ und der x-Achse a) halbiert, b) im Verhältnis 1 : 3 teilt (von oben nach unten gerechnet)?

14. Wie groß muß a sein, damit die im 1. Quadranten liegende Fläche zwischen der Kurve mit der Gleichung $y = ax - x^3$ durch die Gerade mit der Gleichung $y = 3x$ im Verhältnis 1 : 15 (von oben nach unten gerechnet) teilt?

15. Wie groß muß a sein, damit die Fläche, die von der Parabel mit der Gleichung $y = 2x - ax^2$ und der x-Achse eingeschlossen wird, von der Parabel mit der Gleichung $y = x^2$ halbiert wird?

16. Durch die Ecken eines gleichseitigen Dreiecks gehen drei kongruente Parabeln, von denen jede ihren Scheitel in einer Ecke hat und auch durch die andern Ecken geht. Wie groß ist die Fläche, die innerhalb aller drei Parabeln liegt, verglichen mit der Dreieckfläche?

17. Einem gleichseitigen Dreieck sind drei Parabelbögen einbeschrieben, von denen jeder zwei Seiten in zwei Ecken berührt. Welchen Bruchteil der Dreieckfläche macht das Flächenstück aus, das innerhalb aller drei Parabeln liegt?

18. Man beweise die Existenz des Integrals $\int_1^a \frac{1}{x}\,dx$ durch Einteilung des Intervalls $[1, a]$ in n gleiche Teile, aber ohne Satz 2 oder Satz 3 zu benutzen.

19. Man berechne das Integral $\int\limits_0^{\pi/2} \sin x \, \mathrm{d}x$ a) nach der Sehnentrapezformel für $n=10$ Teile, b) nach der Tangententrapezformel für $2n=10$ Teile, c) nach der Simpsonschen Formel für $2n=10$ Teile.

20. Man berechne das Integral $\int\limits_0^1 \frac{1}{1+x^2}\,\mathrm{d}x$ ebenso wie in Aufgabe 19.

21. Man berechne das Integral $\int\limits_1^{10} \lg x \, \mathrm{d}x$ a) nach der Sehnentrapezformel für $n=18$, b) nach der Tangententrapezformel für $2n=18$, c) nach der Simpsonschen Formel für $2n=18$.

Ergebnisse

1. a) 16, b) 39, c) 5, d) 10, e) 17, f) 13, g) -3, h) -3, i) 0, k) 16, l) 30.
2. a) 18, b) 9, c) 8, d) 18, e) 2, f) 4.
3. 27.
4. a) 135 und 7, b) 16 und 16.
5. 27.
6. 18.
7. 4 : 5.
8. 5 : 7.
9. $F_1 = \int\limits_0^{\sqrt{\frac{a}{2}}} (ax - 2x^3)\,\mathrm{d}x = \frac{a^2}{8}, \quad F_2 = \int\limits_0^{\sqrt{a}} (ax - x^3)\,\mathrm{d}x - F_1 = \frac{a^2}{8} = F_1.$
10. $F_1 = \int\limits_0^{\sqrt{\frac{2}{a}}} (2x - ax^3)\,\mathrm{d}x = \frac{1}{a}, \quad F_2 = \left(\sqrt{\frac{2}{a}}\right)^2 - F_1 = \frac{1}{a} = F_1$ (das Maximum der Funktion liegt innerhalb des Quadrates).
11. a) 12, b) 16, c) 16, d) $\frac{2}{3}\sqrt{y_1 y_2}\,(x_2 - x_1)$.
12. 3.
13. a) $2 - \sqrt{2}$, b) 1.
14. 4.
15. $1 + \sqrt{2}$.
16. $\frac{37}{27}$.
17. $\frac{5}{27}$.
18. Man erhält die Untersummen
$$U_n = \left(\frac{1}{x_1} + \frac{1}{x_2} + \ldots + \frac{1}{x_{n-1}} + \frac{1}{a}\right)\Delta x$$
und die Obersummen
$$O_n = \left(\frac{1}{1} + \frac{1}{x_1} + \frac{1}{x_2} + \ldots + \frac{1}{x_{n-1}}\right)\Delta x,$$
also
$$O_n - U_n = \left(1 - \frac{1}{a}\right)\Delta x = \left(1 - \frac{1}{a}\right)\frac{a-1}{n} = \frac{(a-1)^2}{an},$$
also ist $\lim\limits_{n\to\infty}(O_n - U_n) = 0$.
19. a) 0,997943, b) 1,004124, c) 1,000003 (genauer Wert 1,000000).
20. a) 0,784981, b) 0,786231, c) 0,785398 (genauer Wert 0,785398).
21. a) 6,083277, b) 6,106792, c) 6,091115 (genauer Wert 6,091350).

§ 11. Berechnung geometrischer Körper und einfacher Oberflächen

1. Volumen eines geometrischen Körpers aus seiner Querschnittsfunktion

Das Problem der Körpermessung besteht darin, möglichst vielen geometrischen Körpern (Raumteilen) eine Maßzahl (das *Raummaß* oder das *Volumen* des Körpers) zuzuordnen, so daß die in Abschnitt 1 von § 10 genannten Bedingungen erfüllt sind, wobei wir als Normierungsbedingung nehmen:

Das Volumen V_P eines *prismatischen Körpers*, dessen Grundfläche den Flächeninhalt G und dessen Höhe das Längenmaß h hat, ist

$$V_P = G h. \tag{1}$$

Dabei verstehen wir unter einem «prismatischen Körper» die Menge aller Punkte des Raumes, die von einem ebenen Flächenstück (der «Grundfläche» des Körpers) bei Translation normal zu seiner Fläche um eine gewisse Strecke (die «Höhe» des Körpers) überstrichen wird (Fig. 1).

Speziell wird also das Volumen eines *Quaders* (Fig. 2) mit den Kantenlängen a, b, c

$$V_Q = abc \tag{2}$$

und das Volumen eines *Zylinders* mit dem Grundkreisradius r und der Höhe h (Fig. 3)

$$V_Z = \pi r^2 h. \tag{3}$$

Von einem Körper, der zwischen den Ebenen mit den Gleichungen $x = a$ und $x = b$ (mit $a < b$) liegen soll, nehmen wir nun an, daß für jedes x mit $a \leqq x \leqq b$ der Flächeninhalt $Q(x)$ der Schnittfläche, die durch Schnitt des Körpers mit der Ebene normal zur x-Achse an der Stelle x entsteht (Fig. 4), bekannt sei. Die Funktion

$$x \to Q(x), \quad x \in [a, b]$$

heißt seine *Querschnittsfunktion*. Zur Bestimmung des Volumens V des Körpers nehmen wir eine Einteilung

$$\{x_0, x_1, x_2, \ldots, x_n\}$$

des Intervalls $[a, b]$ in n gleiche Teilintervalle $I_k = [x_{k-1}, x_k]$ und approximieren den in I_k liegenden Teil des Körpers durch einen prismatischen Körper, dessen

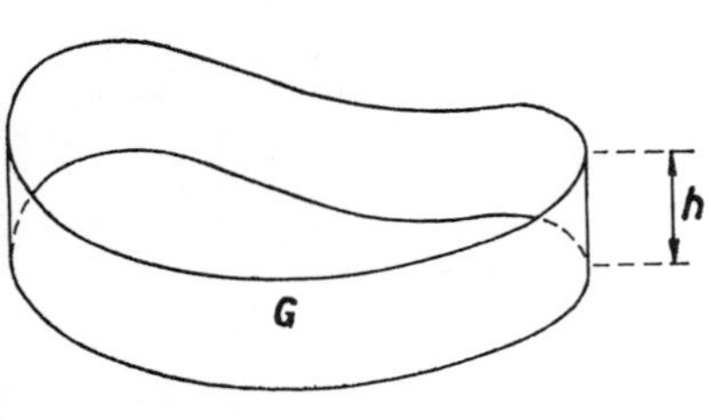

Fig. 1

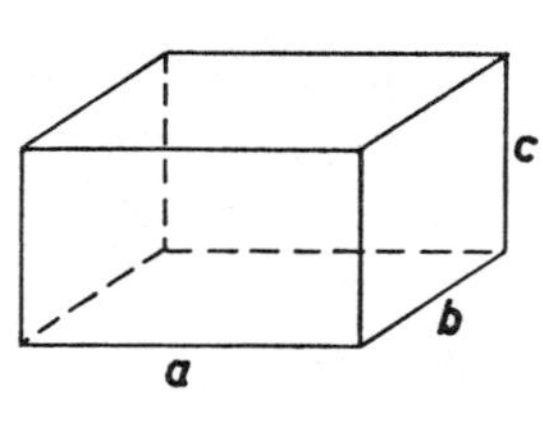

Fig. 2

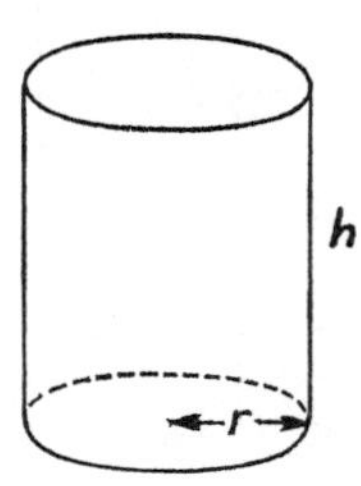

Fig. 3

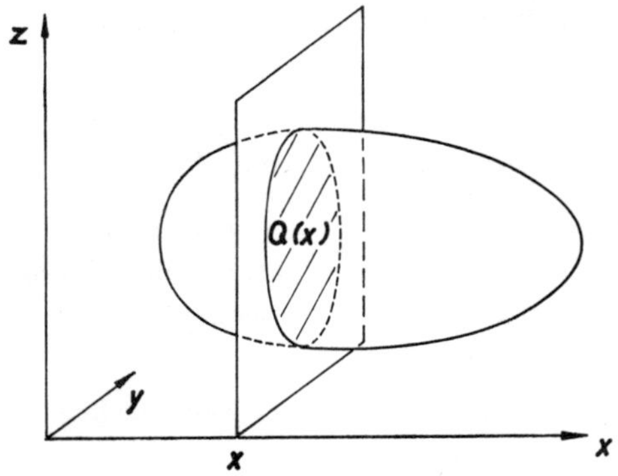

Fig. 4

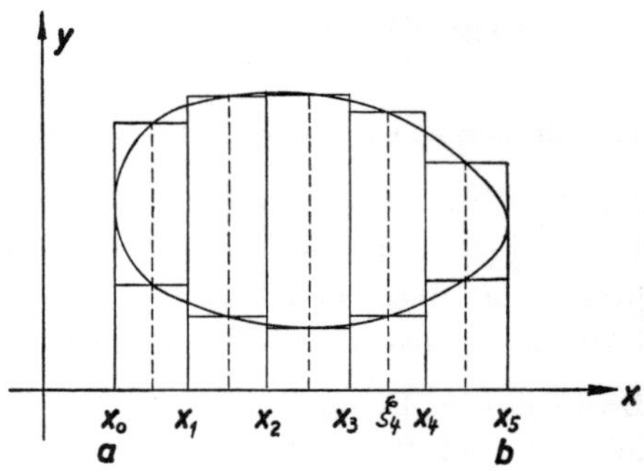

Fig. 5

Grundfläche die Querschnittsfläche an einer Zwischenstelle ξ_k mit $\xi_k \in I_k$ ist, und der zwischen den Ebenen mit den Gleichungen $x = x_{k-1}$ und $x = x_k$ liegt, also die Höhe $\Delta x_k = x_k - x_{k-1}$ hat (Fig. 5). Diese prismatischen Körper (Scheiben) bilden zusammen einen «Treppenkörper», der den gegebenen Körper um so genauer approximiert, desto größer n ist, und dessen Volumen den Wert $\sum_{k=1}^{n} Q(\xi_k)\,\Delta x_k$ hat. Deshalb definieren wir das Volumen V des Körpers durch

$$V = \lim_{n \to \infty} \sum_{k=1}^{n} Q(\xi_k)\,\Delta x_k;$$

ist $x \to Q(x)$ auf $[a, b]$ stetig, so existiert nach § 10 dieser Grenzwert und ist gleich dem Integral

$$V = \int_a^b Q(x)\,\mathrm{d}x. \tag{4}$$

Folgerung: Körper mit gleichen Querschnittsfunktionen haben gleiche Volumina *(Prinzip von Cavalieri*[1]*)*. So haben z. B. zwei Prismen mit gleichen Grundflächen und gleichen Höhen (Fig. 6), ebenso zwei solche Pyramiden (Fig. 7) gleiches Volumen.

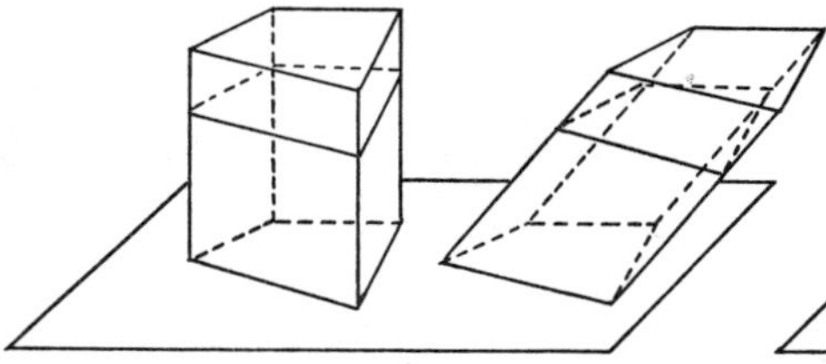

Fig. 6

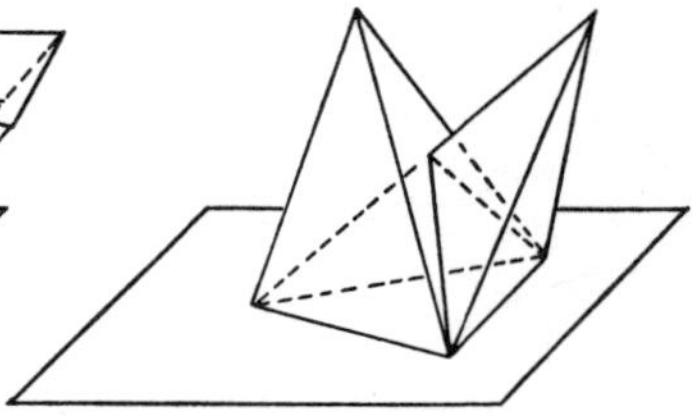

Fig. 7

[1] Bonaventura Cavalieri 1598–1647.

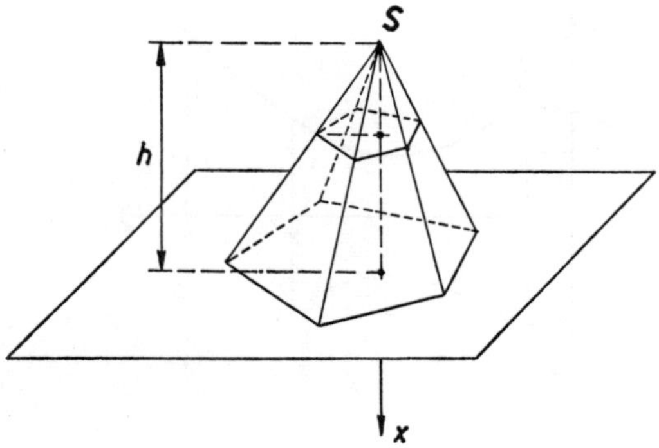

Fig. 8

Anwendungen:

1. *Volumen der Pyramide.* Gegeben sei eine Pyramide mit der Grundfläche G und der Höhe h. Wir legen die x-Achse in die Normale durch die Spitze S zur Grundfläche und den Ursprung in S. Dann ist (Fig. 8)

$$Q(x) : G = x^2 : h^2,$$

also

$$Q(x) = \frac{Gx^2}{h^2},$$

also

$$V = \int_0^h \frac{Gx^2}{h^2}\,\mathrm{d}x = \frac{G}{h^2}\int_0^h x^2\,\mathrm{d}x = \frac{G}{h^2}\cdot\frac{h^3}{3} = \frac{1}{3}Gh. \tag{5}$$

2. *Die Simpsonsche Volumenformel.* Ist $Q(x)$ ein Polynom von höchstens 3. Grade, so ist nach Satz 10 von § 10

$$V = \frac{h}{6}(G + D + 4M), \tag{6}$$

wobei

$$G = Q(a), \quad D = Q(b) \quad \text{und} \quad M = Q\left(\frac{a+b}{2}\right)$$

die Flächeninhalte von «Grundfläche», «Deckfläche» und «Mittelschnitt» des Körpers sind. Formel (5) ergibt sich als Spezialfall von (6).

2. Das Volumen eines Rotationskörpers

Rotiert der Graph einer (stetigen) Funktion $x \to f(x)$ um die x-Achse (Fig. 9), so überstreicht die Fläche zwischen diesem Graphen, der x-Achse und den Vertikalen bei $x = a$ und $x = b$ einen *Rotationskörper.* Sein Querschnitt an der Stelle x ist eine Kreisfläche mit dem Radius $f(x)$, hat also den Flächeninhalt

$$Q(x) = \pi\,[f(x)]^2.$$

Also ist das Volumen des entstandenen Rotationskörpers nach (4)

$$V = \pi\int_a^b [f(x)]^2\,\mathrm{d}x. \tag{7}$$

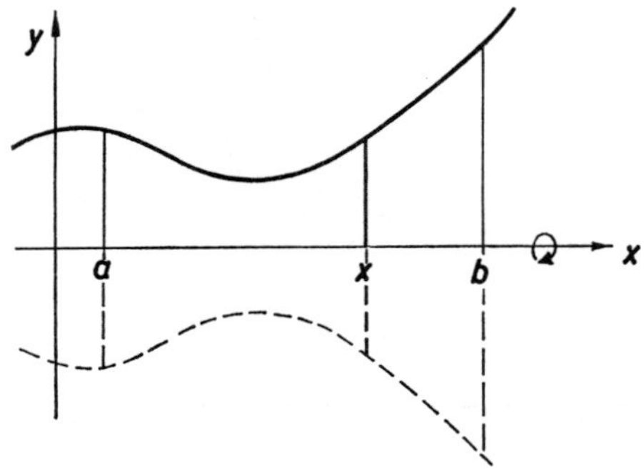

Fig. 9

Anwendungen:

1. *Kegel* (Fig. 10). Einen Kegel mit dem Grundkreisradius r und der Höhe h erhält man durch Rotation der Geraden mit der Gleichung $y = \frac{r}{h}\,x$ im Intervall $[0, h]$ um die x-Achse. Sein Volumen wird also nach (7)

$$V_{\text{Ke}} = \pi \int_0^h \left(\frac{r}{h}\,x\right)^2 \mathrm{d}x = \pi \int_0^h \frac{r^2}{h^2}\,x^2\,\mathrm{d}x = \frac{\pi r^2}{h^2} \int_0^h x^2\,\mathrm{d}x = \frac{\pi r^2}{h^2} \cdot \frac{h^3}{3} = \frac{1}{3}\pi\, r^2 h. \tag{8}$$

2. *Kegelstumpf* (Fig. 11). Einen Kegelstumpf mit dem Grundkreisradius R, dem Deckkreisradius r und der Höhe h erhält man durch Rotation der Geraden mit der Gleichung

$$y = \frac{R-r}{h}\,x + r$$

im Intervall $[0, h]$. Sein Volumen wird also

$$\begin{aligned} V_{\text{Ke S}} &= \pi \int_0^h \left(\frac{R-r}{h}\,x + r\right)^2 \mathrm{d}x = \pi \int_0^h \left[\left(\frac{R-r}{h}\right)^2 x^2 + \frac{2(R-r)r}{h}\,x + r^2\right] \mathrm{d}x \\ &= \pi \left(\frac{R-r}{h}\right)^2 \cdot \frac{h^3}{3} + \pi \cdot \frac{2(R-r)r}{h} \cdot \frac{h^2}{2} + \pi\, r^2 h \\ &= \frac{\pi h}{3}\left[(R-r)^2 + 3\,(R-r)\,r + 3r^2\right] = \frac{\pi h}{3}\left(R^2 - 2Rr + r^2 + 3Rr - 3r^2 + 3r^2\right) \\ &= \frac{\pi h}{3}\left(R^2 + Rr + r^2\right). \end{aligned} \tag{9}$$

3. *Paraboloid* (Fig. 12). Die Gleichung der Parabel, deren Achse die x-Achse ist, die den Scheitel im Ursprung hat und die durch den Punkt $P(h/r)$ geht, findet man aus dem Ansatz

$$y^2 = 2px.$$

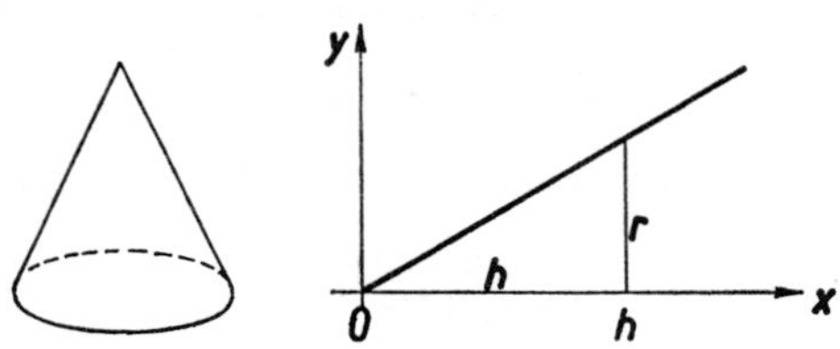

Fig. 10

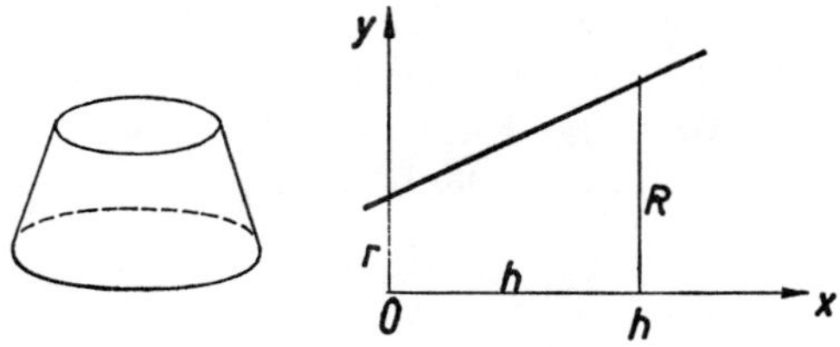

Fig. 11

Durch Einsetzen der Koordinaten von P erhält man $2p = \frac{r^2}{h}$, also lautet die Parabelgleichung

$$y^2 = \frac{r^2}{h} x,$$

die Gleichung ihrer oberen Hälfte

$$y = \frac{r}{\sqrt{h}} \sqrt{x}.$$

Das Volumen des Paraboloids, das man durch Rotation dieser Parabel im Intervall $[0, h]$ um die x-Achse erhält, ist also

$$V_{\text{Par}} = \pi \int_0^h \left(\frac{r}{\sqrt{h}} \sqrt{x} \right)^2 \mathrm{d}x = \pi \int_0^h \frac{r^2}{h} x \, \mathrm{d}x = \frac{\pi r^2}{h} \cdot \frac{h^2}{2} = \frac{1}{2} \pi r^2 h, \tag{10}$$

also halb so groß wie das Volumen des umbeschriebenen Zylinders (durch gestrichelte Linien in Fig. 12 angedeutet).

4. *Kugel.* Man erhält eine Kugel mit dem Radius r, wenn der Kreis mit der Gleichung

$$x^2 + y^2 = r^2$$

um die x-Achse rotiert (Fig. 13). Die Gleichung des oberen Halbkreises lautet

$$y = \sqrt{r^2 - x^2};$$

da man durch Rotation dieses Halbkreises im Intervall $[0, r]$ um die x-Achse die halbe Kugel erhält, ist das Kugelvolumen

$$V_{\text{Ku}} = 2\pi \int_0^r (r^2 - x^2) \, \mathrm{d}x = 2\pi \left(r^2 r - \frac{r^3}{3} \right) = \frac{4}{3} \pi r^3. \tag{11}$$

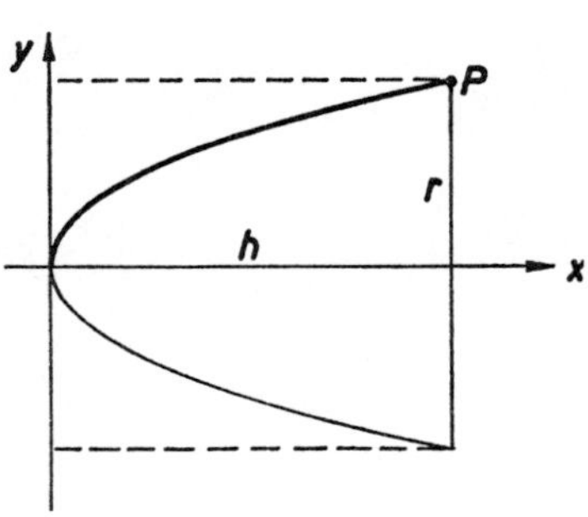

Fig. 12

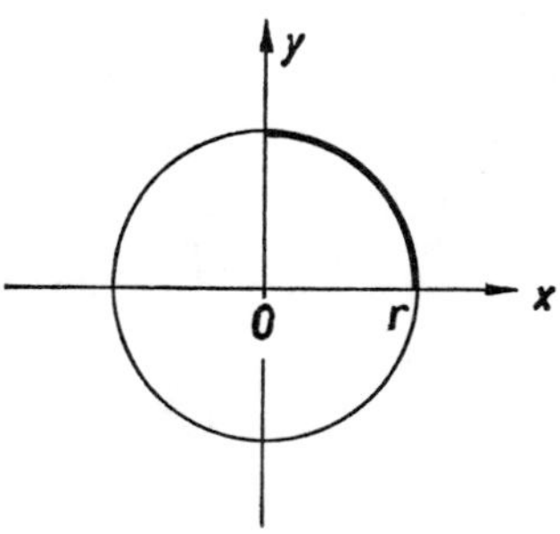

Fig. 13

5. *Kugelsegment.* Unter einem Kugelsegment versteht man den Teil des Kugelkörpers, der durch eine Ebene von einer Kugel abgeschnitten wird. Ist r der Kugelradius und h die Höhe des Kugelsegments, so erhält man das Segment durch Rotation des Halbkreises mit der Gleichung

$$y = \sqrt{r^2 - x^2}$$

im Intervall $[r-h, r]$ um die x-Achse (Fig. 14). Das Volumen des Segments ist also

$$V_{\text{Seg}} = \pi \int_{r-h}^{r} (r^2 - x^2)\,\mathrm{d}x = \pi r^2 h - \pi \left[\frac{r^3}{3} - \frac{(r-h)^3}{3}\right]$$
$$= \tfrac{1}{3}\pi\,[3r^2 h - r^3 + (r-h)^3] = \tfrac{1}{3}\pi\,[3r^2 h - r^3 + r^3 - 3r^2 h + 3rh^2 - h^3]$$
$$= \tfrac{1}{3}\pi\,(3rh^2 - h^3) = \tfrac{1}{3}\pi h^2 (3r - h). \qquad (12)$$

6. *Kugelsektor.* Ein Kugelsektor ist der Teil des Kugelkörpers, der durch einen Kegel mit der Spitze im Kugelzentrum aus der Kugel herausgeschnitten wird. In Fig. 14 entsteht also ein Kugelsektor durch Rotation des Kreissektors OBD um die x-Achse. Er setzt sich zusammen aus einem Kegel (Rotation von Dreieck OAB) und einem Kugelsegment (Rotation von Teil ADB). Das Volumen des Kegels erhält man aus (8), indem man r und h durch ϱ bzw. $r-h$ ersetzt; das Volumen des Segments erhält man aus (12). Somit wird das Volumen des Kugelsektors

$$V_{\text{Sek}} = \tfrac{1}{3}\pi \varrho^2 (r-h) + \tfrac{1}{3}\pi h^2 (3r - h);$$

wegen $\varrho^2 = 2rh - h^2$ wird

$$V_{\text{Sek}} = \tfrac{1}{3}\pi\,[(2rh - h^2)(r-h) + h^2(3r-h)]$$
$$= \tfrac{1}{3}\pi\,(2r^2 h - rh^2 - 2rh^2 + h^3 + 3rh^2 - h^3) = \tfrac{2}{3}\pi r^2 h. \qquad (13)$$

Bemerkung: Die Formeln (8) bis (12) ergeben sich auch als Spezialfälle von (6). Formel (11) ergibt sich aus (12) und aus (13) für $h = 2r$.

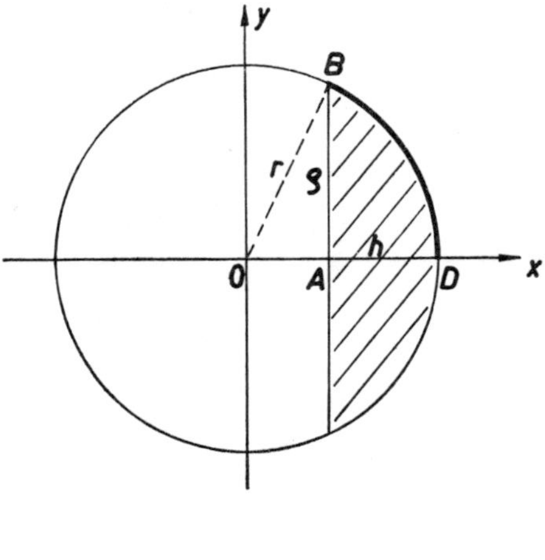

Fig. 14

3. Oberflächen einfacher Rotationskörper

In diesem Anhang wollen wir zeigen, wie man unter Verwendung der geometrischen Anschauung auch den Oberflächen gewisser Körper Flächeninhalte zuordnen kann.

1. *Zylindermantel.* Durch Abrollen eines Zylindermantels in eine Ebene erhält man ein Rechteck mit der Länge $2\pi r$ und der Breite h (Fig. 15). Wir schreiben deshalb dem Zylindermantel den Flächeninhalt

$$M_Z = 2\pi r h \tag{14}$$

zu.

2. *Kegelmantel.* Durch Abrollen eines Kegelmantels mit dem Grundkreisradius r und der Mantellinie s entsteht ein Kreissektor mit dem Radius s und der Bogenlänge $2\pi r$ (Fig. 16); sein Zentriwinkel φ heißt der «Netzwinkel» des Kegels. Der durch Ergänzung aus diesem Kreissektor entstandene Kreis hat den Umfang $2\pi s$ und den Flächeninhalt πs^2; deshalb berechnen wir den Flächeninhalt M_{Ke} des Kegelmantels aus

$$M_{Ke} : \pi s^2 = 2\pi r : 2\pi s$$

und erhalten

$$M_{Ke} = \pi r s. \tag{15}$$

Für den im Gradmaß gemessenen Netzwinkel φ erhält man

$$\varphi : 360° = 2\pi r : 2\pi s,$$

also

$$\varphi = 360° \cdot \frac{r}{s} = 360° \cdot \sin\alpha,$$

wobei α der halbe Öffnungswinkel des Kegels ist.

3. *Kegelstumpfmantel.* Durch Abrollen eines Kegelstumpfmantels (mit Grundkreisradius R, Deckkreisradius r und Mantellinie s) erhält man einen Kreisringsektor mit der Breite s und den Bogenlängen $2\pi r$ und $2\pi R$ (Fig. 17). Bezeichnet man die Radien dieses Kreisrings mit r_1 und r_2, so berechnet man den Flächeninhalt M_{KeS} der Mantelfläche also aus

$$M_{KeS} : (\pi r_2^2 - \pi r_1^2) = 2\pi R : 2\pi r_2,$$

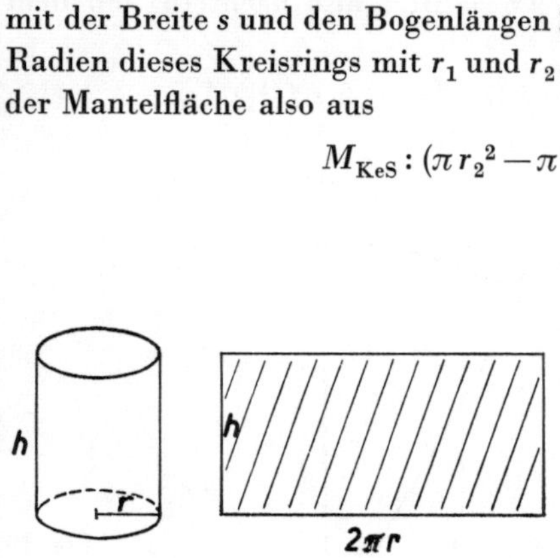

Fig. 15

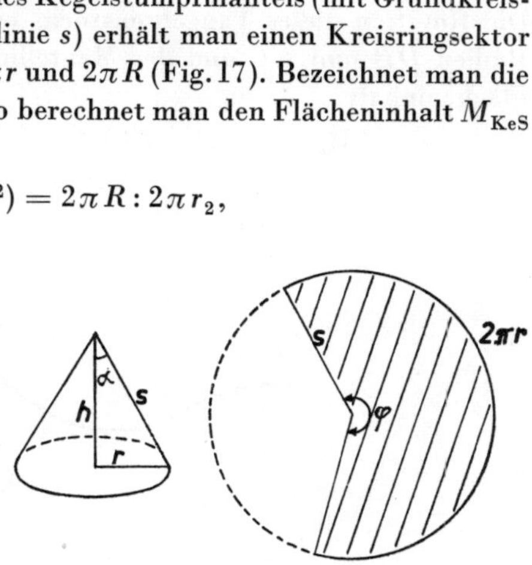

Fig. 16

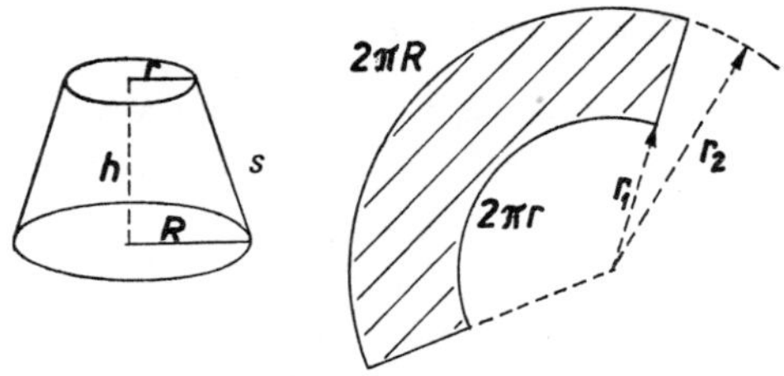

Fig. 17

woraus man erhält:

$$M_{\mathrm{KeS}} = \frac{\pi R}{r_2}(r_2^2 - r_1^2) = \frac{\pi R}{r_2}(r_2 - r_1)(r_2 + r_1)$$
$$= \frac{\pi R}{r_2} s (r_2 + r_1) = \pi R s \left(1 + \frac{r_1}{r_2}\right);$$

wegen $\frac{r_1}{r_2} = \frac{r}{R}$ wird

$$M_{\mathrm{KeS}} = \pi R s \left(1 + \frac{r}{R}\right) = \pi (R + r) s. \tag{16}$$

4. *Mantelfläche eines beliebigen Rotationskörpers.* Rotiert der Graph einer (differenzierbaren) Funktion $x \to f(x)$ im Intervall $[a, b]$ um die x-Achse, so überstreicht er die Mantelfläche eines Rotationskörpers, also eine *Rotationsfläche* (Fig. 18). Um ihr einen Flächeninhalt zuzuordnen, nehmen wir eine Einteilung

$$\{x_0, x_1, x_2, \ldots, x_n\}$$

von $[a, b]$ in n gleiche Teile von der Länge $\Delta x = \frac{b-a}{n}$ und approximieren die Kurve im Intervall $[x_{k-1}, x_k]$ durch das Stück BC der Kurventangente im Punkt A mit der Abszisse

$$\xi_k = \tfrac{1}{2}(x_{k-1} + x_k).$$

Die Rotation dieses Tangentenstücks ergibt einen Kegelstumpfmantel mit den Radien DB und FC und der Mantellinie $\Delta s_k = \overline{BC}$, also nach (16) mit dem Flächeninhalt

$$\Delta M_k = \pi(\overline{DB} + \overline{FC})\Delta s_k = 2\pi \cdot \overline{EA} \cdot \Delta s_k = 2\pi f(\xi_k)\Delta s_k. \tag{17}$$

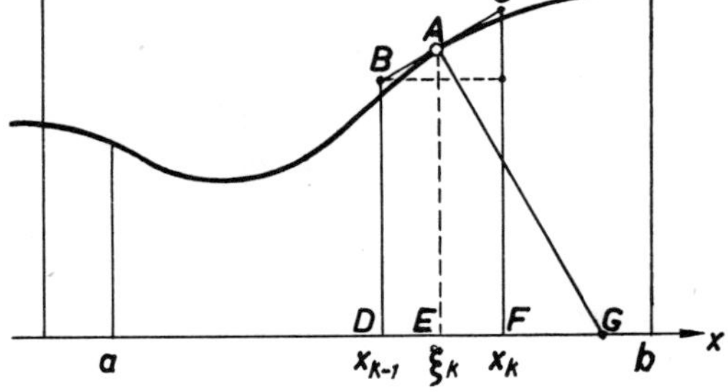

Fig. 18

Wir definieren daraus den gesuchten Flächeninhalt M der gesamten Mantelfläche des Rotationskörpers durch

$$M = \lim_{n \to \infty} \sum_{k=1}^{n} \Delta M_k; \tag{18}$$

aus dieser Formel werden wir hier noch keine Integralformel herleiten. Für unsere Zwecke brauchen wir die Normale AG zu BC von A bis zur x-Achse; ihre Länge sei $\varrho_k = \overline{AG}$, also ist

$$\overline{BC} : \overline{DF} = \overline{AG} : \overline{AE},$$

$$\Delta s_k : \Delta x = \varrho_k : f(\xi_k),$$

$$f(\xi_k)\, \Delta s_k = \varrho_k \Delta x,$$

also nach (17)

$$\Delta M_k = 2\pi \varrho_k \Delta x. \tag{19}$$

5. *Die Teile der Kugeloberfläche.* Ist $-r \leqq a < b \leqq r$ und rotiert der Kreis mit der Gleichung $x^2 + y^2 = r^2$ im Intervall $[a, b]$ um die x-Achse, so erhält man den zwischen zwei parallelen, die Kugel schneidenden oder berührenden Ebenen liegenden Teil der Kugeloberfläche (Fig. 19). Da hier speziell $\varrho_k = r$ gilt, wird nach (19)

$$\Delta M_k = 2\pi r \Delta x,$$

also

$$\sum_{k=1}^{n} \Delta M_k = 2\pi r (b - a)$$

unabhängig von der Zahl n der Teilintervalle; also wird nach (18)

$$M = 2\pi r (b - a).$$

Der Flächeninhalt des zwischen den Parallelebenen liegenden Teils der Kugeloberfläche ist also gleich dem Flächeninhalt des zwischen diesen Ebenen liegenden Teils des Mantels des Zylinders, der der Kugel so umbeschrieben ist, daß seine Achse mit der Rotationsachse zusammenfällt (des sogenannten «Archimedischen Zylinders»). Mit andern Worten: Der Bogen AB und die Strecke CD (beide dick ausgezogen in Fig. 19) überstreichen bei der Rotation um die x-Achse gleich große Flächen.

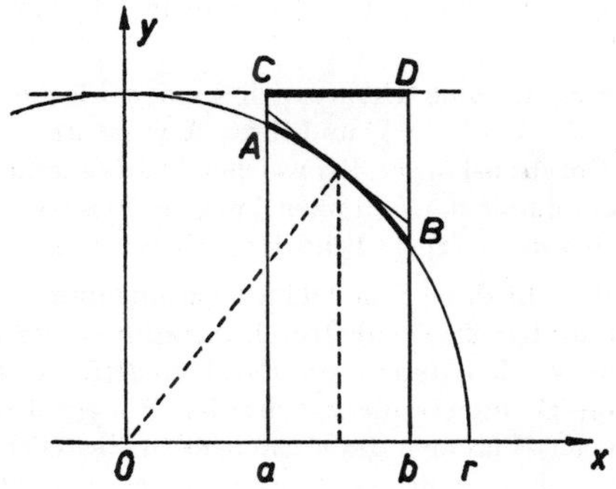

Fig. 19

Falls beide Parallelebenen die Kugel schneiden, heißt die Rotationsfläche eine *Kugelzone;* falls eine der beiden Ebenen die Kugel schneidet und die andere die Kugel berührt, heißt die Fläche eine *Kugelhaube* (Kugelkalotte). Setzt man $h = b - a$, so erhält man also für den Flächeninhalt einer Kugelzone oder Kugelhaube mit der Höhe h die gemeinsame Formel

$$M = 2\pi r h. \tag{20}$$

Setzt man $h = 2r$, so erhält man die Oberfläche der ganzen Kugel mit

$$M_{\text{Ku}} = 4\pi r^2. \tag{21}$$

Aufgaben zu § 11

I

1. a) Wie groß ist das Volumen des Rotationskörpers, der durch Rotation der Fläche zwischen der Parabel mit der Gleichung $y = ax - x^2$ und der x-Achse um die x-Achse entsteht? b) Wie groß muß a sein, damit dieses Volumen gleich dem Volumen der Kugel über der Parabelsehne ist, die auf der x-Achse liegt?
2. Wie groß ist das Volumen des Rotationskörpers, der durch Rotation der Fläche zwischen den Kurven mit folgenden Gleichungen um die x-Achse entsteht?
   a) $y = 0{,}15x^2$ und $y = 1{,}5x$, b) $y = 2\sqrt{x}$ und $y = \sqrt{5 - x}$.
3. Der Achsenschnitt eines Stromlinienkörpers ist begrenzt durch die linke Halbellipse mit der Gleichung $b^2x^2 + a^2y^2 = a^2b^2$ und durch zwei Parabelbögen mit den Gleichungen $y = \pm(b - dx^2)$ von ihren Scheiteln bis zu ihrem Schnittpunkt $P(c/0)$ mit der x-Achse. Man berechne sein Volumen a) allgemein aus a, b, c, b) für $a = 4$, $b = 3$, $c = 10$, c) für $a = 2$, $b = 1$, $c = 5$.
4. Zwei kongruente Ellipsen haben ihre Zentren im Ursprung, und die große Achse der einen liegt auf der x-Achse, diejenige der andern auf der y-Achse; sie haben die Eigenschaft, daß jede durch die Brennpunkte der andern geht. Wieviel % macht das Volumen des Rotationskörpers, der durch Rotation der Figur um die x-Achse entsteht, vom Volumen seiner Umkugel aus?
5. Die Kurve mit der Gleichung $y^2 = x^2 - x^4$ rotiert um die x-Achse. Welchen Bruchteil macht das Volumen des Rotationskörpers vom Volumen der umbeschriebenen Kugel aus?
6. Man berechne das Volumen eines Fasses aus dem Radius r der Abschlußkreise, dem Radius R des größten Querschnitts in der Mitte und der Höhe h des Fasses, wenn die Dauben parabolisch gekrümmt sind, a) allgemein, b) für $R = 24$ cm, $r = 18$ cm, $h = 65$ cm.
7. Durch Rotation der rechts vom Ursprung liegenden Fläche zwischen der Hyperbel mit der Gleichung $b^2x^2 - a^2y^2 = a^2b^2$ und ihren Asymptoten um die x-Achse entsteht ein schalenförmiger Rotationskörper. Bei welcher Abszisse x muß er normal zur x-Achse abgeschnitten werden, damit sein Volumen 7mal so groß ist wie dasjenige des Kegels, der durch Abschneiden des Körpers beim Hyperbelscheitel entsteht?
8. Gegeben ist die Parabel, die ihren Scheitel im Ursprung und ihre Achse auf der x-Achse hat und durch den Punkt $P(2/1)$ geht. Durch Rotation dieser Parabel um die x-Achse und Abschneiden bei $x = 2$ entsteht ein Paraboloidkörper. Dieser wird zylindrisch durchbohrt, wobei die Bohrachse die x-Achse ist. Wie groß muß der Bohrradius gewählt werden, damit das Volumen des entstehenden Restkörpers gerade halb so groß wie das Volumen des ursprünglichen Paraboloidkörpers wird?

9. Von einem auf dem Kreis mit der Gleichung $x^2+y^2=1$ liegenden Punkt A aus wird das Lot AB auf die x-Achse gefällt, von B das Lot BD auf die Verbindungsgerade der Punkte A und $C(-1/0)$, von D aus das Lot DE auf AB. a) Wie lautet die Gleichung der Kurve, auf der sich E bewegt, wenn A auf dem Kreis wandert? b) Welchen Bruchteil macht das Volumen des Rotationskörpers, der durch Rotation dieser Kurve um die x-Achse entsteht, vom Volumen der Kugel, die dabei aus dem Kreis entsteht, aus?

10. Die Ellipse mit der Gleichung $\frac{x^2}{a^2}+\frac{y^2}{b^2}=1$ rotiert a) um die x-Achse, b) um die y-Achse. Wie groß ist das Volumen des entstehenden Rotationsellipsoids? Wink: Anstatt die Ellipse um die y-Achse rotieren zu lassen, kann man auch die an der 45°-Linie gespiegelte Ellipse um die x-Achse rotieren lassen.

11. Die Hyperbel mit der Gleichung $\frac{x^2}{a^2}-\frac{y^2}{b^2}=1$ rotiert a) um die x-Achse, b) um die y-Achse. Man berechne das Volumen des entstehenden zweischaligen bzw. einschaligen Rotationshyperboloids, wobei dieses durch eine zur Rotationsachse normale Ebene im Abstand h vom Ursprung begrenzt wird. Wink: Vgl. Aufgabe 10.

II

12. Die Flächeninhalte der Seitenflächen eines Quaders verhalten sich wie 3 : 4 : 5. Wie verhalten sich seine Kantenlängen?

13. Man drücke das Volumen eines Quaders durch die Längen u, v, w seiner Flächendiagonalen aus!

14. Man stelle eine Formel auf für das Volumen eines Rhomboeders, der von 6 kongruenten Rhomben mit der Seitenlänge a und dem spitzen Winkel α begrenzt ist.

15. Wie lange ist die Kante des einer geraden quadratischen Pyramide mit der Grundkantenlänge a und der Höhe h einbeschriebenen Würfels?

16. Eine Pyramide mit der Höhe 1 m wird durch Parallelschnitte zur Basis in 5 volumengleiche Teile zerlegt. In welchen Höhen sind sie zu legen?

17. Eine gerade quadratische Pyramide aus Holz mit dem spezifischen Gewicht s schwimmt im Wasser a) mit der Spitze nach unten, b) mit der Spitze nach oben. Wie tief sinkt sie jeweils ein?

18. Eine quadratische gerade Pyramide aus Holz sinkt im Wasser um $\frac{1}{3}$ ihrer Höhe ein, wenn sie mit Spitze nach oben schwimmt. Wie groß ist ihr spezifisches Gewicht?

19. In welcher Höhe ist eine gerade quadratische Pyramide (Grundkante 10 cm, Höhe 12 cm) parallel zur Basis zu schneiden, damit die beiden entstehenden Körper gleich große Gesamtoberflächen haben?

20. Eine gerade quadratische Pyramide (Grundkante 2 cm, Höhe 3 cm) wird durch eine Ebene, die durch eine Grundkante geht und gegenüber der Basis um den Winkel α geneigt ist, in zwei Teile zerlegt. a) Wie verhalten sich die Volumina der Teile, wenn $\alpha=45°$ ist? b) Wie groß muß α sein, damit die beiden Teile gleiches Volumen haben?

21. Wie verhalten sich die Oberflächen von Inkugel, Kantenkugel und Umkugel eines Würfels?

22.* Gegeben ist eine gerade quadratische Pyramide mit der Grundkante a und der Höhe h. Man stelle Formeln auf a) für den Radius der Umkugel, b) für den Radius der Inkugel, c) für den Radius der Kantenkugel (die alle Kanten berührt), d) für den Radius der Kugel, die alle Seitenkanten und die Grundfläche berührt, e) für die Kugel, die alle Grundkanten berührt und durch die Spitze geht.

23. Auf einer Ebene liegen a) drei einander berührende gleich große Kugeln mit dem Radius r, deren Zentren die Ecken eines gleichseitigen Dreiecks bilden, b) vier solche Kugeln, deren Zentren die Ecken eines Quadrates bilden. Wie groß ist der Radius x der Kugel, die alle gegebenen Kugeln und die Ebene berührt?

24. Einem Würfel mit der Kantenlänge 1 cm sollen zwei gleich große, möglichst große Kugeln einbeschrieben werden. Wie groß ist der Radius einer solchen Kugel?

25. Wie groß ist die Kantenlänge des einer Halbkugel mit dem Radius r einbeschriebenen Würfels?

26. Einer Halbkugel mit dem Radius 1 sollen a) 3, b) 4 gleich große, möglichst große Kugeln einbeschrieben werden. Wie groß ist der Radius einer solchen Kugel?

27. Auf einer Ebene liegen a) drei gleichgroße Halbkugeln mit dem Radius r, die sich gegenseitig berühren, b) vier gleich große Halbkugeln mit dem Radius r, von denen jede zwei der übrigen berührt, wobei die Zentren die Ecken eines Quadrates bilden. Eine Kugel mit dem Radius ϱ wird von oben hineingesetzt. Wie hoch liegt ihr Zentrum über der Ebene? Man rechne zuerst allgemein und setze dann bei a) $r = 3$, $\varrho = 1$ und $r = 6$, $\varrho = 1$, bei b) $r = 4$, $\varrho = 5$.

28. Einer Halbkugel mit dem Radius r, die auf einer Horizontalebene liegt, wird ein Kranz von 6 gleich großen Kugeln umbeschrieben, die die Ebene und die Halbkugel berühren, und von denen jede die beiden benachbarten berührt. Wie groß ist der Radius einer Kranzkugel?

29. Um zwei sich von außen berührende Kugeln (Radien R und r) ist ein Kranz von 6 gleich großen Kugeln zu legen, die beide Kugeln berühren, und von denen sich je zwei benachbarte berühren. Wie groß ist der Radius einer Kranzkugel?

30. Einem Kugelsegment (Kugelradius r, Höhe h) sind n gleich große, möglichst große Kugeln einzubeschreiben. Wie groß ist der Radius einer solchen Kugel?
a) $r = 19$, $h = 14$, $n = 3$, b) $r = 13$, $h = 10$, $n = 4$, c) $r = 13$, $h = 8$, $n = 7$.

31. Einem regulären Tetraeder wird eine Halbkugel einbeschrieben, deren Basiskreis auf der Grundfläche liegt. Wieviel % des Tetraedervolumens nimmt die Halbkugel ein?

32. Das Volumen des Mondes beträgt 2,03% des Volumens der Erde. Wieviel % der Erdoberfläche beträgt die Mondoberfläche?

33. Welchen Bruchteil der Erdoberfläche machen die tropische, die gemäßigten und die Polarzonen aus? Schiefe der Ekliptik $\varepsilon = 23{,}45°$.

34. Der wievielte Teil der von der Sonne ausgestrahlten Energie fällt auf die Erde? Erdradius $= 6{,}375 \cdot 10^3$ km, Entfernung der Sonne $= 1{,}50 \cdot 10^8$ km.

35. Eine Vollkugel wird durch eine Ebene so geschnitten, daß sich die Gesamtoberflächen der beiden entstehenden Teilkörper (inkl. begrenzende Schnittkreise) wie 3 : 8 verhalten. a) In welcher Entfernung vom Zentrum muß der Schnitt geführt werden? b) Wie verhalten sich die Volumina der beiden Teile?

36. Eine Kugel mit dem Radius 1 wird durch zwei parallele Ebenen in drei Teilkörper zerlegt, die gleich große Gesamtoberflächen haben. Man berechne die Oberfläche eines solchen Teilkörpers.

37. Bei einer im Wasser schwimmenden Kugel taucht der Bruchteil x des Durchmessers im Wasser ein. Wie groß ist ihr spezifisches Gewicht, a) allgemein, b) für $x = \frac{1}{3}$, c) für $x = \frac{5}{6}$?

38. Um wieviel % vermindert sich das Volumen einer Kugel, wenn diese so verkleinert wird, daß ihre Oberfläche um 10% abnimmt?

39. Der sphärische Oberflächenteil eines Kugelsegments ist 1,5 mal so groß wie seine ebene Grundfläche. Welchen Bruchteil des Kugelvolumens macht das Volumen des Segments aus?

40. In einer Kugel liegt ein Kugelsektor, dessen konischer Oberflächenteil gleich groß wie der sphärische ist. Welchen Bruchteil des Kugelvolumens macht sein Volumen aus?

41. Man drücke das Volumen eines Kugelsegments durch seinen Basiskreisradius ϱ und seine Höhe h aus.

42. Eine Kugel wird zylindrisch zentrisch durchbohrt. Man stelle eine Formel für das Verhältnis des Volumens des Restkörpers zum Kugelvolumen aus dem Kugelradius r und dem Bohrradius ϱ auf.

43. Auf der Oberfläche einer Kugel mit dem Radius R liegt das Zentrum einer kleineren Kugel mit dem Radius r. Wie groß ist der beiden Kugeln gemeinsame Volumenteil?

44. Die Gesamtoberfläche eines Kugelsektors beträgt $\frac{1}{4}$ der Oberfläche der zugehörigen Kugel. Welchen Bruchteil des Kugelvolumens macht der Kugelsektor aus, und wie groß ist sein Öffnungswinkel?

45. Den wievielten Teil der Erdoberfläche kann man von einem Erdsatelliten, dessen Höhe über der Erde $\frac{1}{10}$ des Erdradius beträgt, in einem bestimmten Moment überblicken?

46. Man teile die Oberfläche einer Kugel durch Parallelschnitte in a) 3, b) 5 gleich große Teile. Wie verhalten sich die Gesamtoberflächen und die Volumina der Teile?

47. Eine mit Wasser gefüllte Halbkugelschale wird um 20° geneigt. Wieviel % ihres Inhalts fließt dabei aus?

48. Wie groß ist die Kante x eines Würfels, der einem Kugelsektor mit dem Kugelradius r und dem halben Öffnungswinkel α einbeschrieben ist, so daß 4 Ecken auf dem sphärischen und 4 Ecken auf dem konischen Teil der Oberfläche liegen, a) allgemein, b) für $r = 4$ und $\alpha = 45°$?

49. Ein Eikörper besteht a) aus einer Halbkugel (Radius r) mit aufgesetztem halbem Rotationsellipsoid, wobei die Gesamtlänge des Körpers $3r$ beträgt, b) aus einem Kugelsegment (Kugelradius r, Höhe $\frac{3}{2}r$) mit aufgesetztem Rotationsparaboloid, wobei der Achsenschnitt aus einem Kreisbogen und einer Parabel besteht, die sich berühren. Man stelle eine Formel für das Volumen des Körpers auf.

50. Man drücke den Grundkreisradius r und die Höhe h eines Zylinders durch das Volumen V und die Mantelfläche M aus.

51. Ein mit Wasser ganz gefülltes zylindrisches Glas wird um 45° geneigt, wodurch $\frac{1}{3}$ des Inhalts ausfließt. Welche Form hat es?

52. Einem Quader, dessen Kanten sich wie $2:3:5$ verhalten, lassen sich drei verschiedene Zylinder umbeschreiben. Wie verhalten sich ihre Volumina?

53. Wieviel mal muß man den Radius eines «gleichseitigen» Zylinders (dessen Achsenschnitt also ein Quadrat ist) vergrößern, damit bei gleichbleibender Höhe die Oberfläche 8 mal vergrößert wird?

54. In einem Zylinder liegt eine Kugel, die die Grundfläche und den Mantel berührt. Wie viele Kugeln lassen sich im Zylinder um diese Kugel herum legen, die alle die Grundfläche, diese Kugel und den Mantel berühren?

55. Ein rechtwinkliges Dreieck mit den Katheten $a = 3$ cm und $b = 4$ cm rotiert zuerst um a, dann um b. Wie verhalten sich die Oberflächen und die Volumina der beiden entstehenden Kegel?

56. Der Mantel eines Kegels ist 7 mal so groß wie die Grundfläche. Wie groß ist der halbe Öffnungswinkel α und der Netzwinkel φ?

57. Man drücke das Volumen eines «gleichseitigen» Kegels (dessen Achsenschnitt also ein gleichseitiges Dreieck ist) a) durch seine Mantelfläche M, b) durch seine Oberfläche O aus.

58. Man drücke das Volumen a) eines Zylinders, b) eines Kegels durch die Grundfläche G und die Mantelfläche M aus.

59. Man beweise: Für das Volumen V eines Kegels gilt

$$V = \tfrac{1}{3}\,\varrho\, O,$$

wobei ϱ der Inkugelradius und O die Oberfläche ist.

60. In welcher Höhe muß ein gleichseitiger Kegel (vgl. Aufgabe 57) parallel zur Basis geschnitten werden, damit a) das Volumen halbiert wird, b) der Mantel halbiert wird, c) die Teilkörper gleich große Oberflächen haben?

61. In einem Hohlkegel ($r = 12$ cm, $h = 24$ cm) steht Wasser 6 cm hoch. Wie hoch steht es, wenn man ihn auf die Spitze stellt?

62. Bei einem im Wasser aufrecht schwimmenden Doppelkegel, der aus zwei kongruenten Kegeln zusammengesetzt ist, ragt $\frac{1}{7}$ a) der Gesamtoberfläche, b) des Gesamtvolumens aus dem Wasser. Wieviel % der Gesamthöhe taucht im Wasser ein?

63. Um wieviel % wächst das Volumen eines Kegels, wenn man seinen Radius um 20 % und seine Höhe um 25 % vergrößert?

64. Auf der Tangentialebene einer Kugel mit dem Radius r steht ein Kegel mit der Spitze im Kugelzentrum. Wie groß muß sein Grundkreisradius sein, wenn seine Oberfläche gleich groß wie die Kugeloberfläche sein soll?

65. Über der Basis einer Halbkugel mit dem Radius $r = 10$ steht ein Kegel mit der Höhe $h = 30$, der auf dieselbe Seite wie die Halbkugel weist. Wie groß ist das Volumen des außerhalb des Kegels liegenden Teils der Halbkugel?

66. Eine Kugel und ein Kegel durchdringen sich, wobei die Höhe des Kegels ein Kugeldurchmesser ist und sein Grundkreis die Kugel berührt und der Grundkreisradius gleich dem Kugelradius ist. a) Wieviel % der Kugeloberfläche und wieviel % des Kugelvolumens liegen innerhalb des Kegels? b) Wieviel % der Kegeloberfläche und wieviel % des Kegelvolumens liegen innerhalb der Kugel?

67. Einer Kugel ist ein Kegel umzubeschreiben, a) dessen Mantelfläche, b) dessen Volumen durch den Berührkreis halbiert wird. Wie groß ist der halbe Öffnungswinkel des Kegels?

68. Einer Kugel mit dem Radius r ist ein Kegel einbeschrieben, a) dessen Mantelfläche gleich groß wie die Kugelhaube unterhalb der Grundfläche ist, b) dessen Volumen gleich dem Volumen des Kegelsegments unterhalb der Grundfläche ist. Wie groß ist seine Höhe x?

69. Gegeben sind eine Kugel und ein Kegel, dessen Höhe mit einem Durchmesser der Kugel zusammenfällt. Wie groß ist der halbe Öffnungswinkel α des Kegels, wenn a) sein Mantel $\frac{1}{3}$ der Kugeloberfläche herausschneidet, b) die Kugelfläche $\frac{1}{3}$ des Kegelmantels herausschneidet?

70. Gegeben ist eine Kugel mit dem Radius r, dazu ein Punkt P in der Entfernung d vom Kugelzentrum ($d > r$). Gesucht ist eine Formel für das Volumen des Tangentialkegels, der durch die Tangenten von P an die Kugel gebildet und durch den Berührkreis begrenzt wird.

71. Einem Kegel ist die Halbkugel einbeschrieben, die auf der Grundfläche liegt. a) Man beweise, daß sich die Mantelflächen der beiden Körper gleich verhalten wie ihre Volumina (wobei man unter der Mantelfläche der Halbkugel ihren sphärischen Ober-

flächenteil versteht). b) Wie groß muß der halbe Öffnungswinkel α des Kegels sein, damit sich die Oberflächen der beiden Körper gleich verhalten wie die Volumina?

72. Zwei Kugeln mit den Radien R und r berühren sich von außen. a) Man stelle Formeln auf für das Volumen V und den Mantel M des umbeschriebenen Kegels. b) Berechne V und M für $R = 9$ und $r = 5$.

73. Man beweise: Ist einer Kugel ein Kegel einbeschrieben, dessen Höhe durch das Kugelzentrum im goldenen Schnitt geteilt wird, so macht das Volumen des Kegels genau $\frac{1}{4}$ des Kugelvolumens aus.

74. Vier Kugeln mit dem Radius 1 liegen auf einer Horizontalebene und berühren sich so, daß ihre Zentren die Ecken eines Quadrates bilden. Eine weitere gleich große Kugel wird oben auf diese vier Kugeln gelegt. Wie groß ist das Volumen des Kegels, der diesem Kugelhaufen umbeschrieben werden kann?

75. Vier kongruente Kegel mit dem Grundkreisradius 3 cm und der Höhe 4 cm stehen auf einer Horizontalebene, wobei sich die Grundkreise so berühren, daß ihre Zentren die Ecken eines Quadrates bilden. Eine Kugel mit dem Radius 2,5 cm wird von oben zwischen die Kegel gesetzt. Wie hoch kommt ihr tiefster Punkt über die Ebene zu liegen?

76. Auf einer horizontalen Ebene steht ein Kegel mit dem Grundkreisradius 3 cm und der Höhe 4 cm. Um ihn herum soll ein Ring von 6 gleich großen Kugeln gelegt werden, die die Ebene und den Kegelmantel berühren, und von denen sich je zwei benachbarte berühren. Wie groß ist der Radius einer Ringkugel?

77. Einem Kegel mit dem Grundkreisradius 3 cm und der Höhe 4 cm ist die Inkugel einbeschrieben. Wie viele Kugeln lassen sich im Kegel um seine Inkugel herum legen, die alle die Grundfläche, die Mantelfläche und die Inkugel berühren?

78. Wie groß ist der Radius der Kugel, die einem Doppelkegel einbeschrieben ist, der aus zwei Kegeln mit gemeinsamer Grundfläche (Radius r) und entgegengesetzt gerichteten Höhen (h_1 und h_2) besteht?

79.* a) Man stelle eine Formel für das Volumen V und die Mantelfläche M eines Kegels aus dem Radius R seiner Umkugel und dem Radius ϱ seiner Inkugel auf. b) Welches Verhältnis müssen R und ϱ haben, damit sich die beiden möglichen Volumina wie $1:2$ verhalten?

80. Bei einem Kegelstumpf verhalten sich Grundfläche, Mantelfläche und Deckfläche wie $21 : 10\sqrt{3} : 6$. Wie groß ist der Neigungswinkel der Mantellinien gegenüber der Grundfläche?

81. Wie groß ist das Volumen eines einer Kugel mit dem Radius r umbeschriebenen Kegelstumpfs, dessen Grundkreisradius doppelt so groß ist wie der Deckkreisradius?

82. Einer Kugel mit dem Radius r ist ein Kegelstumpf umbeschrieben, dessen Mantelfläche a) 3mal, b) 2mal so groß ist wie die Grundfläche. Wie groß ist der Grundkreisradius?

83. Man drücke die Höhe eines Kegelstumpfs durch seinen Grund- und Deckkreisradius aus unter der Voraussetzung, daß der Flächeninhalt des Mantels gleich der Summe der Flächeninhalte von Grund- und Deckfläche ist.

84. Ein Kegelstumpf, der eine Inkugel besitzt, hat eine doppelt so große Oberfläche wie seine Inkugel. Man berechne das Verhältnis der Radien von Grund- und Deckfläche.

85. Ein Kegelstumpf mit dem Grundkreisradius 24, dem Deckkreisradius 16 und der Höhe 15 beschreibt beim Rollen auf einer Ebene einen Kreisring. Wie groß ist sein äußerer Radius?

86. Das Volumen eines Kegelstumpfs sei das k-fache des Volumens seines umbeschriebenen Zylinders (wobei $\frac{1}{3} \leq k \leq 1$). Wie groß ist das Verhältnis seiner Deckfläche zur Grundfläche?

87. In welcher Höhe muß ein Kegelstumpf mit der Grundfläche G, der Deckfläche D und der Höhe h parallel zur Grundfläche geschnitten werden, damit beide Teile a) gleiches Volumen, b) gleiche Mantelflächen haben?

88. Zwei Kugeln mit den Radien R und r berühren sich von außen. Gesucht ist das Volumen V und die Oberfläche O des umbeschriebenen Kegelstumpfs, a) allgemein, b) für $R = 2$, $r = 1$.

89. a) Man drücke den Radius x der Umkugel eines Kegelstumpfs und die Höhe y ihres Zentrums über der Grundfläche durch seinen Grundkreisradius R, seinen Deckkreisradius r und seine Höhe h aus. b) Man berechne x und y für $R = 12$, $r = 5$, $h = 7$.

Ergebnisse

1. a) $\frac{\pi a^5}{30}$, b) $\sqrt{5}$.
2. a) 300π, b) 10π.
3. a) $V = \frac{2}{15}\pi b^2 (5a + 4c)$, b) 72π, c) 4π.
4. $\frac{3 + \sqrt{3}}{6} = 78{,}87\,\%$.
5. $\frac{1}{5}$.
6. a) $V = \frac{1}{15}\pi h (8R^2 + 4Rr + 3r^2)$, b) 99,49 Liter.
7. $3a$.
8. $\sqrt{1 - \frac{\sqrt{2}}{2}} = 0{,}5412$.
9. a) $y = \frac{1}{2}(1 + x)\sqrt{1 - x^2}$, b) $\frac{3}{10}$.
10. a) $V = \frac{4}{3}\pi a b^2$, b) $V = \frac{4}{3}\pi a^2 b$.
11. a) $V = \frac{\pi b^2}{3a^2}(h^3 - 3a^2 h + 2a^3)$, b) $V = \frac{\pi a^2}{3b^2}(h^3 + 3b^2 h)$.
12. $20 : 15 : 12$.
13. $V = \frac{\sqrt{2}}{4}\sqrt{(-u^2 + v^2 + w^2)(u^2 - v^2 + w^2)(u^2 + v^2 - w^2)}$.
14. $V = a^3 \sin\alpha \sqrt{1 - \frac{\cos^2\alpha}{\cos^2\frac{\alpha}{2}}}$.
15. $x = \frac{ah}{a + h}$.
16. 0,0727 m, 0,1566 m, 0,2632 m, 0,4152 m.
17. a) $\sqrt[3]{s}\,h$, b) $\left(1 - \sqrt[3]{1 - s}\right)h$.
18. $\frac{19}{27} = 0{,}7037$.
19. 2,0154 cm.
20. a) $5 : 3$, b) $\tan\alpha = 3(\sqrt{5} - 2)$, $\alpha = 35{,}3°$.
21. $1 : 2 : 3$.
22. a) $r_1 = \frac{a^2 + 2h^2}{4h}$, b) $r_2 = \frac{ah}{a + \sqrt{a^2 + 4h^2}}$, c) $r_3 = \frac{a}{\sqrt{2}\,h}\left(\sqrt{\frac{a^2}{2} + h^2} - \frac{a}{2}\right)$,

    d) $r_4 = \frac{ah}{\sqrt{a^2 + 2h^2} + a}$, e) $r_5 = \frac{a^2 + 4h^2}{8h}$.

23. a) $x = \frac{r}{3}$, b) $x = \frac{r}{2}$.
24. $\frac{3-\sqrt{3}}{4} = 0{,}3170$.
25. $\frac{\sqrt{6}}{3} r = 0{,}8165\, r$.
26. a) $\frac{1}{4}(\sqrt{21}-3) = 0{,}3956$, b) $\frac{1}{2}(\sqrt{3}-1) = 0{,}3660$.
27. a) $x = \sqrt{\varrho^2 + 2r\varrho - \frac{r^2}{3}}$; $r=3$, $\varrho=1 : x=2$; $r=6$, $\varrho=1 : x=1$.
b) $x = \sqrt{\varrho^2 + 2r\varrho - r^2}$; $r=4$, $\varrho=5 : x=7$.
28. $x = \frac{1}{4}(\sqrt{5}+1)\, r = 0{,}8090\, r$.
29. $x = \frac{Rr(R^2-r^2)}{R^3-r^3} = \frac{Rr(R+r)}{R^2+Rr+r^2}$.
30. a) 6, b) 4, c) 3.
31. $\frac{16\pi}{81\sqrt{3}} = 35{,}83\,\%$.
32. 7,44 %.
33. Tropische Zone: $\sin\varepsilon = 39{,}79\,\%$; gemäßigte Zonen: $\cos\varepsilon - \sin\varepsilon = 51{,}95\,\%$; Polarzonen: $1 - \cos\varepsilon = 8{,}26\,\%$.
34. $4{,}52 \cdot 10^{-10}$.
35. a) $\frac{3}{5} r$, b) 13 : 112.
36. $4\pi(4\sqrt{2}-5) = 8{,}2543$.
37. a) $s = 3x^2 - 2x^3$, b) $s = \frac{7}{27}$, c) $s = \frac{25}{27}$.
38. Um 14,62 %.
39. $\frac{1}{10}$.
40. $\frac{1}{5}$.
41. $V = \frac{\pi h}{6}(3\varrho^2 + h^2)$.
42. $x = \left(1 - \frac{\varrho^2}{r^2}\right)^{3/2}$.
43. $V = \frac{\pi r^3}{12R}(8R - 3r)$.
44. $\frac{1}{10}$; $2\alpha = 73{,}7°$.
45. $\frac{1}{42}$.
46. a) 5 : 7 : 5 und 7 : 13 : 7, b) 9 : 15 : 17 : 15 : 9 und 13 : 31 : 37 : 31 : 13.
47. 49,30 %.
48. a) $x = \frac{r}{\sqrt{\frac{3}{2} + \sqrt{2}\cot\alpha + \frac{1}{2}\cot^2\alpha}}$, b) $x = 2{,}165$.
49. a) $V = 2\pi r^3$, b) $V = \frac{3}{2}\pi r^3$.
50. $r = \frac{2V}{M}$, $h = \frac{M^2}{4\pi V}$.
51. $2r : h = 2 : 3$.
52. 65 : 68 : 87.
53. 3mal.
54. 15 (bei gleichmäßiger Verteilung berühren sich die Kugeln fast).
55. $O_1 : O_2 = 3 : 2$, $V_1 : V_2 = 4 : 3$.
56. $\alpha = 8{,}21°$, $\varphi = 51{,}43°$.
57. a) $V = \frac{1}{2\sqrt{6\pi}} M^{3/2}$, b) $V = \frac{1}{9\sqrt{\pi}} O^{3/2}$.

58. a) $V = \frac{1}{2\sqrt{\pi}}\sqrt{G}\,M$, b) $V = \frac{1}{3\sqrt{\pi}}\sqrt{G(M^2 - G^2)}$.

59. Man erhält $\varrho = \frac{rh}{r+s}$, also mit $O = \pi r^2 + \pi r s$

$$\tfrac{1}{3}\varrho O = \tfrac{1}{3}\frac{rh}{r+s}(\pi r^2 + \pi r s) = \frac{\pi}{3}\frac{r^2 h}{r+s}(r+s) = \frac{\pi}{3} r^2 h = V.$$

60. a) $\left(1 - \frac{1}{\sqrt[3]{2}}\right) h = 0{,}2063\, h$, b) $\left(1 - \frac{1}{\sqrt{2}}\right) h = 0{,}2929\, h$,

c) $\left(1 - \frac{\sqrt{3}}{2}\right) h = 0{,}1340\, h$.

61. 19,993 cm.

62. a) 73,27 %, b) 67,07 %.

63. Um 80 %.

64. $\frac{4}{3} r$.

65. $40\,\pi$.

66. a) 20 %, 36 %, b) 44,22 %, 72 %.

67. a) $\sin\alpha = 1 - \frac{\sqrt{2}}{2}$, $\alpha = 17{,}03^\circ$, b) $\sin\alpha = 1 - \frac{\sqrt[3]{4}}{2}$, $\alpha = 11{,}91^\circ$.

68. a) $x = (\sqrt{5} - 1)\, r = 1{,}236\, r$, b) $x = \frac{1}{4}(1 + \sqrt{17})\, r = 1{,}281 r$.

69. a) 35,3°, b) 40,6°.

70. $V = \frac{\pi r^2}{3 d^3}(d^2 - r^2)^2$.

71. a) Ist der Kegelradius 1, so erhält man für die Halbkugel

$$M_1 = 2\pi\cos^2\alpha,\quad O_1 = 3\pi\cos^2\alpha,\quad V_1 = \tfrac{2}{3}\pi\cos^3\alpha$$

und für den Kegel

$$M_2 = \frac{\pi}{\sin\alpha},\quad O_2 = \frac{\pi}{\sin\alpha} + \pi,\quad V_2 = \frac{\pi}{3}\operatorname{ctg}\alpha,$$

also

$$M_1 : M_2 = V_1 : V_2.$$

b) $\alpha = 30^\circ$.

72. a) $V = \frac{2\pi}{3}\frac{R^5}{r(R-r)}$, $M = \frac{\pi R^3 (R+r)}{r(R-r)}$ b) $V = 6183{,}6$, $M = 1603{,}2$.

73. Aus der Bedingung des goldenen Schnitts erhält man für die Kegelhöhe h

$$h : r = r : (h - r),\quad \text{also}\quad h = \frac{r}{2}(\sqrt{5} + 1),$$

ferner erhält man für den Kegelradius ϱ

$$\varrho^2 = h(2r - h) = \frac{r^2}{2}(\sqrt{5} - 1),$$

also für das Kegelvolumen

$$V = \frac{\pi}{3}\varrho^2 h = \frac{\pi}{3}\frac{r^2}{2}(\sqrt{5} - 1)(\sqrt{5} + 1)\frac{r}{2} = \frac{\pi}{3} r^3.$$

74. $V = \frac{\pi}{3}(22\sqrt{2} + 25) = 58{,}76$.

75. 0,0098 cm.

76. 2 cm.

77. 10 (je zwei benachbarte Kugeln berühren sich genau!).

78. $x = \frac{r}{h_1 - h_2}\left(\sqrt{r^2 + h_1^2} - \sqrt{r^2 + h_2^2}\right)$.

79. a) $V = \frac{1}{3}\pi\varrho^2(5R - \varrho \mp 3\sqrt{R^2 - 2R\varrho})$, $M = \pi\sqrt{2R\varrho}\sqrt{5R - \varrho \mp 3\sqrt{R^2 - 2R\varrho}}$.

b) $R : \varrho = 2{,}721$.

80. 30°.

81. $V = \frac{7\pi}{3} r^3$.

82. a) $r\sqrt{\frac{1+\sqrt{3}}{2}} = 1{,}169\,r$, b) $r\sqrt{1+\sqrt{2}} = 1{,}554\,r$.

83. $h = \frac{2Rr}{R+r}$.

84. $R:r = \frac{3+\sqrt{5}}{2} = 2{,}618$.

85. 51.

86. $\frac{D}{G} = \frac{(\sqrt{12k-3}-1)^2}{4}$.

87. a) $x = \frac{h}{\sqrt{G}-\sqrt{D}}\left(\sqrt{G} - \sqrt[3]{\frac{G\sqrt{G}+D\sqrt{D}}{2}}\right)$, b) $x = \frac{h}{\sqrt{G}-\sqrt{D}}\left(\sqrt{G} - \sqrt{\frac{G+D}{2}}\right)$.

88. a) $V = \frac{2}{3}\pi \cdot \frac{R^6-r^6}{Rr(R-r)}$, $O = \frac{2\pi}{R^2r^2} \cdot \frac{R^5-r^5}{R-r}$, b) $V = 21\pi$, $O = \frac{31}{2}\pi$.

89. a) $x = \frac{1}{2h}\sqrt{(h^2+r^2-R^2)^2+4R^2h^2}$, $y = \frac{r^2+h^2+R^2}{2h}$,
b) $x = 13$, $y = -5$.

§ 12. Die Ableitung einer Funktion

1. Die Ableitung der quadratischen Grundfunktion

Wir stellen uns nun die Aufgabe, die Steigung der Tangente t des Graphen der Funktion $x \to x^2$ in einem seiner Punkte $P_0(x_0/y_0)$ zu bestimmen (Fig. 1). Dazu wählen wir auf der Kurve einen von P_0 verschiedenen zweiten Punkt $P(x/y)$. Bezeichnen wir den Neigungswinkel der durch P_0 und P gehenden Sekante s mit α, so ist die Steigung dieser Sekante

$$\tan\alpha = \frac{\overline{PP''}}{\overline{P_0P''}} = \frac{\overline{PP'} - \overline{P'P''}}{\overline{P_0'P'}} = \frac{y-y_0}{x-x_0} = \frac{x^2-x_0^2}{x-x_0}. \tag{1}$$

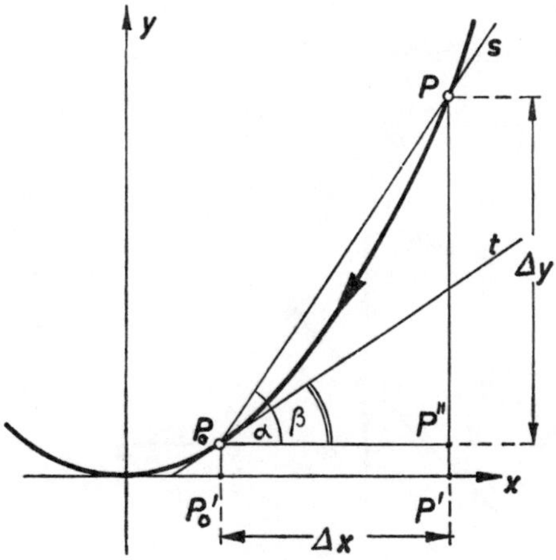

Fig. 1

Bleibt P_0 fest und wandert P auf der Kurve (wobei P auf beiden Seiten von P_0 sein darf), so hängt diese Steigung von x ab; die Funktion

$$x \to \frac{x^2 - x_0^2}{x - x_0}$$

heißt die *Differenzenquotientenfunktion* der gegebenen Funktion $x \to x^2$ für die Stelle x_0; sie hat an der Stelle x_0 eine *Definitionslücke* (entsprechend der geometrischen Tatsache, daß die Verbindungsgerade s von P_0 und P nicht mehr definiert ist, wenn P in P_0 fällt).

Wir bezeichnen den Neigungswinkel der Tangente t der Parabel im Punkt P_0 (an der Stelle x_0) mit β. Es ist anschaulich klar, daß die Steigung von s gegen die Steigung von t strebt, wenn bei festem P_0 der Punkt P auf der Kurve gegen P_0 wandert (und zwar unabhängig davon, ob er von rechts wie in Fig. 1 oder von links gegen P_0 wandert), d.h., daß gilt

$$\tan\beta = \lim_{x \to x_0} \frac{x^2 - x_0^2}{x - x_0}. \tag{2}$$

Dieser Grenzwert kann bestimmt werden, indem man für x die Glieder einer Folge mit dem Grenzwert x_0 einsetzt, oder durch Kürzung des Bruches, denn es ist

$$\frac{x^2 - x_0^2}{x - x_0} = x + x_0 \quad \text{für} \quad x \neq x_0,$$

also erhält man nach den Sätzen über Grenzwerte von Funktionen (§ 9) oder anschaulich durch Betrachtung des Graphen der Differenzenquotientenfunktion (Fig. 2)

$$\tan\beta = \lim_{x \to x_0} (x + x_0) = 2x_0. \tag{3}$$

Diese Steigung der Tangente heißt die *Ableitung* oder der *Differentialquotient* unserer Funktion *an der Stelle* x_0. Führen wir die Differenzen

$$\Delta x = x - x_0, \; \Delta y = y - y_0 = x^2 - x_0^2$$

ein, d.h. haben wir den «Sehnenvektor»

$$\overrightarrow{P_0 P} = \begin{pmatrix} \Delta x \\ \Delta y \end{pmatrix},$$

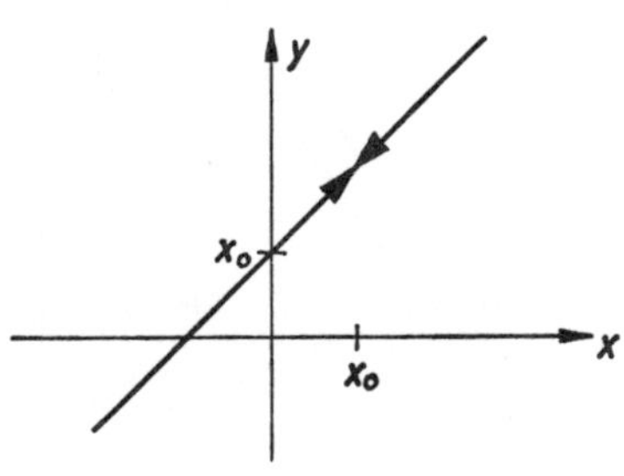

Fig. 2

so können wir statt (1) auch schreiben

$$\tan\alpha = \frac{\Delta y}{\Delta x} = \frac{(x_0+\Delta x)^2 - x_0^2}{\Delta x} \tag{4}$$

und für (2)

$$\tan\beta = \lim_{\Delta x\to 0}\frac{\Delta y}{\Delta x} = \lim_{\Delta x\to 0}\frac{(x_0+\Delta x)^2 - x_0^2}{\Delta x}. \tag{5}$$

Jeder Stelle x_0 kann somit die Ableitung $2x_0$ zugeordnet werden. Die Funktion $x_0 \to 2x_0$ oder $x\to 2x$ heißt die *Ableitungsfunktion* (kurz *Ableitung*) unserer gegebenen Funktion $x\to x^2$.

Beispiel 1: Wie lautet die Gleichung der Tangente der Parabel mit der Gleichung $y=x^2$ an der Stelle $x_0=-2$? Der Berührungspunkt ist $P_0(-2/4)$; die Ableitung an der Stelle $x_0=-2$ ist nach (3) $2x_0=-4$. Die Gleichung der Tangente lautet also (in der Punktrichtungsform)

$$\begin{aligned} y-4 &= -4(x+2),\\ y-4 &= -4x-8,\\ \underline{4x+y+4} &\underline{= 0.} \end{aligned}$$

2. Die Ableitung beliebiger Funktionen

Auf dieselbe Weise kann man die Ableitungsfunktion einer beliebigen Funktion $x\to f(x)$ bestimmen; man bezeichnet sie mit $x\to f'(x)$. Das Bilden der Ableitungsfunktion heißt auch *Ableiten* oder *Differenzieren* der gegebenen Funktion. Die folgenden Definitionen zeigen, daß man sich dabei von der geometrischen Anschauung befreien kann.

Definition 1: Ist $x\to f(x)$, $x\in D$ eine Funktion und x_0 eine Stelle ihres Definitionsbereiches D, so heißt die Funktion

$$x\to\frac{f(x)-f(x_0)}{x-x_0},\quad x\in D-\{x_0\} \tag{6}$$

die *Differenzenquotientenfunktion* für die Stelle x_0.

Definition 2: Ist dabei x_0 eine Häufungsstelle von D und existiert der Grenzwert

$$\lim_{x\to x_0}\frac{f(x)-f(x_0)}{x-x_0}, \tag{7}$$

d.h. kann die Differenzenquotientenfunktion stetig in die Stelle x_0 hinein fortgesetzt werden, so heißt die Funktion $x\to f(x)$ an dieser Stelle *differenzierbar*, und dieser Grenzwert heißt die *Ableitung* oder der *Differentialquotient* der Funktion *an dieser Stelle* und wird mit $f'(x_0)$ bezeichnet.

Bezeichnet man die in die Stelle x_0 hinein stetig fortgesetzte Differenzenquotientenfunktion mit d, d.h. definiert man

$$d(x)=\begin{cases}\dfrac{f(x)-f(x_0)}{x-x_0} & \text{für } x\in D \wedge x\neq x_0,\\ f'(x_0) & \text{für } x=x_0,\end{cases}$$

so gilt für alle x mit $x \in D$

$$f(x) = f(x_0)+(x-x_0)\,d(x). \tag{8}$$

Diese Formel ist eine Verallgemeinerung der Formel (7) von § 5 über Polynome. Somit gilt:

Satz 1: Die Funktion $x \to f(x)$, $x \in D$ ist an der Stelle x_0 mit $x_0 \in D$, wobei x_0 eine Häufungsstelle von D ist, dann und nur dann differenzierbar, wenn eine Funktion $x \to d(x)$, $x \in D$ existiert, für die (8) gilt, und die an der Stelle x_0 stetig ist.

Bemerkung: Die Grenzwerte

$$\lim_{x \downarrow x_0} \frac{f(x)-f(x_0)}{x-x_0} \quad \text{und} \quad \lim_{x \uparrow x_0} \frac{f(x)-f(x_0)}{x-x_0}$$

heißen die *rechtsseitige* bzw. *linksseitige Ableitung* von f an der Stelle x_0. Ist x_0 keine Randstelle von D, so ist f an der Stelle x_0 genau dann differenzierbar, wenn die rechts- und die linksseitige Ableitung existieren und einander gleich sind.

Definition 3: Die Funktion

$$x \to f'(x),\ x \in D',$$

wobei D' die Menge der Zahlen x_0 mit $x_0 \in D$ ist, für die f differenzierbar ist, heißt die *Ableitungsfunktion* (kurz *Ableitung*) der Funktion f.

Definition 4: Eine Funktion heißt *auf einer Menge A differenzierbar*, wenn sie an jeder Stelle x_0 mit $x_0 \in A$ differenzierbar ist.

Definition 5: Ist f an der Stelle x_0 differenzierbar, so heißt die Funktion

$$x \to f(x_0)+(x-x_0)f'(x_0)$$

die *Tangentenfunktion* von f für die Stelle x_0, und ihr Graph heißt die *Tangente* des Graphen von f an der Stelle x_0 oder im Punkt $P_0(x_0/f(x_0))$, und die zu ihr normale Gerade durch diesen Punkt heißt die *Normale* des Graphen von f an dieser Stelle oder in diesem Punkt.

Bei Einführung der Differenzen

$$\Delta x = x-x_0,\ \Delta y = f(x)-f(x_0),$$

also des «Sehnenvektors» $\begin{pmatrix}\Delta x\\ \Delta y\end{pmatrix}$, kann man auch schreiben

$$f'(x_0)=\lim_{\Delta x \to 0}\frac{\Delta y}{\Delta x}=\lim_{\Delta x \to 0}\frac{f(x_0+\Delta x)-f(x_0)}{\Delta x}. \tag{9}$$

Die Komponenten irgend eines Vektors auf der Tangente, eines «Tangentenvektors» (Fig. 3), bezeichnet man oft mit $\mathrm{d}x$ und $\mathrm{d}y$ und nennt sie die *Differentiale* der gegebenen Funktion an der Stelle x_0. Für ihren Quotienten gilt also

$$\frac{dy}{dx} = f'(x_0), \tag{10}$$

wodurch sich auch der Name «Differentialquotient» erklärt[1]. Formel (10) ist die *Leibnizsche*[2] *Schreibweise* für die Ableitung.

Beispiel 2: Für die Funktion $x \to f(x) = \frac{x-1}{x^2}$ wird für eine Stelle x_0 mit $x_0 \neq 0$ für $\Delta x \neq 0$

$$\frac{\Delta y}{\Delta x} = \frac{\frac{(x_0+\Delta x)-1}{(x_0+\Delta x)^2} - \frac{x_0-1}{x_0^2}}{\Delta x} = \frac{(x_0+\Delta x - 1)\,x_0^2 - (x_0+\Delta x)^2(x_0-1)}{(x_0+\Delta x)^2\,x_0^2\,\Delta x}$$

$$= \frac{-x_0^2\Delta x + 2x_0\Delta x - x_0(\Delta x)^2 + (\Delta x)^2}{(x_0+\Delta x)^2 x_0^2 \Delta x} = \frac{-x_0^2 + 2x_0 - x_0\Delta x + \Delta x}{(x_0+\Delta x)^2 x_0^2},$$

also

$$f'(x_0) = \lim_{\Delta x \to 0} \frac{\Delta y}{\Delta x} = \frac{-x_0^2 + 2x_0}{x_0^4} = \frac{-x_0+2}{x_0^3}.$$

Die gegebene Funktion ist also an jeder Stelle x_0 mit $x_0 \neq 0$ differenzierbar (wir werden später Regeln kennenlernen, die eine einfachere Berechnung einer solchen Ableitung ermöglichen). Die Ableitungsfunktion ist also die Funktion

$$x \to f'(x) = \frac{-x+2}{x^3}, \quad x \neq 0.$$

Beispiel 3: Die Funktion $x \to \sqrt{x}$, $x \geqq 0$ (Fig. 4) ist an der Randstelle $x_0 = 0$ nicht differenzierbar, denn für diese Stelle ist

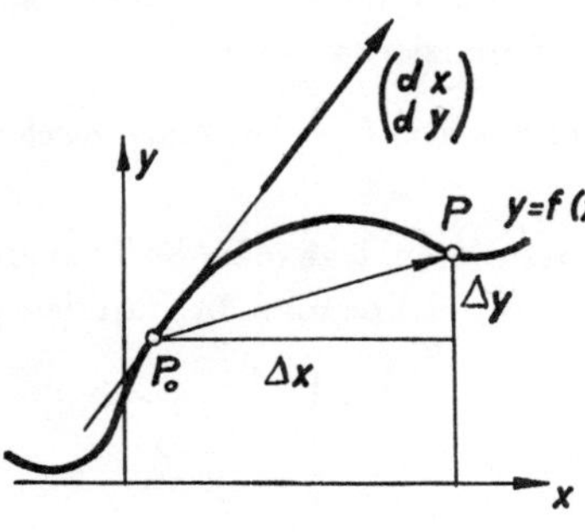

Fig. 3

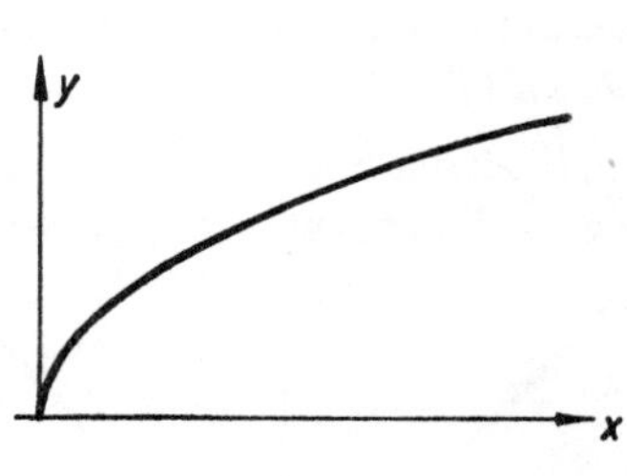

Fig. 4

[1] Früher wurden die Differentiale dx und dy als «unendlich kleine Größen» aufgefaßt, und Gleichung (10) wurde damit gerechtfertigt, daß für sehr kleine Δx und Δy gilt $f'(x_0) \approx \frac{\Delta y}{\Delta x}$. Diese Ansicht ist natürlich fehlerhaft, denn es gibt keine unendlich kleine positive Zahlen, und die letzte Gleichung ist für $\Delta x = 0$ sinnlos, für $\Delta x \neq 0$ aber nicht exakt gültig. Nur die heutige Auffassung, nach der $f'(x_0)$ nicht als Quotient der Grenzwerte von Δx und Δy, sondern als Grenzwert des Quotienten von Δx und Δy aufgefaßt wird und die Differentiale als gewöhnliche reelle Zahlen betrachtet werden, ist richtig.

[2] Gottfried W. Leibniz 1646–1716.

$$\lim_{x \to 0} \frac{\Delta y}{\Delta x} = \lim_{x \to 0} \frac{\sqrt{x} - \sqrt{0}}{x - 0} = \lim_{x \to 0} \frac{1}{\sqrt{x}} = \infty,$$

vgl. aber Satz 5.

Beispiel 4: Die Funktion $x \to |x|$ (Fig. 5) ist an der Stelle $x_0 = 0$ nicht differenzierbar, weil für diese Stelle gilt

$$\frac{\Delta y}{\Delta x} = 1 \text{ für } \Delta x > 0 \quad \text{und} \quad \frac{\Delta y}{\Delta x} = -1 \text{ für } \Delta x < 0.$$

Beispiel 5: Die Funktion $x \to f(x)$ mit

$$f(x) = \begin{cases} x^2, & \text{wenn } x \text{ rational,} \\ -x^2, & \text{wenn } x \text{ irrational,} \end{cases}$$

deren Graph in Fig. 6 angedeutet ist, ist nur an der Stelle $x_0 = 0$ differenzierbar, sonst nirgends differenzierbar (wie Fig. 6 zeigt). Aus der Differenzierbarkeit an einer Stelle folgt also nicht die Differenzierbarkeit in einer ganzen Umgebung dieser Stelle.

Satz 2: Ist eine Funktion an einer Stelle differenzierbar, so ist sie an dieser Stelle stetig.

Beweis: Existiert $\lim_{\Delta x \to 0} \frac{\Delta y}{\Delta x} = f'(x_0)$, so ist nach Satz 2 von § 9

$$\lim_{\Delta x \to 0} \Delta y = \lim_{\Delta x \to 0} \left(\frac{\Delta y}{\Delta x} \cdot \Delta x \right) = f'(x_0) \cdot 0 = 0,$$

also ist f an der Stelle x_0 stetig.

Bemerkung: Die Umkehrung dieses Satzes gilt nicht, wie Beispiel 4 zeigt; die Betragsfunktion ist an der Stelle 0 stetig, aber nicht differenzierbar. Es gibt sogar Funktionen, die überall stetig, aber nirgends differenzierbar sind!

Konstruktion des Graphen der Ableitungsfunktion aus dem Graphen einer gegebenen Funktion (Fig. 7):

Um z. B. an der Stelle $x = 4$ die Ableitung zu konstruieren, lege man die Tangente t im Punkt P der gegebenen Kurve mit $x = 4$, sodann zeichne man die Parallele zu t

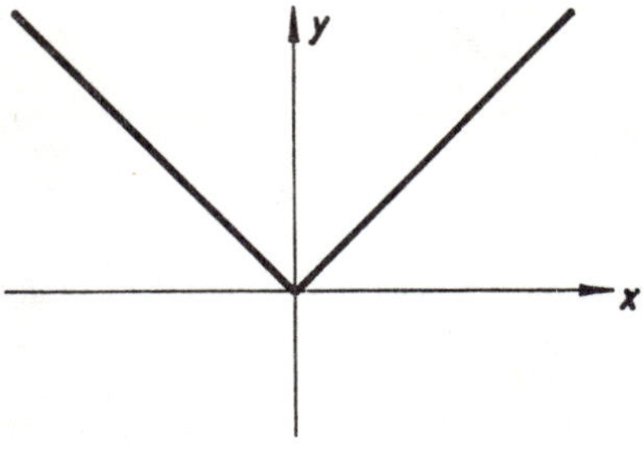

Fig. 5

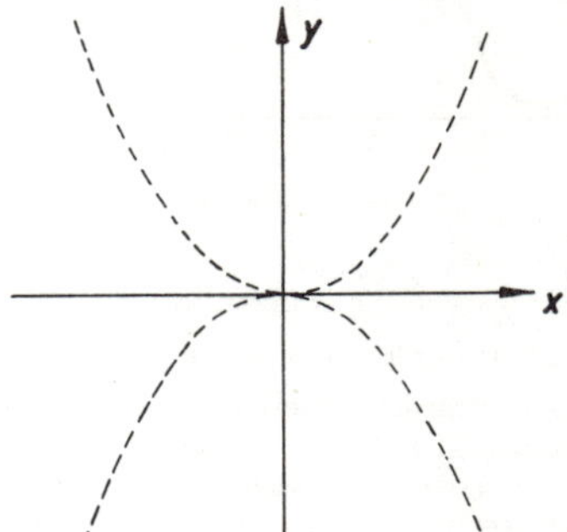

Fig. 6

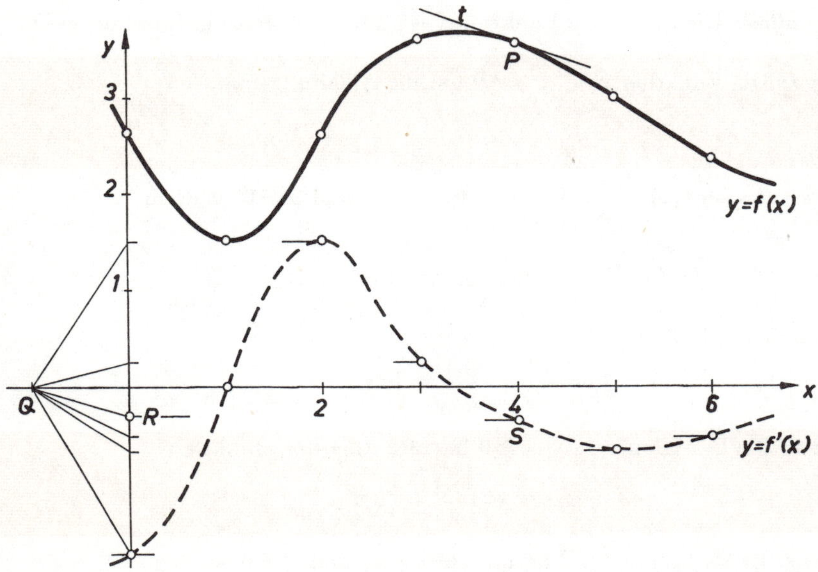

Fig. 7

durch den festen Punkt $Q\,(-1/0)$ und schneide diese mit der y-Achse. Die Ordinate des Schnittpunktes R ist die gesuchte Ableitung; man gehe von R aus also in horizontaler Richtung bis zur Stelle $x=4$, wo der erhaltene Punkt S auf dem gesuchten Graphen der Ableitungsfunktion liegt. – In gleicher Weise verfahren wir mit möglichst vielen Punkten (in Fig. 7 für $x=0, 1, 2, 3, 4, 5, 6$) und verbinden die erhaltenen Punkte durch eine Kurve.

Physikalische Anwendung der Ableitung: Die Geschwindigkeit ist die Ableitung der Weg-Zeit-Funktion (oder die Ableitung «des Weges nach der Zeit»); die Beschleunigung ist die Ableitung der Geschwindigkeit-Zeit-Funktion (oder die Ableitung «der Geschwindigkeit nach der Zeit»).

3. Ableitungsregeln

Satz 3 (Ableitungsregel für die Potenzfunktionen): Die Potenzfunktion $x \to x^n$ (mit $n \in \mathbb{N}$) hat die Ableitungsfunktion

$$x \to n\,x^{n-1}.$$

Beweis: Nach Satz 10 von § 4 ist

$$\frac{f(x)-f(x_0)}{x-x_0} = \frac{x^n - {x_0}^n}{x-x_0} = x^{n-1} + x^{n-2}\,x_0 + \ldots + x\,{x_0}^{n-2} + {x_0}^{n-1},$$

also nach Definition 2 und nach Satz 2 von § 9

$$f'(x_0) = \lim_{x \to x_0} \frac{f(x)-f(x_0)}{x-x_0} = {x_0}^{n-1} + {x_0}^{n-1} + \ldots + {x_0}^{n-1}\ (n \text{ Summanden}),$$

also $f'(x_0) = n\,{x_0}^{n-1}$.

Spezialfall: Die identische Funktion $x \to x$ hat die Ableitungsfunktion $x \to 1$.

Satz 4: Die Funktion $x \to \frac{1}{x}$, $x \neq 0$ hat die Ableitungsfunktion

$$x \to -\frac{1}{x^2}, \quad x \neq 0.$$

Beweis: Es sei $f(x) = \frac{1}{x}$. Für $x_0 \neq 0$, $x \neq x_0$ und $x \neq 0$ ist dann

$$\frac{f(x)-f(x_0)}{x-x_0} = \frac{\frac{1}{x}-\frac{1}{x_0}}{x-x_0} = \frac{x_0-x}{(x-x_0)x x_0} = -\frac{1}{x x_0},$$

also ist nach Definition 2

$$f'(x_0) = \lim_{x \to x_0} \frac{f(x)-f(x_0)}{x-x_0} = \lim_{x \to x_0}\left(-\frac{1}{x x_0}\right) = -\frac{1}{{x_0}^2}.$$

Satz 5: Die Funktion $x \to \sqrt{x}$, $x \geqq 0$ hat die Ableitungsfunktion

$$x \to \frac{1}{2\sqrt{x}}, \quad x > 0.$$

Beweis: Es sei $f(x) = \sqrt{x}$. Für $x_0 \neq 0$, $x \neq x_0$ und $x \neq 0$ ist

$$\frac{f(x)-f(x_0)}{x-x_0} = \frac{\sqrt{x}-\sqrt{x_0}}{x-x_0} = \frac{1}{\sqrt{x}+\sqrt{x_0}},$$

also nach Definition 2 und nach Beispiel 15 von § 9

$$f'(x_0) = \lim_{x \to x_0} \frac{f(x)-f(x_0)}{x-x_0} = \frac{1}{2\sqrt{x_0}}.$$

Satz 6 (Konstantenregel der Differentialrechnung): Jede auf einem Intervall I definierte konstante Funktion $x \to c$, $x \in I$ hat die Ableitungsfunktion

$$x \to 0, \quad x \in I.$$

Beweis: Für $x_0 \in I$ und $x \in I$ ist $\Delta y = 0$, also $\lim\limits_{\Delta x \to 0} \frac{\Delta y}{\Delta x} = 0$.

Satz 7 (Faktorregel der Differentialrechnung): Ist die Funktion $x \to f(x)$ an der Stelle x differenzierbar, so ist auch die Funktion $x \to F(x) = c f(x)$, wobei c ein konstanter Faktor ist, an dieser Stelle differenzierbar, und es gilt

$$F'(x) = c f'(x).$$

Beweis: Der Satz ist anschaulich klar, weil z. B. eine Überhöhung des Graphen um den Faktor 2 auch eine Verdoppelung der Tangentensteigung bedeutet (Fig. 8; $\overline{CD} = 2 \cdot \overline{AB}$). Streng läßt sich der Satz so beweisen: Ist f an der Stelle x_0 differenzierbar, so ist

$$F'(x_0) = \lim_{x \to x_0} \frac{F(x)-F(x_0)}{x-x_0} = \lim_{x \to x_0} \frac{c f(x) - c f(x_0)}{x-x_0}$$

$$= \lim_{x \to x_0}\left[c\,\frac{f(x)-f(x_0)}{x-x_0}\right] = c \cdot \lim_{x \to x_0} \frac{f(x)-f(x_0)}{x-x_0} = c f'(x_0).$$

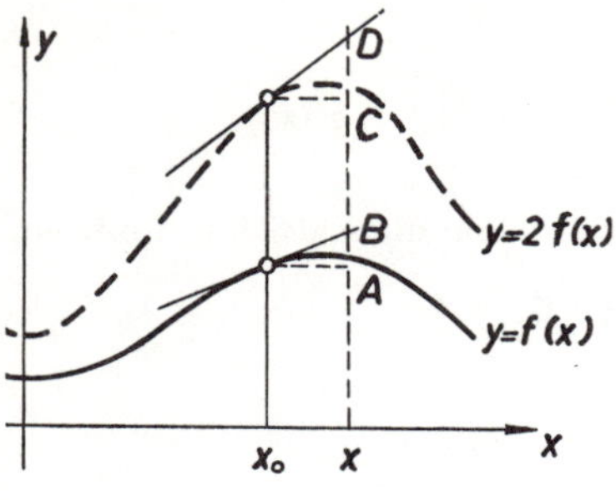

Fig. 8

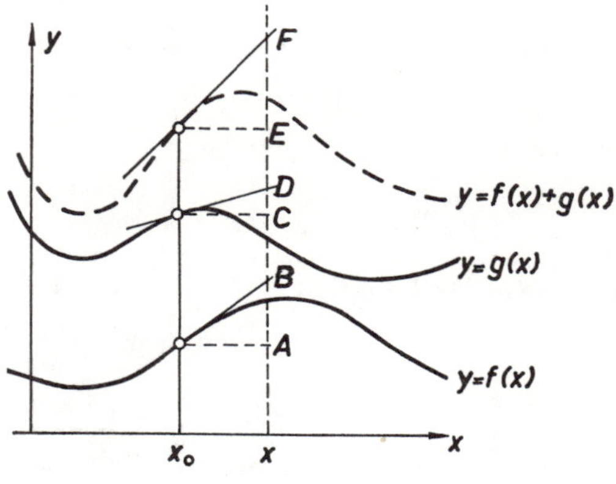

Fig. 9

Satz 8 (Summenregel der Differentialrechnung): Sind die Funktionen $x \to f(x)$ und $x \to g(x)$ an der Stelle x differenzierbar, so ist auch die Funktion

$$x \to F(x) = f(x) + g(x)$$

an dieser Stelle differenzierbar, und es ist

$$F'(x) = f'(x) + g'(x),$$

d.h. die Summe zweier Funktionen wird gliedweise abgeleitet.

Beweis: Der Satz ist anschaulich klar, denn die Superposition der beiden Graphen hat eine Summierung der entsprechenden Differenzen Δy zur Folge (Fig. 9; $\overline{EF} = \overline{AB} + \overline{CD}$). Strenger Beweis: Führen wir die Differenzen

$$\Delta x = x - x_0,\ \Delta u = f(x) - f(x_0),\ \Delta v = g(x) - g(x_0),\ \Delta y = F(x) - F(x_0)$$

ein (Fig. 10), so ist

$$\frac{\Delta y}{\Delta x} = \frac{F(x) - F(x_0)}{\Delta x} = \frac{[f(x) + g(x)] - [f(x_0) + g(x_0)]}{\Delta x}$$

$$= \frac{f(x) - f(x_0)}{\Delta x} + \frac{g(x) - g(x_0)}{\Delta x} = \frac{\Delta u}{\Delta x} + \frac{\Delta v}{\Delta x}.$$

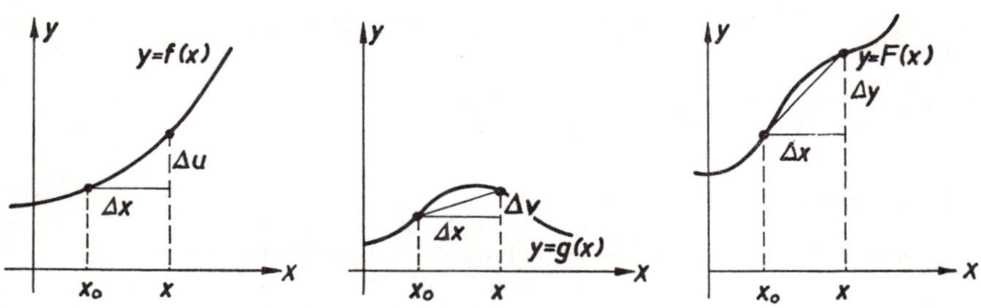

Fig. 10

Sind f und g an der Stelle x_0 differenzierbar, so ist

$$\lim_{\Delta x \to 0} \frac{\Delta u}{\Delta x} = f'(x_0) \quad \text{und} \quad \lim_{\Delta x \to 0} \frac{\Delta v}{\Delta x} = g'(x_0),$$

also ist

$$F'(x_0) = \lim_{\Delta x \to 0} \frac{\Delta y}{\Delta x} = \lim_{\Delta x \to 0} \left(\frac{\Delta u}{\Delta x} + \frac{\Delta v}{\Delta x}\right) = f'(x_0) + g'(x_0).$$

Beispiel 6: Die Funktion $x \to f(x) = 2x^3 - 4x^2 + 5x - 3$ hat die Ableitungsfunktion

$$x \to f'(x) = 6x^2 - 8x + 5.$$

Bemerkung: Aus den Sätzen 3, 6, 7 und 8 folgt:

1. Jede ganze rationale Funktion ist überall differenzierbar.
2. Die Menge M aller auf einem festen Intervall $[a, b]$ differenzierbaren Funktionen bildet einen *Vektorraum* über dem Körper der reellen Zahlen.
3. Die Zuordnung $f \to f'$ definiert eine *lineare Abbildung* von M in die Menge aller auf $[a, b]$ definierten Funktionen.

Satz 9 (Produktregel): Sind die Funktionen f und g an der Stelle x differenzierbar, so ist auch die Funktion

$$x \to F(x) = f(x)\, g(x)$$

an dieser Stelle differenzierbar, und es gilt

$$F'(x) = f(x)\, g'(x) + g(x)\, f'(x).$$

Beweis: Führen wir dieselben Differenzen $\Delta x, \Delta u, \Delta v$ wie im Beweis von Satz 8 ein, so ist

$$\frac{\Delta y}{\Delta x} = \frac{F(x) - F(x_0)}{\Delta x} = \frac{f(x)\, g(x) - f(x_0)\, g(x_0)}{\Delta x}$$

$$= \frac{[f(x_0) + \Delta u]\, [g(x_0) + \Delta v] - f(x_0)\, g(x_0)}{\Delta x} = f(x_0) \frac{\Delta v}{\Delta x} + g(x_0) \frac{\Delta u}{\Delta x} + \Delta u \frac{\Delta v}{\Delta x}.$$

Sind f und g an der Stelle x_0 differenzierbar, so ist

$$\lim_{\Delta x \to 0} \frac{\Delta u}{\Delta x} = f'(x_0) \quad \text{und} \quad \lim_{\Delta x \to 0} \frac{\Delta v}{\Delta x} = g'(x_0),$$

also

$$F'(x_0) = \lim_{\Delta x \to 0} \frac{\Delta y}{\Delta x} = f(x_0) \cdot g'(x_0) + g(x_0)\, f'(x_0) + 0.$$

Beispiel 7: Die Ableitungsfunktion der Funktion

$$x \to (3x^2 + x)\,(x^3 - x) = 3x^5 + x^4 - 3x^3 - x^2$$

ist die Funktion

$$x \to (3x^2 + x)\,(3x^2 - 1) + (x^3 - x)\,(6x + 1) = 15x^4 + 4x^3 - 9x^2 - 2x\,;$$

dasselbe hätte man auch durch Ausmultiplizieren und gliedweises Ableiten gefunden.

Satz 10: Ist die Funktion f an der Stelle x differenzierbar, so ist die Funktion $x \to F_n(x) = [f(x)]^n$, wobei $n \in \mathbb{N}$ ist, an dieser Stelle differenzierbar, und es ist

$$F_n'(x) = n\,[f(x)]^{n-1} f'(x).$$

Beweis mit vollständiger Induktion: Es ist

$$F_1'(x) = f'(x) = 1 \cdot [f(x)]^0 f'(x),$$

ferner folgt aus

$$F_n'(x) = n\,[f(x)]^{n-1} f'(x)$$

nach Satz 9 und wegen $F_{n+1}(x) = F_n(x) f(x)$

$$\begin{aligned} F_{n+1}(x) &= F_n(x) f'(x) + f(x)\,F_n'(x) = [f(x)]^n f'(x) + f(x) \cdot n\,[f(x)]^{n-1} f'(x) \\ &= [f(x)]^n f'(x) + n\,[f(x)]^n f'(x) = (n+1)\,[f(x)]^n f'(x). \end{aligned}$$

Beispiel 8: Die Funktion $x \to (4x^3 + 3x^2)^6$ hat die Ableitungsfunktion

$$x \to 6\,(4x^3 + 3x^2)^5\,(12x^2 + 6x).$$

Spezialfall: Als Spezialfall von Satz 10 ergibt sich Satz 3.

4. Sätze über differenzierbare Funktionen

Satz 11 (Satz von Rolle[1]*):* Ist die Funktion f auf dem abgeschlossenen Intervall $[a, b]$ stetig und auf dem Intervall (a, b) differenzierbar, und ist $f(a) = f(b) = 0$, so gibt es eine Zahl x_0 mit $x_0 \in (a, b)$ und $f'(x_0) = 0$.

Beweis: Der Satz ist anschaulich klar, weil er geometrisch die Existenz einer horizontalen Tangente innerhalb des Intervalls (a, b) bedeutet (Fig. 11). Strenger Beweis:

a) Ist $f(x) = 0$ für alle x mit $x \in [a, b]$, so ist nach Satz 6 $f'(x) = 0$ für alle x mit $x \in [a, b]$, also ist Satz 11 trivial.

b) Gibt es ein x_1 mit $x_1 \in (a, b)$ und $f(x_1) > 0$, so gibt es nach Satz 9 von § 9 ein x_0 mit $x_0 \in [a, b]$, so daß

$$f(x) \leqq f(x_0) \quad \text{für alle } x \text{ mit } x \in [a, b],$$

wobei speziell $x_0 \in (a, b)$. Also gilt

$$\frac{f(x) - f(x_0)}{x - x_0} \leqq 0 \quad \text{für alle } x \text{ mit } x_0 < x \leqq b$$

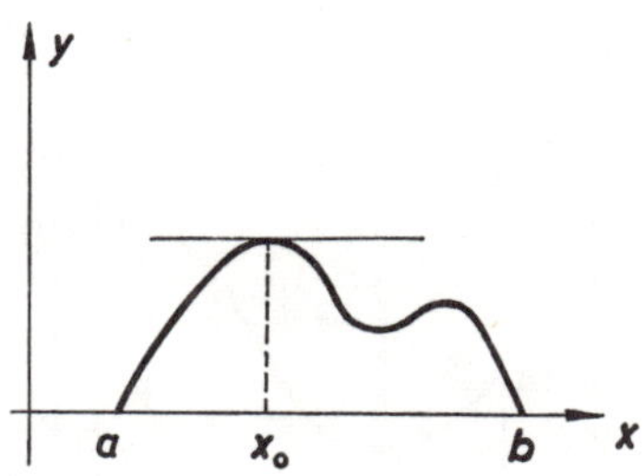

Fig. 11

[1] Michel Rolle 1652–1719.

und

$$\frac{f(x)-f(x_0)}{x-x_0} \geqq 0 \quad \text{für alle } x \text{ mit } a \leqq x < x_0\,;$$

weil nach Voraussetzung $\lim\limits_{x \to x_0} \frac{f(x)-f(x_0)}{x-x_0}$ existiert und gleich $f'(x_0)$ ist, kann nur $f'(x_0) = 0$ sein.

c) Gibt es kein x_1 mit $x_1 \in (a, b)$ und $f(x_1) > 0$, aber ein x_1 mit $x_1 \in (a, b)$ und $f(x_1) < 0$, so gilt Satz 11 nach b) für die Funktion $x \to -f(x)$, also gilt er auch für die Funktion f.

Bemerkung: Die Differenzierbarkeit von f an den Stellen a und b muß nicht vorausgesetzt werden, wie das Beispiel

$$f(x) = \sqrt{1-x^2}, \quad x \in [-1, 1]$$

zeigt (Graph Fig. 12), dagegen im Innern des Intervalls, wie das Beispiel

$$f(x) = \begin{cases} 1+x & \text{für } -1 \leqq x < 0, \\ 1-x & \text{für } 0 \leqq x \leqq 1 \end{cases}$$

zeigt (Graph Fig. 13, keine horizontale Tangente vorhanden).

Satz 12 (Mittelwertsatz der Differentialrechnung). Ist die Funktion f auf dem abgeschlossenen Intervall $[a, b]$ stetig und auf dem Intervall (a, b) differenzierbar, so gibt es eine Stelle x_0 mit $x_0 \in (a, b)$, so daß

$$\frac{f(b)-f(a)}{b-a} = f'(x_0). \tag{11}$$

Beweis: Der Satz ist anschaulich evident, weil er geometrisch bedeutet, daß die Tangente des Graphen von f an einer Stelle zwischen a und b parallel zur Sekanten durch die Punkte

$$A\,(a/f(a)) \text{ und } B\,(b/f(b))$$

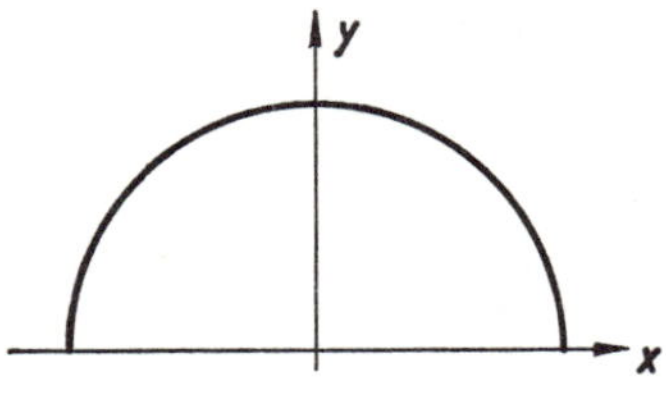

Fig. 12

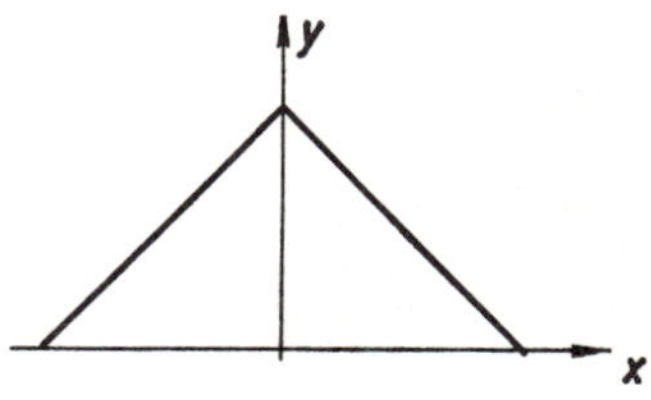

Fig. 13

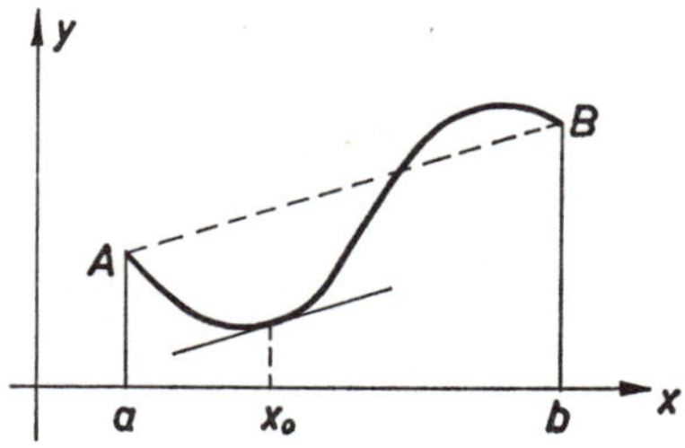

Fig. 14

ist (Fig. 14). Er läßt sich sehr einfach streng beweisen: Die lineare Funktion g, deren Graph diese Sekante ist, ist gegeben durch

$$g(x) = f(a) + \frac{f(b) - f(a)}{b - a}(x - a).$$

Definieren wir

$$h(x) = f(x) - g(x) = f(x) - f(a) - \frac{f(b) - f(a)}{b - a}(x - a),$$

so ist die Funktion $x \to h(x)$ auf $[a, b]$ stetig und auf (a, b) differenzierbar, ferner ist $h(a) = h(b) = 0$, also gibt es nach Satz 11 ein x_0 mit $x_0 \in (a, b)$, so daß

$$h'(x_0) = f'(x_0) - \frac{f(b) - f(a)}{b - a} = 0,$$

also

$$f'(x_0) = \frac{f(b) - f(a)}{b - a}.$$

Bemerkung: Gleichung (11) gilt auch im Fall $a > b$, wobei dann x_0 zwischen a und b liegt.

5. Lineare Approximation einer Funktion

Wenn sich x einer Nullstelle x_0 einer Funktion F nähert, können die Funktionswerte so «stark» verschwinden, daß nicht nur $\lim\limits_{x \to x_0} F(x) = 0$ gilt, sondern auch

$$\lim_{x \to x_0} \frac{F(x)}{x - x_0} = 0. \tag{12}$$

Satz 13: Ist F an der Stelle x_0 stetig, so gilt (12) dann und nur dann, wenn gilt

$$F(x_0) = 0 \quad \text{und} \quad F'(x_0) = 0. \tag{13}$$

Beweis: a) Gilt (12), so gilt wegen der Stetigkeit von F an der Stelle x_0 und nach Satz 2 von § 9

$$F(x_0) = \lim_{x \to x_0} F(x) = \lim_{x \to x_0} \frac{F(x)}{x - x_0}(x - x_0) = 0 \cdot 0 = 0$$

und

$$F'(x_0) = \lim_{x \to x_0} \frac{F(x) - F(x_0)}{x - x_0} = \lim_{x \to x_0} \frac{F(x)}{x - x_0} = 0.$$

b) Gilt (13), so gilt

$$\lim_{x \to x_0} \frac{F(x)}{x - x_0} = \lim_{x \to x_0} \frac{F(x) - F(x_0)}{x - x_0} = F'(x_0) = 0.$$

Folgerung: Ist x_0 eine Nullstelle n. Ordnung einer ganzen rationalen Funktion F (vgl. § 5), so gilt (12) genau dann, wenn $n \geqq 2$.

Definition 6: Die Graphen zweier an einer Stelle x_0 differenzierbarer Funktionen f und g *schneiden sich* an dieser Stelle, wenn für die Funktion

$$x \to F(x) = f(x) - g(x)$$

nur $F(x_0) = 0$ gilt, aber nicht (12); sie *berühren sich* an dieser Stelle, wenn (12) gilt.

Folgerung: Die Graphen zweier an einer Stelle x_0 differenzierbarer Funktionen f und g berühren sich genau dann, wenn sie für diese Stelle dieselben Tangentenfunktionen haben. –

Eine an einer Stelle x_0 differenzierbare Funktion f läßt sich zwar in der Nähe von x_0 durch die konstante Funktion

$$x \to f_0(x) = f(x_0)$$

approximieren (Fig. 15); dann hat die Restfunktion

$$x \to R_0(x) = f(x) - f_0(x)$$

zwar bei x_0 eine Nullstelle, aber der Graph von f_0 muß den Graphen von f nicht berühren, sondern kann ihn eventuell nur schneiden. Eine wesentlich ***bessere Approximation*** an der Stelle x_0 wird durch die *Tangentenfunktion*

$$x \to f_1(x) = f(x_0) + (x - x_0) f'(x_0)$$

(Fig. 15) gegeben; für die Restfunktion

$$x \to R_1(x) = f(x) - f_1(x) = f(x) - f(x_0) - (x - x_0) f'(x_0)$$

gilt dann nämlich $R_1(x_0) = 0$ und $R_1'(x_0) = 0$, d.h. es gilt (13), also auch (12), für $F(x) = R_1(x)$; der Graph von f_1 (also die Tangente an der Stelle x_0) ***berührt*** den Graphen von f.

Die «höhere» Approximierbarkeit von f durch eine lineare Funktion ist nicht nur eine Konsequenz ihrer Differenzierbarkeit, sondern mit dieser äquivalent:

Satz 14: Eine an einer Stelle x_0 stetige Funktion f ist dann und nur dann an dieser Stelle differenzierbar, wenn es eine lineare Funktion $x \to ax + b$ gibt, so daß für die Restfunktion

$$x \to F(x) = f(x) - ax - b$$

die Bedingung (12) gilt.

Beweis: Wir haben nur noch zu zeigen, daß aus dieser Bedingung die Differenzierbarkeit folgt: Da F an der Stelle x_0 stetig ist, folgt nach Satz 13 $F'(x_0) = 0$, also für $f(x) = F(x) + ax + b$ nach den Sätzen 6, 7 und 8

$$f'(x_0) = F'(x_0) + a = a.$$

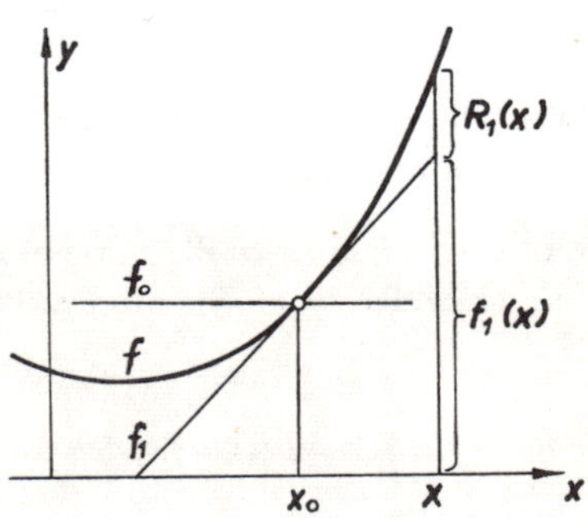

Fig. 15

Für praktische Anwendungen kann eine gegebene Funktion f an einer Stelle x_0 durch die Tangentenfunktion f approximiert werden, d.h. es ist für $x \approx x_0$

$$f(x) \approx f(x_0) + (x - x_0) f'(x_0). \tag{14}$$

Zum Vergleich bemerken wir, daß nach Satz 12 für $x \approx x_0$ genau gilt

$$f(x) = f(x_0) + (x - x_0) f'(x_1),$$

wobei x_1 eine gewisse Zahl zwischen x_0 und x ist.

Bemerkung: Formel (14) kann mit Hilfe der *Differenzen* $\Delta x = x - x_0$ und $\Delta y = f(x) - f(x_0)$ auch in der Form

$$\Delta y \approx f'(x_0) \Delta x$$

geschrieben werden. Ersetzt man in dieser Formel die Differenzen durch *Differentiale* $\mathrm{d}x$ und $\mathrm{d}y$, so gilt sie exakt:

$$\mathrm{d}y = f'(x_0)\, \mathrm{d}x;$$

lineare Approximation einer Funktion an einer Stelle bedeutet also, daß man statt mit Differenzen mit entsprechenden Differentialen rechnet.

Beispiel 9 (Fehlerfortpflanzung): Der Radius einer Kugel wurde gemessen und mit $r_0 = 37$ mm auf mm genau angegeben. Wie genau kennt man ihr Volumen? Die Angabe bedeutet, daß der Meßfehler im ungünstigsten Fall $\Delta r = \pm 0{,}5$ mm beträgt. Das Volumen einer Kugel mit dem Radius r ist

$$V(r) = \tfrac{4}{3} \pi r^3,$$

also ist (in cm^3)

$$V(r_0) = \tfrac{4}{3} \pi r_0^3 = \tfrac{4}{3} \pi \cdot 3{,}7^3 = 212{,}17;$$

der durch den Meßfehler verursachte Fehler des Volumens ist wegen $V'(r) = 4\pi r^2$ in cm^3

$$\Delta V \approx 4\pi r_0^2 \Delta r = \pm 4\pi \cdot 3{,}7^2 \cdot 0{,}05 = \pm 8{,}602.$$

Man schreibt dann oft, der Radius der Kugel betrage $r = 37 \pm 0{,}5$ mm, das Volumen $V = 212 \pm 9\ \mathrm{cm}^3$; eine größere Genauigkeit ist sinnlos.

Näherungsformeln

1. Für $f(x) = x^n$ und $x_0 = 1$ erhält man aus (14) nach Satz 3

$$x^n \approx 1 + n(x - 1) \qquad \text{für } x \approx 1.$$

Setzt man $\varepsilon = x - 1$, so erhält man

$$(1 + \varepsilon)^n \approx 1 + n\varepsilon \quad \text{für kleine } \varepsilon. \tag{15}$$

Wie klein muß ε sein, damit (15) eine gute Näherung gibt? Ist $n\varepsilon = 1$, also $\varepsilon = \frac{1}{n}$, so ist für große n wegen $\lim\limits_{n \to \infty} \left(1 + \frac{1}{n}\right)^n = e$

$$(1 + \varepsilon)^n = \left(1 + \frac{1}{n}\right)^n \approx e = 2{,}718,$$

aber $1+n\varepsilon=2$; also muß

$$n\varepsilon \text{ viel kleiner als } 1$$

sein.

2. Für $f(x)=\frac{1}{x}$ erhält man aus (14) nach Satz 4 für $x=1+\varepsilon$ und $x_0=1$

$$\frac{1}{1+\varepsilon}\approx 1-\varepsilon \quad \text{für kleine } \varepsilon. \tag{16}$$

3. Für $f(x)=\sqrt{x}$ erhält man aus (14) nach Satz 5 für $x=1+\varepsilon$ und $x_0=1$

$$\sqrt{1+\varepsilon}\approx 1+\frac{\varepsilon}{2} \quad \text{für kleine } \varepsilon; \tag{17}$$

allgemein wird aus (15) für kleine ε

$$\left(1+\frac{\varepsilon}{n}\right)^n \approx 1+\varepsilon,$$

also

$$\sqrt[n]{1+\varepsilon}\approx 1+\frac{\varepsilon}{n} \quad \text{für kleine } \varepsilon. \tag{18}$$

Beispiel 10: Nach (15) wird

$$5{,}1^2=(5\cdot 1{,}02)^2=25\cdot 1{,}02^2\approx 25\cdot 1{,}04=26{,}0$$

(genauer Wert $5{,}1^2=26{,}01$), dagegen

$$5{,}1^{10}=(5\cdot 1{,}02)^{10}=5^{10}\cdot 1{,}02^{10}\approx 5^{10}\cdot 1{,}2=1{,}1719\cdot 10^7$$

(genauer Wert $5{,}1^{10}=1{,}1904\cdot 10^7$).

Beispiel 11: Nach (18) wird

$$\sqrt[3]{25}=\sqrt[3]{27-2}=\sqrt[3]{27\left(1-\tfrac{2}{27}\right)}=3\sqrt[3]{1-\tfrac{2}{27}}\approx 3\left(1-\tfrac{2}{81}\right)=3-\tfrac{2}{27}=2{,}9259$$

(genauer Wert $\sqrt[3]{25}=2{,}9240$).

6. Numerische Differentiation

a) Berechnung der Ableitung einer ganzen rationalen Funktion

Ist $f(x)$ ein Polynom n. Grades und x_1 irgendeine feste Zahl, so gilt nach § 5, Formel (7)

$$f(x)=f(x_1)+(x-x_1)\,g(x),$$

wobei $g(x)$ ein Polynom $(n-1)$. Grades ist. Daraus erhält man für $x\neq x_1$

$$\frac{f(x)-f(x_1)}{x-x_1}=g(x),$$

d.h. die Funktion $x\to g(x)$ ist die in die Stelle x_1 hinein stetig fortgesetzte Differenzenquotientenfunktion der Funktion $x\to f(x)$ für die Stelle x_1. Also wird

$$f'(x_1)=g(x_1). \tag{19}$$

Da man die Koeffizienten des Polynoms $g(x)$ aus dem Hornerschen Schema mit dem Wert x_1 erhält, kann man durch nochmalige Anwendung dieses Schemas die Ableitung $f'(x_1)$ an der Stelle x_1 berechnen.

Beispiel 12: Für das Polynom $f(x) = 2x^4 - 19x^3 + 59x^2 - 54x - 16$ erhält man mit $x_1 = 3$ das folgende *erweiterte Hornersche Schema* (vgl. Beispiel 3 von § 5).

	2	−19	59	−54	−16
3	2	−13	20	6	2
3	2	− 7	− 1	3	

Somit ist $f'(3) = g(3) = 3$.

Probe: $f'(x) = 8x^3 - 57x^2 + 118x - 54$, also $f'(3) = 3$ durch Einsetzen von $x = 3$ in $f'(x)$.

b) Berechnung der Ableitung einer Funktion, deren Werte nur an endlich vielen Stellen $x_0, x_1, x_2, \ldots, x_n$ gegeben sind

Man stellt zuerst nach Formeln (9) und (10) von § 5 das Polynom auf, das diese Werte interpoliert, und berechnet dann seine Ableitung an der gewünschten Stelle.

Spezialfall: Bilden die Zahlen x_n eine *arithmetische Folge,* und interpoliert man die drei zu den aufeinanderfolgenden Gliedern x_{k-1}, x_k, x_{k+1} gehörenden Werte y_{k-1}, y_k, y_{k+1} *quadratisch,* so wird das Interpolationspolynom nach Formeln (9) und (14) von § 5

$$f(x) = y_{k-1} + \frac{\Delta y_{k-1}}{\Delta x}(x - x_{k-1}) + \frac{1}{2}\frac{\Delta^2 y_{k-1}}{(\Delta x)^2}(x - x_{k-1})(x - x_k),$$

wobei $\Delta x = x_{k+1} - x_k = x_k - x_{k-1}$; also wird für $x \in [x_{k-1}, x_{k+1}]$

$$f'(x) = \frac{\Delta y_{k-1}}{\Delta x} + \frac{\Delta^2 y_{k-1}}{(\Delta x)^2}\left(x - \frac{x_{k-1} + x_k}{2}\right).$$

Für $x = x_k$ wird speziell

$$f'(x_k) = \frac{\Delta y_{k-1}}{\Delta x} + \frac{\Delta^2 y_{k-1}}{2\Delta x} = \frac{\Delta y_{k-1} + \Delta y_{k-1} + \Delta^2 y_{k-1}}{2\Delta x}$$

$$= \frac{\Delta y_{k-1} + \Delta y_k}{2\Delta x} = \frac{y_{k+1} - y_{k-1}}{x_{k+1} - x_{k-1}}, \tag{20}$$

d.h. die Ableitung $f'(x_k)$ ist gleich dem aus den benachbarten Werten gebildeten Differenzenquotienten.

Aufgaben zu § 12

1. Man berechne die Ableitung der Funktion $x \to \frac{x}{x+1}$ an der Stelle $x_0 = 1$ durch Ausführung des Grenzübergangs.
2. Man bestimme die Ableitungsfunktionen $x \to f'(x)$ folgender Funktionen $x \to f(x)$ durch Ausführung des Grenzübergangs:
   a) $f(x) = \frac{x-1}{x}$, b) $f(x) = \sqrt{2x+1}$, c) $f(x) = \sqrt[3]{x}$, d) $f(x) = \frac{1}{x^2}$,
   e) $f(x) = x^3 - 2x^2$.
3. Man stelle die Gleichung der Tangenten der Kurven mit folgenden Gleichungen an den angegebenen Stellen x_0 auf:
   a) $y = x^3 + 2x - 5$, $x_0 = 0$, b) $y = \sqrt{x}$, $x_0 = 1$, c) $y = x^4 - 3x^3$, $x_0 = 1$.
4. Man stelle die Differenzenquotientenfunktion und die Tangentenfunktion der Funktion $x \to x^2 - 3x + 1$ auf, a) für die Stelle $x_0 = 0$, b) für die Stelle $x_0 = 2$.
5. Unter welchen Neigungswinkeln schneiden die Kurven mit folgenden Gleichungen die x-Achse?
   a) $y = x^4 - 5x^2 + 4$, b) $y = x^3 - 4x$, c) $y = x^3 - 2x^2$.

6. Unter welchen Winkeln schneiden sich die Kurven mit den folgenden Gleichungen?
a) $y = x^2 - 2x$ und $y = \frac{1}{2}x$, b) $y = \frac{x^2}{4}$ und $y = -x^2 + 10x - 15$.

7. An welchen Stellen haben die Kurven mit folgenden Gleichungen horizontale Tangenten?
a) $y = x^5 - \frac{65}{3}x^3 + 180x$, b) $y = (2x-1)^3(2x+1)^2$.

8. An welchen Stellen ist die Tangente der Kurve mit gegebener Gleichung parallel zur Geraden mit gegebener Gleichung?
a) $y = \frac{3}{5}x^5 - 13x^3 + 96x - 17$, Gerade $12x + y - 5 = 0$,
b) $y = 0{,}6x^5 - 5x^3 + 10x - 4$, Gerade $2x + y + 4 = 0$.

9. An welchen Stellen haben die Kurven mit den Gleichungen
$$y = x^4 + 2x^3 - 3x^2 + x + 1 \quad \text{und} \quad y = \tfrac{1}{2}x^4 + 2x^3 + x^2 + x - 5$$
je gleiche Steigungen?

10. Gegeben ist die Kurve mit der Gleichung $y = x^3 - x^2$. An welcher Stelle x ist die Steigung ihrer Tangente a) gleich groß wie an der Stelle $x+1$, b) 8mal kleiner als an der Stelle $x+1$?

11. Gegeben ist die Gleichung einer Kurve. An welchen Stellen muß die Tangente an die Kurve gezogen werden, damit sie durch den Ursprung geht?
a) $y = x^2 - 2x + 4$, b) $y = x^3 - 2x^2 + 4x$, c) $y = -\frac{1}{3}x^3 + 6x^2 - 20x$,
d) $y = x^3 - 18x^2$.

12. Man beweise, daß die Gerade mit der Gleichung $x + 4y - 5 = 0$ eine Normale der Kurve mit der Gleichung $y = x^2 + 2x - 2$ ist.

13. In welchem Punkt der Kurve mit der Gleichung $y = x^n$ hat ihre Tangente die Steigung 1?

14. Man berechne die Länge der Subtangente (d. h. die Länge der Projektion des Tangentenabschnitts vom Berührungspunkt zum Schnittpunkt mit der x-Achse auf diese) der Kurve mit der Gleichung $y = x^n$ an der Stelle x_0 und leite daraus eine Tangentenkonstruktion her.

15. Man beweise: Zu jeder positiven Zahl a gibt es genau zwei Tangenten der Kurve mit der Gleichung $y = x^3$, die die Steigung a haben.

16. Man beweise: Die Steigung einer Sehne P_1P_2 der Parabel mit der Gleichung $y = ax^2$ ist stets das arithmetische Mittel aus den Steigungen ihrer Tangenten in P_1 und P_2.

17. Man beweise: Die Abszisse des Schnittpunkts der Tangenten in zwei Punkten P_1 und P_2 der Parabel mit der Gleichung $y = ax^2$ ist das arithmetische Mittel aus den Abszissen von P_1 und P_2.

18. In welchem Punkt wird die Kurve mit der Gleichung $y = -\frac{1}{8}x^3$ von ihrer Tangente an der Stelle $x = 2$ geschnitten?

19. Man bestimme a so, daß die Kurve mit der Gleichung $y = ax^3$ die Gerade mit der Gleichung $y = 6x + 4$ berührt, und bestimme den Berührungspunkt.

20. In welchen Punkten schneiden oder berühren sich die Kurven mit den folgenden Gleichungen?
a) $y = 5x + 2$ und $y = x^3 + 2x$, b) $y = 3x^3 + 2x^2 - 3$ und $y = 2x^3 + 2x^2 + 3x - 5$.

21. An welchen Stellen schneidet oder berührt die Kurve mit der Gleichung
$y = x^6 + 3x^5 - 4x^3$ die x-Achse?

22. Die Kurven mit den Gleichungen $y = x^4 - 12x^3 + 20x^2 + 32x - 71$ und $y = 4x^2 - 16x + 9$ berühren sich an der Stelle $x = 2$ und schneiden sich in zwei andern Punkten. In welchen?

23. Man beweise: Alle Parabeln mit den Gleichungen $y = ax^2 + x + 3$ berühren sich in einem festen Punkt.

24. Wie groß muß a sein, damit sich die Kurven mit den folgenden Gleichungen rechtwinklig schneiden?
a) $y = x^2$ und $y = \frac{1}{2} - ax^2$, b) $y = 1 - \frac{1}{3}x^2$ und $y = ax^2$.

25. Man beweise, daß der Schnittwinkel, unter dem sich die Parabel mit der Gleichung $y = ax^2$ mit einer Ursprungsgeraden schneidet, nur von der Steigung der letzteren, aber nicht von a abhängt.

26. Man berechne den Flächeninhalt des Flächenstückes, das von der Kurve mit der Gleichung $y = -\frac{1}{12}x^3 + x^2 - 2x$ und ihrer Tangente an der Stelle $x = 6$ eingeschlossen wird.

27. Man beweise, daß jede Tangente der Parabel mit der Gleichung $y = x^2 + a$ (wobei $a > 0$ sei) mit der Parabel mit der Gleichung $y = x^2$ ein gleich großes Flächenstück einschließt.

28. Man beweise, daß alle Sehnen der Parabel mit der Gleichung $y = ax^2$, deren Normalprojektionen auf die x-Achse die konstante Länge s haben, ein Parabelsegment mit konstantem Flächeninhalt begrenzen.

29. Man bestimme a und b so, daß die Parabel mit der Gleichung $y = a - bx^2$ die Parabel mit der Gleichung $y = x^2$ rechtwinklig schneidet und mit ihr ein Flächenstück mit dem Flächeninhalt $\frac{1}{3}$ einschließt (Gleichung 3. Grades für b mit leicht zu erratender Lösung).

30. Man untersuche die Differenzierbarkeit folgender Funktionen $x \to f(x)$ an den angegebenen Stellen x_0:

a) $f(x) = \sqrt[3]{x}, \quad x_0 = 0,$ b) $f(x) = |x^2 - 1|, \quad x_0 = 1,$

c) $f(x) = \begin{cases} x^2 & \text{für } x < 1, \\ 2x - 1 & \text{für } x \geqq 1, \end{cases} \quad x_0 = 1,$ d) $f(x) = \begin{cases} x^2 & \text{für } x < 1, \\ 3x - 2 & \text{für } x \geqq 1, \end{cases} \quad x_0 = 1,$

e) $f(x) = \begin{cases} x^2 & \text{für } x < 1, \\ 2x & \text{für } x \geqq 1, \end{cases} \quad x_0 = 1,$ f) $f(x) = \begin{cases} x^3 & \text{für } x < 0, \\ x^4 & \text{für } x \geqq 0, \end{cases} \quad x_0 = 0,$

g) $f(x) = \begin{cases} x^3 & \text{für } x < 1, \\ x^4 & \text{für } x \geqq 1, \end{cases} \quad x_0 = 1,$ h) $f(x) = \begin{cases} \frac{1}{x} \sin \frac{1}{x} & \text{für } x \neq 0, \\ 0 & \text{für } x = 0, \end{cases} \quad x_0 = 0.$

31. Man berechne die rechts- und die linksseitige Ableitung von f an der Stelle x_0 in Aufgaben 30 b), d) und g).

32. In welcher Beziehung stehen die Volumenfunktion $r \to \frac{4}{3}\pi r^3$ und die Oberflächenfunktion $r \to 4\pi r^2$ der Kugel? Gilt das entsprechende auch für den Würfel?

33. Man beweise: a) Die Ableitungsfunktion einer geraden (ungeraden) Funktion ist eine ungerade (gerade) Funktion. b) Hat eine überall differenzierbare gerade Funktion endlich viele Nullstellen, so ist die Summe ihrer Ableitungen an den Nullstellen gleich 0.

34. Es sei $s(x) = f(x) + g(x)$ und $p(x) = f(x)g(x)$, ferner $f(x_0) = 2$, $g(x_0) = -1$, $f'(x_0) = 3$, $g'(x_0) = 2$. Man berechne $s'(x_0)$ und $p'(x_0)$.

35. Gegeben sei eine Funktion $x \to f(x)$ und ein Intervall $[a, b]$. Man bestimme einen Wert für die im Mittelwertsatz für f und $[a, b]$ vorkommende Zahl x_0:
a) $f(x) = x^3$, $[0, 3]$, b) $f(x) = x^2 - 2x$, $[0, 4]$, c) $f(x) = 12x - x^3$, $[0, 3]$.

36.* Für die Funktion f gelte $f(0) = 3$ und $0{,}8 < f'(x) < 1$ für $-4 \leqq x \leqq 8$. Man schätze mit Hilfe des Mittelwertsatzes nach unten und oben ab:
a) $f(0{,}4)$, b) $f(2)$, c) $f(7)$, d) $f(-2)$, e) $f(-0{,}2)$.

37. Man beweise: Ist $f(1)=0$ und $n \in \mathbb{N}$, so berühren sich die Graphen der Funktionen $x \to f(x)$ und $x \to x^n f(x)$ an der Stelle $x=1$.

38. Man berechne näherungsweise
a) $10{,}002^4$, b) $99{,}9^3$, c) $\sqrt{100{,}1}$, d) $\sqrt[3]{997}$, e) $\sqrt{35}$, f) $\sqrt[3]{128}$.

39. Man berechne für $f(x)=x^2-3x$ durch lineare Approximation aus $f(1)$, $f(10)$ und $f(12)$ die Werte a) $f(0{,}99)$, b) $f(1{,}01)$, c) $f(9{,}9)$, d) $f(10{,}2)$, e) $f(12{,}1)$ und vergleiche mit den genauen Werten.

40. Ein Würfel aus Eisenblech mit 20 cm Kantenlänge sinkt im Wasser 8 cm tief ein. Man berechne seine Wandstärke durch Anwendung einer Näherungsformel für den Hohlwürfel a) ohne, b) mit Berücksichtigung der eingeschlossenen Luft (spez. Gewicht des Eisens 7,84, der Luft 0,00128).

41. Aus einem kugelförmigen Tropfen Seifenwasser mit dem Durchmesser 4 mm wird eine Seifenblase vom äußeren Durchmesser 6 cm geblasen. Wie dick ist die Wand der Blase? Für die Hohlkugel ist eine lineare Näherungsformel anzuwenden.

42. Man berechne mit Hilfe des erweiterten Hornerschemas $f(3)$ und $f'(3)$ für
a) $f(x) = 2x^4-3x^3+x^2+4x-5$, b) $f(x) = 2x^4-11x^3+50x^2-64x-16$.

43. Eine Rakete erreicht 1, 2 und 3 Minuten nach dem Start die Höhen 6, 24 bzw. 36 km. Man berechne ihre Steiggeschwindigkeit 2 Minuten nach dem Start a) durch polynomische Interpolation aus den 4 bekannten Werten, b) durch quadratische Interpolation aus dem Wert für 2 Minuten und den beiden benachbarten Werten.

Ergebnisse

1. $f'(1) = \lim\limits_{\Delta x \to 0} \dfrac{\frac{1+\Delta x}{2+\Delta x} - \frac{1}{2}}{\Delta x} = \dfrac{1}{4}$.

2. a) $f'(x) = \lim\limits_{\Delta x \to 0} \dfrac{\frac{x+\Delta x-1}{x+\Delta x} - \frac{x-1}{x}}{\Delta x} = \dfrac{1}{x^2}$,

b) $f'(x) = \lim\limits_{\Delta x \to 0} \dfrac{\sqrt{2(x+\Delta x)+1} - \sqrt{2x+1}}{\Delta x} = \lim\limits_{\Delta x \to 0} \left(2 \cdot \dfrac{\sqrt{2(x+\Delta x)+1} - \sqrt{2x+1}}{[2(x+\Delta x)+1]-[2x+1]}\right)$

$= \lim\limits_{\Delta x \to 0} \dfrac{2}{\sqrt{2(x+\Delta x)+1} + \sqrt{2x+1}} = \dfrac{1}{\sqrt{2x+1}}$,

c) $f'(x) = \lim\limits_{\Delta x \to 0} \dfrac{\sqrt[3]{x+\Delta x} - \sqrt[3]{x}}{\Delta x} = \lim\limits_{\Delta x \to 0} \dfrac{\sqrt[3]{x+\Delta x} - \sqrt[3]{x}}{\left(\sqrt[3]{x+\Delta x}\right)^3 - \left(\sqrt[3]{x}\right)^3}$

$= \lim\limits_{\Delta x \to 0} \dfrac{1}{\sqrt[3]{(x+\Delta x)^2} + \sqrt[3]{(x+\Delta x)x} + \sqrt[3]{x^2}} = \dfrac{1}{3\sqrt[3]{x^2}}$,

d) $f'(x) = \lim\limits_{\Delta x \to 0} \dfrac{\frac{1}{(x+\Delta x)^2} - \frac{1}{x^2}}{\Delta x} = -\dfrac{2}{x^3}$,

e) $f'(x) = \lim\limits_{\Delta x \to 0} \dfrac{(x+\Delta x)^3 - 2(x+\Delta x)^2 - x^3 + 2x^2}{\Delta x} = 3x^2-4x$.

3. a) $2x-y-5=0$, b) $x-2y+1=0$, c) $5x+y-3=0$.

4. a) $x \to \dfrac{x^2-3x}{x}$, $x \to -3x+1$, b) $x \to \dfrac{x^2-3x+2}{x-2}$, $x \to x-3$.

5. a) 94,8°, 80,5°, 99,5°, 85,2°, b) 82,9°, 104,0°, 82,9°, c) 0° (Berührung), 76,0°.

6. a) 90°, 45°, b) 45°, 35,5°.

7. a) ± 2, ± 3, b) $\pm 0{,}5$, $-0{,}1$.

8. a) $\pm 2, \pm 3$, b) $\pm 1, \pm 2$.
9. $0, \pm 2$.
10. a) $-\frac{1}{6}$, b) $1, -\frac{1}{21}$.
11. a) $x_{1,2} = \pm 2$, b) $x_1 = 0$, $x_2 = 1$, c) $x_1 = 0$, $x_2 = 9$, d) $x_1 = 0$, $x_2 = 9$.
12. Im Schnittpunkt $P(1/1)$ der beiden Kurven sind ihre Steigungen $-\frac{1}{4}$ und 4.
13. $P\left(\sqrt[n-1]{\frac{1}{n}} \Big/ \frac{1}{n} \cdot \sqrt[n-1]{\frac{1}{n}}\right)$.
14. Die Subtangente hat die Länge $\frac{|x_0|}{n}$; man hat also auf der Strecke auf der x-Achse vom Ursprung bis zur Stelle x_0 den n. Teil dieser Strecke von der Stelle x_0 aus nach innen abzutragen und den erhaltenen Punkt mit dem Berührungspunkt zu verbinden.
15. Die Gleichung $3x^2 = a$ hat genau zwei Lösungen $x_{1,2} = \pm \sqrt{\frac{a}{3}}$.
16. Sind x_1 und x_2 die Abszissen von P_1 und P_2, so ist die Steigung der Sehne P_1P_2
$$\frac{a x_2^2 - a x_1^2}{x_2 - x_1} = a(x_1 + x_2),$$
also gleich dem arithmetischen Mittel der Steigungen $2ax_1$ und $2ax_2$ der Steigungen der Tangenten in P_1 und P_2.
17. Für die Gleichungen der Tangenten erhält man $y = 2ax_1x - ax_1^2$ und $y = 2ax_2x - ax_2^2$, also für ihren Schnittpunkt die Abszisse
$$x = \frac{a x_2^2 - a x_1^2}{2 a x_2 - 2 a x_1} = \frac{x_1 + x_2}{2}.$$
18. $P(-4/8)$.
19. $a = 2$, $P(-1/-2)$.
20. a) Schnitt in $P_1(2/12)$, Berührung in $P_2(-1/-3)$,
b) Schnitt in $P_1(-2/-19)$, Berührung in $P_2(1/2)$.
21. Schnitt bei $x_1 = 1$, Berührung bei $x_2 = -2$ und $x_3 = 0$.
22. $P_1(-2/57)$, $P_2(10/249)$.
23. Für $a_1 \neq a_2$ hat die Gleichung $a_1x^2 + x + 3 = a_2x^2 + x + 3$ die doppelte Lösung $x = 0$, und alle gegebenen Parabeln gehen durch $P(0/3)$.
24. a) 1, b) 1.
25. Die Parabel und die Gerade mit den Gleichungen $y = ax^2$ bzw. $y = mx$ schneiden sich unter den Winkeln γ_1 und γ_2 mit $\tan\gamma_1 = m$, $\tan\gamma_2 = \frac{m}{1 + 2m^2}$.
26. 9.
27. Für die Tangente an der Stelle x_0 wird der Flächeninhalt des Segments
$$F = \int_{x_0 - \sqrt{a}}^{x_0 + \sqrt{a}} (2x_0x - x_0^2 + a - x^2)\,\mathrm{d}x = \tfrac{4}{3} a \sqrt{a}.$$
28. Für die Sehne vom Punkt P_1 zum Punkt P_2 mit den Abszissen x_1 bzw. x_2 (wobei $x_1 < x_2$ sei) wird der Flächeninhalt des Segments
$$\int_{x_1}^{x_2} [a(x_1 + x_2)\,x - a\,x_1x_2 - ax^2]\,\mathrm{d}x = \frac{a}{6}(x_2 - x_1)^3 = \frac{as^3}{6}.$$
29. $a = \frac{1}{2}$, $b = 1$.
30. a), b), d), g), h) nicht differenzierbar (aber stetig); bei h) wäre sonst $f'(0) = \lim\limits_{x \to 0} \frac{f(x) - f(0)}{x} = \lim\limits_{x \to 0} \sin\frac{1}{x}$; c), f) differenzierbar; e) nicht differenzierbar (unstetig).
31. Für 30 b) erhält man 2 bzw. -2, für 30 d) 3 bzw. 2, für 30 g) 4 bzw. 3.
32. Die zweite ist die Ableitungsfunktion der ersten. Für den Würfel gilt dasselbe nur, wenn man die halbe Kante als unabhängige Variable wählt.

33. a) Es sei f eine gerade [ungerade] Funktion, die an der Stelle x_0 differenzierbar sei, und $n \longrightarrow x_n$ sei eine Folge von Zahlen ihres Definitionsbereichs mit $\lim\limits_{n\to\infty} x_n = x_0$. Dann liegen auch die Zahlen x_n und $-x_n$ im Definitionsbereich, und es ist $\lim\limits_{n\to\infty}(-x_n) = -x_0$. Also ist

$$f'(x_0) = \lim_{n\to\infty} \frac{f(x_n)-f(x_0)}{x_n - x_0},$$

$$f'(-x_0) = \lim_{n\to\infty} \frac{f(-x_n)-f(-x_0)}{-x_n + x_0} = \lim_{n\to\infty}\left(\mp \frac{f(x_n)-f(x_0)}{x_n - x_0}\right) = \mp f'(x_0).$$

b) Zu jeder Nullstelle x ist auch $-x$ eine Nullstelle. Nach a) ist

$$f'(x)+f'(-x) = f'(x)-f'(x) = 0.$$

34. $s'(x_0) = 5$, $p'(x_0) = 1$.
35. a) $x_0 = \sqrt{3}$, b) $x_0 = 2$, c) $x_0 = \sqrt{3}$.
36. a) $3{,}32 < f(0{,}4) < 3{,}4$, b) $4{,}6 < f(2) < 5$, c) $8{,}6 < f(7) < 10$, d) $1 < f(-2) < 1{,}4$, e) $2{,}8 < f(-0{,}2) < 2{,}84$.
37. Setzt man $g(x) = x^n f(x)$, so ist $g(1) = f(1)$, ferner

$$g'(x) = x^n f'(x) + f(x)\, n\, x^{n-1},$$

also $g'(1) = f'(1) + 0 = f'(1)$.
38. a) 10 008, b) 997 000, c) 10,005, d) 9,99, e) 5,9167, f) 5,04.
39. a) $-1{,}99$ (genau $-1{,}9899$), b) $-2{,}01$ (genau $-2{,}0099$), c) 68,3 (genau 68,31), d) 73,4 (genau 73,44), e) 110,1 (genau 110,11).
40. a) 0,1701 cm, b) 0,1695 cm.
41. 0,002963 cm.
42. a) $f(3) = 97$, $f'(3) = 145$, b) $f(3) = 107$, $f'(3) = 155$.
43. a) Das Interpolationspolynom lautet $f(x) = -3x^3 + 15x^2 - 6x$. Also erhält man $f'(2) = 18$ (km/min.). b) $\frac{f(3)-f(1)}{2} = \frac{36-6}{2} = 15$ (km/min).

§ 13. Die ausgezeichneten Stellen der ganzen rationalen Funktion

1. Steigen und Fallen einer Funktion

Wir besprechen nun die geometrische Bedeutung der ersten und der höheren Ableitungen einer Funktion für ihren Graphen. Man kann nämlich (unter gewissen Voraussetzungen) die Ableitungsfunktion $x \to f'(x)$ einer Funktion $x \to f(x)$ wieder ableiten, wobei man die zweite Ableitungsfunktion $x \to f''(x)$ bekommt, usw.

Beispiel 1: Aus $f(x) = 5x^4 - 2x^3 + 6x - 4$ erhält man $f'(x) = 20x^3 - 6x^2 + 6$, $f''(x) = 60x^2 - 12x$, $f'''(x) = 120x - 12$, $f''''(x) = 120$, $f'''''(x) = 0$, $f''''''(x) = 0$, usw.

Definition 1: Ausgehend von einer Funktion $x \to f(x)$ definieren wir rekursiv die Funktionen $x \to f^{(n)}(x)$ für alle n mit $n \in \mathbb{N}_0$: Es sei $f^{(0)}(x) = f(x)$; ist $F(x) = f^{(n)}(x)$, und ist die Funktion $x \to F(x)$ an der Stelle x differenzierbar, so sei

$$f^{(n+1)}(x) = F'(x).$$

Man schreibt auch $f^{(1)}(x) = f'(x)$, $f^{(2)}(x) = f''(x)$, $f^{(3)}(x) = f'''(x)$, etc. $f^{(n)}(x)$ heißt die *n. Ableitung* der Funktion $x \to f(x)$ an der Stelle x. f heißt *n mal differenzierbar* an der Stelle x, wenn an dieser Stelle die n. Ableitung existiert.

Die geometrische Bedeutung der ersten Ableitung als Steigung der Tangente ist bereits erwähnt worden.

Definition 2: Die Funktion $x \to f(x)$ heißt an der Stelle x_0 ihres Definitionsbereiches *steigend* (*fallend, stationär*), wenn sie an dieser Stelle differenzierbar ist und ihre Tangente an dieser Stelle steigend (bzw. fallend, stationär) ist, d.h. wenn gilt

$$f'(x_0) > 0 \; [\text{bzw. } f'(x_0) < 0,\; f'(x_0) = 0].$$

Die Funktion, deren Graph in Fig. 1 (S. 88) dargestellt ist, ist also an den Stellen x_1, x_3 und x_5 stationär, während sie im Intervall (x_1, x_3) überall steigend und im Intervall (x_3, x_5) überall fallend ist.

Satz 1: Ist f in einem Intervall I differenzierbar und gilt für jedes x mit $x \in I$

$$f'(x) > 0 \; [f'(x) < 0],$$

d.h. ist f auf I überall steigend (bzw. fallend), so ist f auf I monoton steigend (bzw. fallend).

Beweis: Sind x_1 und x_2 Zahlen von I mit $x_1 < x_2$, so gibt es nach dem Mittelwertsatz (Satz 12 von § 12) eine Zahl x_3 mit $x_1 < x_3 < x_2$, so daß gilt

$$\frac{f(x_2) - f(x_1)}{x_2 - x_1} = f'(x_3),$$

also ist

$$f(x_2) - f(x_1) > 0 \; [f(x_1) - f(x_1) < 0].$$

Bemerkung: Die Umkehrung von Satz 1 gilt nicht: z. B. ist die Funktion $x \to f(x) = x^3$ (Graph siehe Fig. 2) in jeder Umgebung von 0 monoton steigend, aber an der Stelle 0 stationär, denn es ist $f'(x) = 3x^2$, also $f'(0) = 0$.

Satz 2: Ist f in einem Intervall I differenzierbar und gilt $f'(x) = 0$ für alle x mit $x \in I$, so ist f auf I konstant.

Beweis: Der Beweis verläuft wie bei Satz 1, außer daß man dann erhält

$$f(x_1) = f(x_2).$$

Satz 3: Ist die Funktion f mit dem Definitionsbereich D an der Stelle x_0 differenzierbar und gilt

$$f'(x_0) > 0 \; [f'(x_0) < 0],$$

so gibt es eine Umgebung U von x_0, so daß für beliebige x mit $x \in U \cap D$ gilt

$$f(x) < f(x_0) \; [f(x) > f(x_0)] \quad \text{für } x < x_0,$$
$$f(x) > f(x_0) \; [f(x) < f(x_0)] \quad \text{für } x > x_0,$$

d.h. der Graph von f durchsetzt die Gerade mit der Gleichung $y = f(x_0)$ (er schneidet sie sogar).

Beweis: Ist d die in die Stelle x_0 hinein stetig fortgesetzte Differenzenquotientenfunktion von f, so gilt $d(x_0) = f'(x_0)$. Ist $f'(x_0) > 0$, so gibt es nach Satz 6 von § 9 eine Umgebung U von x_0, so daß für alle x mit $x \in U \cap D$ gilt $d(x) > 0$, also

$$\frac{f(x) - f(x_0)}{x - x_0} > 0,$$

also

$$f(x) < f(x_0) \text{ für } x < x_0 \text{ und } f(x) > f(x_0) \text{ für } x > x_0.$$

Im Fall $f'(x_0) < 0$ analog.

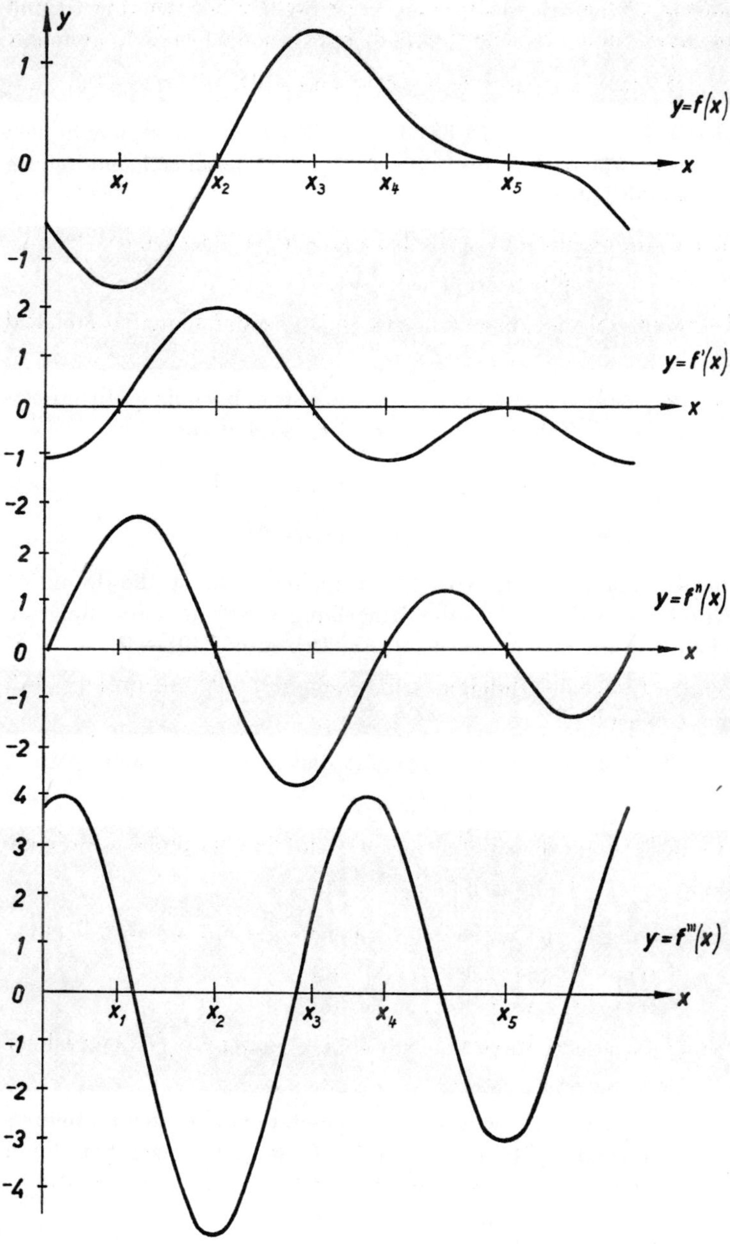

Fig. 1

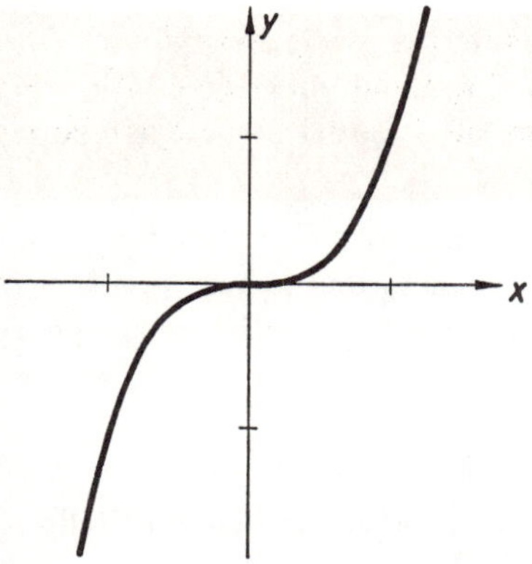

Fig. 2

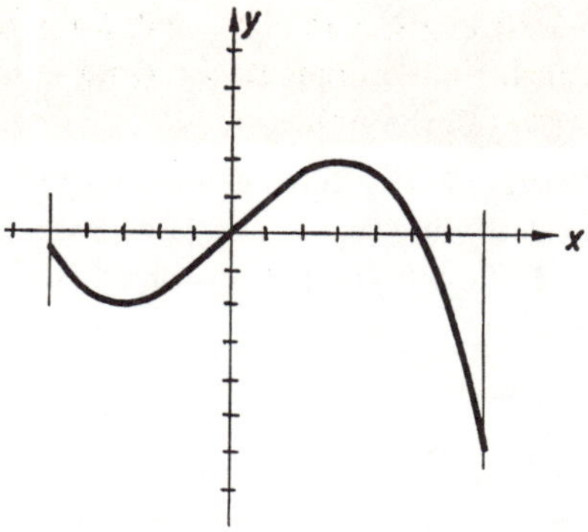

Fig. 3

2. Extrema

Definition 3: Die Funktion f mit dem Definitionsbereich D hat an der Stelle x_0 von D ein *Maximum (Minimum)*, wenn x_0 eine Häufungsstelle von D ist und es eine Umgebung U von x_0 gibt, so daß für alle x mit $x \in U \cap D - \{x_0\}$ gilt

$$f(x) < f(x_0) \text{ [bzw. } f(x) > f(x_0)].$$

Maxima und Minima heißen *Extrema.*

Z.B. hat die Funktion, deren Graph in Fig. 1 dargestellt ist, bei x_1 ein Minimum und bei x_3 ein Maximum.

Definition 4: Die Funktion $x \to f(x)$, $x \in D$ hat an der Stelle x_0 ihres Definitionsbereiches ein *absolutes Extremum,* wenn für alle x mit $x \in D - \{x_0\}$ gilt

$$f(x) < f(x_0) \text{ [bzw. } f(x) > f(x_0)],$$

dagegen ein *relatives Extremum,* wenn sie an dieser Stelle ein Extremum, aber kein absolutes Extremum hat.

Hat f an der Stelle x_0 ein absolutes Maximum (Minimum), so ist $f(x_0)$ das Maximum (Minimum) der Menge $f(D)$.

Definition 5: Ein Extremum einer Funktion an einer Randstelle ihres Definitionsbereichs heißt ein *Randextremum* dieser Funktion.

Beispiel 2 (Fig. 3): Die Funktion

$$x \to x - \tfrac{1}{27}x^3, \; x \in [-5, 7]$$

hat an der Stelle -5 ein relatives Randmaximum, an der Stelle -3 ein relatives Minimum, an der Stelle 3 ein absolutes Maximum und an der Stelle 7 ein absolutes Randminimum. Für die Funktion

$$x \to x - \tfrac{1}{27}x^3, \; x \in [-5, 7)$$

gilt dasselbe, außer daß sie an der Stelle 7 kein Randminimum hat (denn diese Stelle liegt außerhalb D).

Satz 4: Ist f an der Stelle x_0 ihres Definitionsbereiches stetig und gibt es eine Umgebung U von x_0, so daß f auf $U \cap D$ für $x < x_0$ monoton steigend (fallend) und für $x > x_0$ monoton fallend (steigend) ist, so hat f an der Stelle x_0 ein Maximum (Minimum).

Beweis: Wir nehmen den ersten Fall. Gäbe es ein x_1 mit $x_1 \in U \cap D$ und $x_1 \neq x_0$, so daß gilt $f(x_1) \geqq f(x_0)$, so gäbe es ein x_2 zwischen x_0 und x_1 mit $x_2 \in U \cap D$ und $f(x_2) > f(x_1)$, also wäre $f(x_2) > f(x_0)$, und für jedes x zwischen x_0 und x_2 wäre

$$f(x) \geqq f(x_2) > f(x_0),$$

also wäre

$$\lim_{x \to x_0} f(x) \geqq f(x_2) > f(x_0)$$

im Widerspruch zur Stetigkeit von f an der Stelle x_0. Also hat f an der Stelle x_0 ein Maximum. Analog im zweiten Fall (in Klammern gesetzt in Satz 4).

Bemerkung: Die Umkehrung dieses Satzes gilt unerwarteterweise nicht: Ein Beispiel dazu liefert die Funktion f mit

$$f(x) = \begin{cases} x^2\left(2 + \sin \frac{1}{x}\right) & \text{für } x \neq 0, \\ 0 & \text{für } x = 0, \end{cases}$$

deren Graph in Fig. 4 im Intervall $[0, \frac{1}{10}]$ gezeichnet ist. Wir haben ein Minimum an der Stelle 0; aber die Funktion ist in keinem links (rechts) anschließenden Intervall monoton fallend (steigend), weil sich Extrema gegen die Stelle 0 hin häufen. Auch dieses Beispiel zeigt die Unzuverlässigkeit der groben Anschauung.

Satz 5: Ist f an der Stelle x_0 im Innern des Definitionsbereiches differenzierbar und hat f an dieser Stelle ein relatives Extremum, so ist $f'(x_0) = 0$.

Beweis: Wäre $f'(x_0) > 0$ oder $f'(x_0) < 0$, so könnte f an der Stelle x_0 nach Satz 3 kein Extremum haben, wenn x_0 im Innern des Definitionsbereiches liegt.

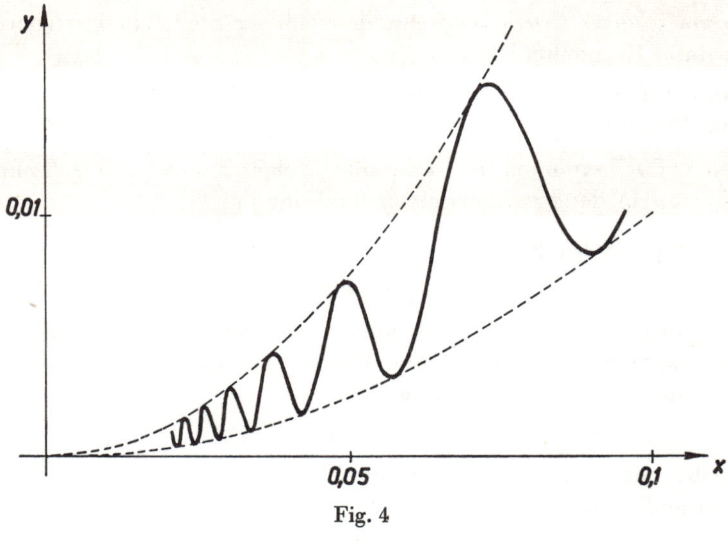

Fig. 4

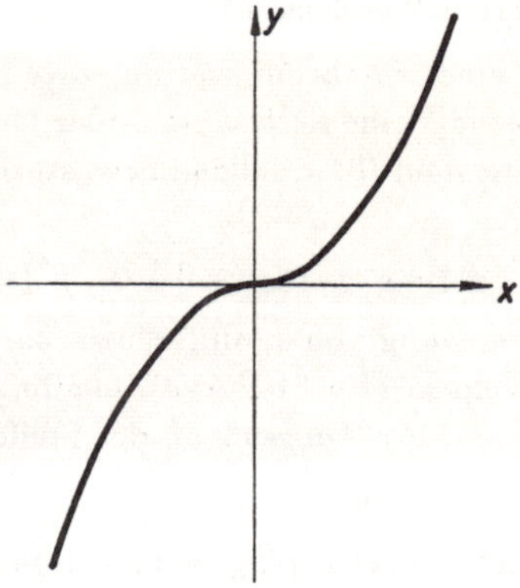

Fig. 5

Bemerkungen: 1. Der Satz gilt nicht, wenn f an der Stelle x_0 nicht differenzierbar ist. Dies ist am Beispiel der Funktion $x \to |x|$ an der Stelle 0 leicht einzusehen (Graph siehe Fig. 5 von § 12).

2. Die Umkehrung des Satzes gilt nicht (d.h. die Bedingung $f'(x_0) = 0$ ist *notwendig*, aber *nicht hinreichend* für die Existenz eines Extremums einer differenzierbaren Funktion): Bei der Funktion f mit

$$f(x) = \begin{cases} x^2 & \text{für } x \geqq 0, \\ -x^2 & \text{für } x < 0 \end{cases}$$

(Graph Fig. 5) gilt zwar $f'(0) = 0$, aber sie hat an der Stelle 0 kein Extremum.

3. Der Satz gilt nicht für Randextrema (vgl. Fig. 3).

Satz 6: Liegt x_0 im Innern oder am Rand des Definitionsbereiches D von f, gibt es eine Umgebung U von x_0, so daß f in $U \cap D$ differenzierbar ist, ist f an der Stelle x_0 zweimal differenzierbar und gilt $f'(x_0) = 0$ und $f''(x_0) < 0$ [$f''(x_0) > 0$], so hat f an dieser Stelle ein Maximum (bzw. Minimum).

Beweis: Ist z.B. $f''(x_0) > 0$, so gibt es nach Satz 3 und nach den Voraussetzungen eine Umgebung V von x_0 mit $V \subset U$, so daß für beliebige x mit $x \in V$ gilt

$$f'(x) < f'(x_0) = 0 \quad \text{für } x < x_0,$$
$$f'(x) > f'(x_0) = 0 \quad \text{für } x > x_0.$$

Nach Satz 1 ist also f auf V monoton fallend für $x < x_0$ und monoton steigend für $x > x_0$, also hat f an der Stelle x_0 ein Minimum nach Satz 4. Analog erhält man im Fall $f''(x_0) < 0$ ein Maximum.

Diese Verhältnisse lassen sich gut erkennen in Fig. 1 an den Stellen x_1 und x_3!

Bemerkung: Die Umkehrung von Satz 6 gilt nicht (d.h. die Bedingungen von Satz 6 sind *hinreichend*, aber *nicht notwendig* für ein Extremum), wie z.B. die Funktion $x \to f(x) = x^4$ zeigt: sie hat an der Stelle 0 ein Minimum, aber es ist $f'(0) = 0$ und $f''(0) = 0$.

3. Links- und Rechtskurven; Wendepunkte

Definition 6: Der Graph einer Funktion f ist an einer Stelle x_0 ihres Definitionsbereiches eine *Linkskurve* (oder eine *Rechtskurve*, oder hat dort einen *Flachpunkt*[1]), wenn f' an dieser Stelle steigend (bzw. fallend bzw. stationär) ist, d. h. wenn $f''(x_0)$ existiert und gilt

$$f''(x_0) > 0 \; [\text{bzw.}\, f''(x_0) < 0 \text{ bzw. } f''(x_0) = 0].$$

Satz 7: Ist f in einer Umgebung von x_0 differenzierbar und ist der Graph von f an dieser Stelle eine Linkskurve (Rechtskurve), so gibt es eine Umgebung von x_0, in der er ***oberhalb (unterhalb) der Tangente*** an der Stelle x_0 verläuft (Fig. 6).

Beweis: Für die Ordinatendifferenz

$$R_1(x) = f(x) - f(x_0) - (x - x_0) f'(x_0)$$

zwischen Tangente und Kurve gilt (vgl. § 12) $R_1'(x_0) = 0$ und $R_1''(x_0) = f''(x_0)$. Ist $f''(x_0) > 0$ $[f''(x_0) < 0]$, so hat also die Funktion R_1 an der Stelle x_0 nach Satz 6 ein Minimum (bzw. Maximum).

Bemerkung: Die Umkehrung gilt nicht: Der Graph der Funktion $x \to x^4$ verläuft überall oberhalb seiner Tangente an der Stelle 0, aber er hat an dieser Stelle einen Flachpunkt.

Definition 7: Der Graph einer Funktion f (oder die Funktion f selbst) hat an der Stelle x_0 im Innern ihres Definitionsbereiches einen *Wendepunkt*, wenn f' an dieser Stelle ein Extremum hat.

Satz 8: Ist f in einer Umgebung der Stelle x_0 im Innern ihres Definitionsbereiches zweimal differenzierbar, und *ändert sich* an dieser Stelle *der Krümmungscharakter* des Graphen, d. h. gibt es eine Umgebung U von x_0, so daß auf U der Graph für $x < x_0$ überall eine Linkskurve und für $x > x_0$ überall eine Rechtskurve ist (oder umgekehrt), so hat f an der Stelle x_0 einen Wendepunkt.

Beweis: Anwendung von Satz 4 auf die Ableitungsfunktion f'.

Bemerkung: Die Umkehrung gilt nicht; z. B. kann man zeigen, daß die Funktion f mit

$$f(x) = \begin{cases} x^3\left(2 + \sin\dfrac{1}{x}\right) & \text{für } x \neq 0, \\ 0 & \text{für } x = 0 \end{cases}$$

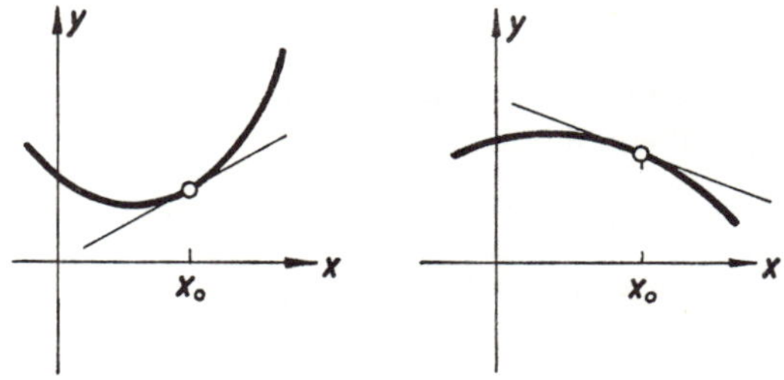

Fig. 6

[1] Der Begriff des Flachpunktes wird oft auch etwas anders definiert.

an der Stelle $x=0$ einen Wendepunkt hat, während ihr Graph auf keinem an diese Stelle angrenzenden Intervall überall eine Links- oder eine Rechtskurve ist.

Definition 8: Die Tangente in einem Wendepunkt heißt eine *Wendetangente.*

Satz 9: Ist f in einer Umgebung U von x_0 differenzierbar und hat f an der Stelle x_0 einen Wendepunkt, so wird die Wendetangente von der Kurve *durchsetzt.*

Beweis: Nach dem Mittelwertsatz gibt es zu jedem x mit $x \in U$ ein x_1 zwischen x_0 und x, so daß gilt

$$f(x) = f(x_0) + (x - x_0) f'(x_1).$$

Für die Ordinatendifferenz $R_1(x)$ zwischen Tangente und Kurve gilt also für $x \in U$

$$R_1(x) = (x - x_0)\,[f'(x_1) - f'(x_0)].$$

Hat f' an der Stelle x_0 ein Maximum, so gibt es eine Umgebung V von x_0 mit $V \subset U$, so daß für $x \in V$ gilt

$$f'(x_1) - f'(x_0) < 0,$$

also

$$R_1(x) > 0 \text{ für } x < x_0 \text{ und } R_1(x) < 0 \text{ für } x > x_0;$$

analog im Falle eines Minimums von f'.

Satz 10: Ist f an der Stelle x_0 im Innern ihres Definitionsbereichs zweimal differenzierbar und hat f an dieser Stelle einen Wendepunkt, so ist $f''(x_0) = 0$.

Beweis: Anwendung von Satz 5 auf f'.

Bemerkungen: 1. Der Satz gilt nicht, wenn f nicht zweimal differenzierbar ist, wie das Beispiel der Funktion f mit

$$f(x) = \begin{cases} x^2 & \text{für } x \geqq 0, \\ -x^2 & \text{für } x < 0 \end{cases}$$

zeigt (Graph Fig. 5).

2. Die Umkehrung von Satz 10 gilt nicht (d.h. die Bedingung $f''(x_0) = 0$ ist für die Existenz eines Wendepunktes einer zweimal differenzierbaren Funktion nur *notwendig,* aber *nicht hinreichend*): Die Funktion $x \to f(x) = x^4$ hat keinen Wendepunkt an der Stelle 0 (wie aus dem Graphen ersichtlich ist), obwohl $f''(0) = 0$ ist.

Satz 11: Ist f in einer Umgebung von x_0 zweimal und an der Stelle x_0 dreimal differenzierbar, und gilt $f''(x_0) = 0$ und $f'''(x_0) \neq 0$, so hat f an der Stelle x_0 einen Wendepunkt.

Beweis: Anwendung von Satz 6 auf f'.

Die Aussage von Satz 11 läßt sich in Fig. 1 an den Stellen x_2, x_4 und x_5 verifizieren.

Bemerkung: Die Umkehrung von Satz 11 gilt nicht (d.h. die Bedingungen von Satz 11 sind für die Existenz eines Wendepunktes *hinreichend,* aber *nicht notwendig*): so hat z.B. die Funktion $x \to f(x) = x^5$ an der Stelle 0 einen Wendepunkt (wie aus ihrem Graphen ersichtlich ist), aber es ist $f''(0) = 0$ und $f'''(0) = 0$.

Definition 9: Ein *Terrassenpunkt* ist ein Wendepunkt mit horizontaler Tangente.

Somit hat eine in einer Umgebung von x_0 zweimal und an der Stelle x_0 dreimal differenzierbare Funktion f an dieser Stelle einen Terrassenpunkt, wenn gilt

$$f'(x_0) = f''(x_0) = 0, \; f'''(x_0) \neq 0,$$

aber umgekehrt folgt aus der Existenz eines Terrassenpunktes nicht, daß diese Bedingungen erfüllt sein müssen (z. B. bei der Funktion $x \to x^5$ an der Stelle 0).

Zusammenfassend stellen wir fest, daß für jede Stelle x_0 einer Funktion f, die in einer Umgebung von x_0 dreimal differenzierbar ist, gilt:

f hat ein Extremum $\Rightarrow f'(x_0) = 0$,
f hat einen Wendepunkt $\Rightarrow f''(x_0) = 0$,
$f'(x_0) = 0 \wedge f''(x_0) \neq 0 \Rightarrow$ f hat ein Extremum, und zwar ein Maximum oder Minimum, je nachdem $f''(x_0) < 0$ oder $f''(x_0) > 0$,
$f''(x_0) = 0 \wedge f'''(x_0) \neq 0 \Rightarrow$ f hat einen Wendepunkt,

während die Umkehrungen dieser Sätze nicht gelten [so kann aus $f'(x_0) = 0 \wedge f''(x_0) = 0$, ebenso aus $f''(x_0) = 0 \wedge f'''(x_0) = 0$ nichts gefolgert werden über die Existenz eines Extremums oder Wendepunkts an der Stelle x_0].

Anhang: Krümmung des Graphen in einem Extremum

Die Bedeutung der zweiten Ableitung (nicht nur ihres Vorzeichens) geht aus folgender Untersuchung hervor:

Die Funktion f sei in einer Umgebung von x_0 zweimal differenzierbar, habe an dieser Stelle ein relatives Extremum und erfülle die Bedingung $f''(x_0) \neq 0$. Nach Satz 5 folgt daraus zunächst $f'(x_0) = 0$; nach Satz 3 folgt ferner, daß f' an der Stelle x_0 das Vorzeichen wechselt. Es gibt also eine Umgebung U von x_0, so daß $f'(x) \neq 0$ für alle x mit $x \in U$ und $x \neq x_0$, wobei f auf U zweimal differenzierbar ist. Die Normale des Graphen in einem Punkt $P_1(x_1/f(x_1))$ mit $x_1 \in U$ hat die Gleichung

$$y - f(x_1) = -\frac{1}{f'(x_1)}(x - x_1).$$

Für die Ordinate y_M des Schnittpunktes M dieser Normalen mit der Normalen im Punkt $P_0(x_0/f(x_0))$ erhält man also (Fig. 7)

$$y_M = f(x_1) - \frac{1}{f'(x_1)}(x_0 - x_1);$$

also ist

$$y_M - f(x_0) = f(x_1) - f(x_0) + \frac{x_1 - x_0}{f'(x_1)} = \frac{\frac{f(x_1) - f(x_0)}{x_1 - x_0} f'(x_1) + 1}{\frac{f'(x_1)}{x_1 - x_0}}.$$

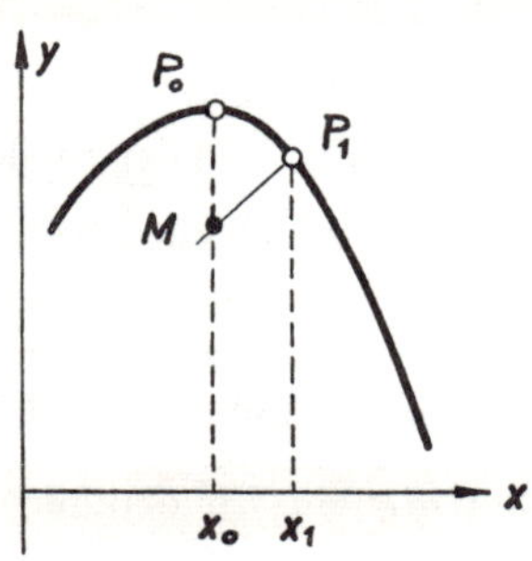

Fig. 7

Nach dem Mittelwertsatz gibt es ein x_2 zwischen x_0 und x_1, so daß

$$\frac{f(x_1)-f(x_0)}{x_1-x_0}=f'(x_2),$$

und ein x_3 zwischen x_0 und x_1, so daß

$$\frac{f'(x_1)}{x_1-x_0}=\frac{f'(x_1)-f'(x_0)}{x_1-x_0}=f''(x_3);$$

also ist

$$y_M-f(x_0)=\frac{f'(x_2)f'(x_1)+1}{f''(x_3)}.$$

Ist die Kurve ein nach oben geöffneter Halbkreis, der symmetrisch zur Geraden mit der Gleichung $x=x_0$ liegt, so ist $y_M-f(x_0)$ gleich dem Radius dieses Halbkreises. Deshalb definiert man den *Krümmungsradius* der Kurve an der Stelle x_0 durch

$$\varrho=\lim_{x_1\to x_0}[y_M-f(x_0)]=\lim_{x_1\to x_0}\frac{f'(x_2)f'(x_1)+1}{f''(x_3)}=\frac{1}{f''(x_0)}.$$

Im Fall $f''(x_0)=0$ ist

$$\lim_{x_1\to x_0}[y_M-f(x_0)]=\pm\infty;$$

definiert man die *Krümmung* k an der Stelle x_0 durch

$$k=\lim_{x_1\to x_0}\frac{1}{y_M-f(x_0)},$$

so ist also stets

$$k=f''(x_0).$$

Die zweite Ableitung an der Stelle eines Extremums bedeutet also die Krümmung an dieser Stelle.

4. Untersuchung der ganzen rationalen Funktion

a) Skizzierung des Graphen aus den ausgezeichneten Stellen

Definition 10: Der Graph einer ganzen rationalen Funktion n. Grades heißt eine *Parabel n. Ordnung*, wenn $n\geqq 2$ ist (eine Parabel 2. Ordnung wird auch gewöhnliche Parabel genannt).

Ist die Funktionsgleichung gegeben, so kann man ihren Graphen skizzieren, indem man seine ausgezeichneten Punkte bestimmt (Nullstellen, Extrema, Wendepunkte).

Beispiel 3 (Funktionsuntersuchung): Man untersuche die Funktion

$$x\to f(x)=-\tfrac{1}{8}x^3+\tfrac{3}{4}x^2.$$

a) Nullstellen: Aus

$$f(x)=-\tfrac{1}{8}x^3+\tfrac{3}{4}x^2=0$$

erhalten wir

$$\tfrac{1}{8}x^2(-x+6)=0,$$

also

$$x_1=0,\quad x_2=6.$$

b) Extrema: Aus

$$f'(x)=-\tfrac{3}{8}x^2+\tfrac{3}{2}x=0$$

erhalten wir

$$\tfrac{1}{8}x(-3x+12)=0,$$

also

$$x_3=0,\quad x_4=4;\quad f(x_3)=0,\quad f(x_4)=4.$$

Es ist noch nicht sicher, ob an diesen Stellen Extrema vorkommen. Um dies festzustellen, bilden wir die zweite Ableitung:

$$f''(x) = -\tfrac{3}{4}x + \tfrac{3}{2};$$

es wird $f''(x_3) = \frac{3}{2} > 0$ und $f''(x_4) = -\frac{3}{2} < 0$, also haben wir ein Minimum an der Stelle x_3 und ein Maximum an der Stelle x_4; wäre $f''(x_3) = 0$ oder $f''(x_4) = 0$, so könnte man vorerst über die betreffende Stelle keine Aussage machen.

c) Wendepunkte: Aus

$$f''(x) = -\tfrac{3}{4}x + \tfrac{3}{2} = 0$$

erhalten wir

$$x_5 = 2, \quad f(x_5) = 2.$$

Um zu entscheiden, ob an dieser Stelle ein Wendepunkt vorliegt, bilden wir die dritte Ableitung:

$$f'''(x) = -\tfrac{3}{4};$$

es wird $f'''(x_5) = -\frac{3}{4} \neq 0$, also haben wir einen Wendepunkt an der Stelle x_5; wäre $f'''(x_5) = 0$, so könnten wir ohne weitere Untersuchung nichts über diese Stelle aussagen; solche Fälle sollen hier vermieden werden.

d) Skizze (Fig. 8): Oft ist es nützlich, die Steigungen der Wendetangenten zu berechnen. Hier wird $f'(x_5) = \frac{3}{2}$, also ist die Steigung der Wendetangente $\frac{3}{2}$ (Wendetangente in Fig. 8 eingezeichnet). Nach oben und unten geht die Kurve ins Unendliche, indem sie immer steiler wird, aber auch nach rechts und links ins Unendliche geht. Für den genaueren Verlauf für $x < 0$ berechnen wir z. B. $f(-2) = 4$, also den Kurvenpunkt $P(-2/4)$.

b) Verlauf des Graphen für große und kleine x-Werte

Für die Skizzierung des Graphen ist es nützlich, seinen Verlauf für große x-Werte zu kennen.

Nach Potenzgesetz (P 4 b) von § 4 gilt für die Potenzfunktionen $x \to x^n$

$$\lim_{x \to \infty} x^n = \infty,$$

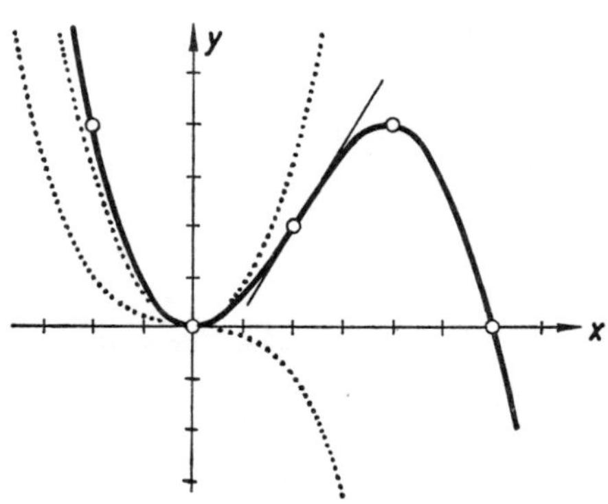

Fig. 8

$$\lim_{n \to -\infty} x^n = \infty \text{ für gerades } n, \quad \lim_{x \to -\infty} x^n = -\infty \text{ für ungerades } n.$$

Daraus ergeben sich entsprechende Regeln für die Funktionen $x \to a x^n$ (je nach dem Vorzeichen von a).

Ein Polynom

$$f(x) = a_0 x^n + a_1 x^{n-1} + \ldots + a_{n-1} x + a_n \qquad (\text{mit } a_0 \neq 0)$$

kann durch Ausklammerung des ersten Gliedes (mit der *höchsten* Potenz von x) auf die Form

$$f(x) = a_0 x^n \left(1 + \frac{a_1}{a_0 x} + \frac{a_2}{a_0 x^2} + \ldots + \frac{a_{n-1}}{a_0 x^{n-1}} + \frac{a_n}{a_0 x^n}\right)$$

gebracht werden, woraus man ersieht, daß die Klammer für $x \to \pm\infty$ den Grenzwert 1 hat, so daß also der Graph der Funktion $x \to f(x)$ in gleicher Weise ins Unendliche geht wie der Graph der Funktion $x \to a_0 x^n$ (wobei aber die Differenz $f(x) - a_0 x^n$ im allgemeinen nicht beliebig klein wird). Somit gilt z.B.

$$\lim_{x \to -\infty} f(x) = \infty, \text{ wenn } a_0 < 0 \text{ und } n \text{ ungerade ist.}$$

Folgerung: Aus dem Zwischenwertsatz (§ 9) folgt somit: Jede algebraische Gleichung ungeraden Grades hat mindestens eine reelle Lösung (oder: jede ganze rationale Funktion ungeraden Grades hat mindestens eine Nullstelle).

Eine andere Umformung des Polynoms erhält man durch Ausklammerung des Gliedes mit der *kleinsten* Potenz; ist $a_k x^{n-k}$ dieses Glied (wobei $a_k \neq 0$, $k \leqq n$), so wird

$$f(x) = a_k x^{n-k} \left(1 + \frac{a_{k-1}}{a_k} x + \frac{a_{k-2}}{a_k} x^2 + \ldots + \frac{a_0}{a_k} x^k\right);$$

die Klammer hat für $x \to 0$ den Grenzwert 1, so daß sich also der Graph der Funktion $x \to f(x)$ in der Nähe der Stelle $x = 0$ demjenigen der Funktion $x \to a_k x^{n-k}$ annähert.

Zusammenfassend stellen wir fest: Für den Verlauf für große Werte von $|x|$ ist das Glied mit der größten, für den Verlauf in der Nachbarschaft von $x = 0$ ist das Glied mit der kleinsten Potenz von x maßgebend; statt nur ein Glied kann man auch zwei Glieder dazu verwenden. In Beispiel 3 erhält man für große x die Näherungsfunktion $x \to -\frac{1}{8} x^3$ und für kleine x die Näherungsfunktion $x \to \frac{3}{4} x^2$; ihre Graphen sind in Fig. 8 punktiert gezeichnet. Diese Näherungsfunktionen sind keine asymptotischen Kurven im Sinne von § 14!

c) Aufstellung der Funktionsgleichung aus ausgezeichneten Punkten

Anderseits kann man aus gewissen Eigenschaften einer Parabel höherer Ordnung ihre Gleichung herleiten.

Beispiel 4 (Konstantenbestimmung): Wie lautet die Gleichung der zum Ursprung punktsymmetrischen Parabel 5. Ordnung, die bei $P(-1/8)$ einen Terrassenpunkt hat? Wegen der vorausgesetzten Symmetrie können wir für die gesuchte Gleichung den Ansatz machen:

$$y = f(x) = a x^5 + b x^3 + c x.$$

Die Konstanten a, b, c sind zu bestimmen. Es wird

$$f'(x) = 5ax^4 + 3bx^2 + c,$$
$$f''(x) = 20ax^3 + 6bx.$$

Nun sind drei Bedingungen zu erfüllen:

1. Bedingung: Die Kurve geht durch $P(-1/8)$; also gilt

$$f(-1) = -a - b - c = 8.$$

2. Bedingung: Die Kurve hat an der Stelle $x = -1$ eine horizontale Tangente; also gilt

$$f'(-1) = 5a + 3b + c = 0.$$

3. Bedingung: Die Kurve hat an der Stelle $x = -1$ einen Wendepunkt; also gilt

$$f''(-1) = -20a - 6b = 0.$$

Durch Auflösung dieser drei Gleichungen nach a, b, c erhält man

$$a = -3, \quad b = 10, \quad c = -15.$$

Also lautet die gesuchte Gleichung

$$y = -3x^5 + 10x^3 - 15x.$$

d) Die kubische Funktion

Wir betrachten nun speziell die kubische Funktion

$$x \to f(x) = ax^3 + bx^2 + cx + d \quad (\text{mit } a \neq 0). \tag{1}$$

Es wird

$$f'(x) = 3ax^2 + 2bx + c,$$
$$f''(x) = 6ax + 2b,$$
$$f'''(x) = 6a.$$

Die Gleichung $f''(x) = 0$ liefert genau eine Lösung

$$x_1 = -\frac{b}{3a},$$

weil $a \neq 0$ ist; ferner ist $f'''(x_1) = 6a \neq 0$. Also haben wir einen Wendepunkt an der Stelle x_1 mit den Koordinaten

$$\left.\begin{aligned} x_1 &= -\frac{b}{3a}, \\ y_1 = f(x_1) &= \frac{2b^3}{27a^2} - \frac{bc}{3a} + d \end{aligned}\right\} \tag{2}$$

Somit gilt:

Satz 12: Jede kubische Funktion hat genau einen Wendepunkt.

Führen wir ein neues Koordinatensystem ein, das aus dem alten durch Translation hervorgeht und den Ursprung im Wendepunkt hat (Fig. 9), so gilt für die neuen Koordinaten ξ, η irgendeines Punktes mit den alten Koordinaten x, y

$$x = \xi + x_1, \quad y = \eta + y_1.$$

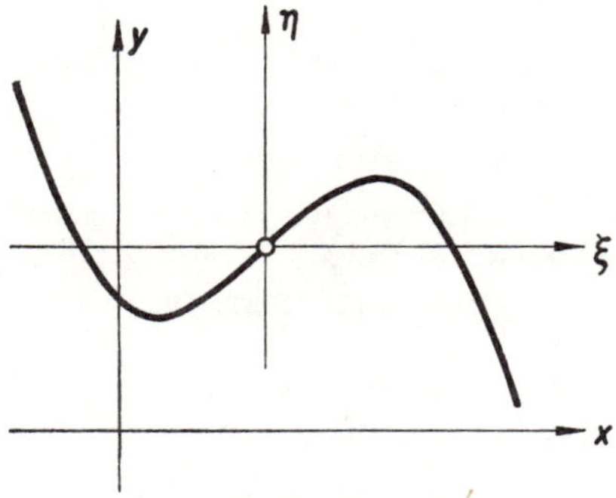

Fig. 9

Die Gleichung der Kurve bezüglich des alten Koordinatensystems, $y = f(x)$, lautet also bezüglich des neuen Koordinatensystems

$$\eta + y_1 = f(\xi + x_1),$$

also

$$\eta + \frac{2b^3}{27a^2} - \frac{bc}{3a} + d = a\left(\xi - \frac{b}{3a}\right)^3 + b\left(\xi - \frac{b}{3a}\right)^2 + c\left(\xi - \frac{b}{3a}\right) + d,$$

was sich vereinfacht zu

$$\eta = a\xi^3 + \left(c - \frac{b^2}{3a}\right)\xi. \tag{3}$$

Die Kurve ist also die Superposition der kubischen Parabel mit der Gleichung

$$\eta = a\xi^3$$

und der Ursprungsgeraden mit der Gleichung

$$\eta = \left(c - \frac{b^2}{3a}\right)\xi.$$

Daraus folgt:

Satz 13: Der Graph der kubischen Funktion ist punktsymmetrisch zu ihrem Wendepunkt.

Die verschiedenen Typen des Kurvenverlaufs sind in Fig. 10 (Funktion $x \to -x^3 + 2x$) und Fig. 11 (Funktion $x \to x^3 + x$) dargestellt.

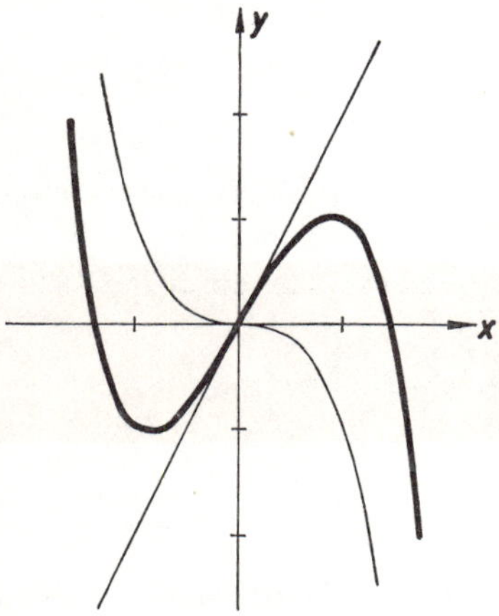

Fig. 10

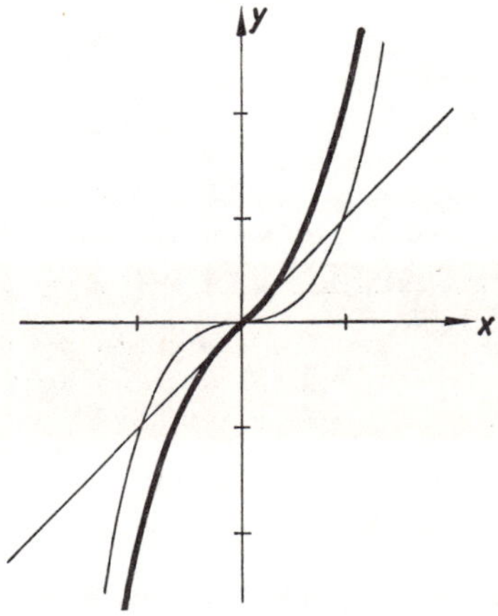

Fig. 11

Setzen wir

$$p = \frac{3ac - b^2}{3a^2}, \tag{4}$$

so lautet Gleichung (3) einfacher

$$\eta = g(\xi) = a(\xi^3 + p\xi). \tag{5}$$

Ist $p \geqq 0$, so hat die Kurve keine Extrema (im Fall $p = 0$ speziell einen Terrassenpunkt); ist $p < 0$, so hat sie zwei Extrema. Im Fall $p < 0$ finden wir für die Extrema

$$g'(\xi) = a(3\xi^2 + p) = 0,$$

also

$$\xi_{1,2} = \pm \sqrt{\frac{-p}{3}}.$$

Die Werte der Extrema sind

$$\eta_{1,2} = g(\xi_{1,2}) = \pm \frac{2}{3} ap \sqrt{\frac{-p}{3}}.$$

Wir setzen ferner

$$q = \frac{y_1}{a}. \tag{6}$$

Somit hat die kubische Funktion (1)

1. *genau eine Nullstelle,* wenn es kein Extremum gibt, oder wenn es Extrema gibt, aber entweder das Maximum unterhalb der x-Achse oder das Minimum oberhalb der x-Achse liegt, d.h. wenn $p \geqq 0$ oder
$$p < 0, \quad \text{aber} \quad |y_1| > |\eta_1|,$$

2. *genau zwei Nullstellen,* wenn es Extrema gibt, aber die Kurve in einem Extremum die x-Achse berührt, d.h. wenn
$$p < 0, \quad \text{aber} \quad |y_1| = |\eta_1|,$$

3. *genau drei Nullstellen,* wenn es Extrema gibt, aber die x-Achse zwischen den Extrema durchgeht, d.h. wenn
$$p < 0, \quad \text{aber} \quad |y_1| < |\eta_1|.$$

Die Bedingungen

$$|y_1| \gtreqless |\eta_1|$$

lassen sich im Fall $p < 0$ auch so schreiben:

$$y_1^2 \gtreqless \eta_1^2,$$

also

$$a^2 q^2 \gtreqless \frac{4}{9} a^2 p^2 \frac{-p}{3},$$

$$\frac{p^3}{27} + \frac{q^2}{4} \gtreqless 0,$$

$$\left(\frac{p}{3}\right)^3 + \left(\frac{q}{2}\right)^2 \gtreqless 0. \tag{7}$$

Man nennt

$$D = \left(\frac{p}{3}\right)^3 + \left(\frac{q}{2}\right)^2 \tag{8}$$

die *Diskriminante* der kubischen Gleichung $ax^3 + bx^2 + cx + d = 0$. Da aus $D < 0$ sowieso $p < 0$ folgt, können wir zusammenfassend sagen:

Satz 14: Die kubische Funktion (1) hat genau eine, genau zwei oder genau drei Nullstellen, je nachdem gilt

1. $D > 0$ oder $p = 0 \wedge q = 0$,
2. $D = 0$, aber nicht $p = 0 \wedge q = 0$, bzw.
3. $D < 0$.

5. Extremalaufgaben

Bei der Aufgabe, ein Extremum einer variablen Größe zu finden (sogenannte Extremalaufgabe) hat man folgende Punkte zu beachten:

1. Wahl einer unabhängigen Variablen x, von der die Größe y, deren Extremum gesucht ist, abhängt (sofern sie nicht angegeben ist). Sodann Angabe des zulässigen Bereichs B, in dem x variieren kann. Es wird dann meist anschaulich klar, ob die Aufgabe sinnvoll ist (d.h ob ein Extremum existiert).

2. Aufstellung der Funktionsgleichung $y=f(x)$, die die abhängige Variable y als Funktion von x gibt. Dies ist im allgemeinen nicht ohne Hilfsvariable möglich, die dann auch durch x ausgedrückt werden muß. Der maximale Definitionsbereich der Funktion $x \rightarrow f(x)$ ist meist umfassender als B.

3. Vereinfachung der Funktionsgleichung: Die erhaltene Funktionsgleichung kann vereinfacht werden durch folgende Operationen:

Weglassen einer additiven Konstanten des ganzen Funktionsterms,
Weglassen von konstanten Faktoren des ganzen Funktionsterms,
Quadrieren des Funktionsterms,
Bildung des reziproken Wertes des Funktionsterms;

denn ist f an der Stelle x_0 stetig, hat f an dieser Stelle ein Extremum und ist $f(x_0) \neq 0$, so hat die Funktion g an derselben Stelle ein Extremum in den folgenden Fällen: $g(x)=f(x)+c$, $g(x)=af(x)$ mit $a \neq 0$, $g(x)=[f(x)]^2$, $g(x)=\dfrac{1}{f(x)}$.

4. Bestimmung der Nullstellen der Ableitung der vereinfachten Funktion $x \rightarrow g(x)$. Dabei läßt sich oft das Auftreten einer Gleichung höheren Grades vermeiden, wenn man den Funktionsterm nicht ausmultipliziert, sondern die Produktregel und Satz 10 von § 12 anwendet.

5. Hat man eine Stelle x_0 gefunden, an der die Funktion stationär ist, so müßte man durch Bildung der zweiten Ableitung entscheiden, ob ein Extremum vorliegt, und wenn ja, ob ein Maximum oder Minimum vorliegt. Diese Frage kann meist rein anschaulich entschieden werden, wenn es in B nur eine solche Stelle x_0 gibt. Sodann kann auch der extremale Wert von y bestimmt werden. Gibt es in B keine oder mehrere Stellen, wo y stationär ist, so treten im allgemeinen zusätzliche *Randextrema* auf, die jeweils eine spezielle Untersuchung erfordern.

Beispiel 5: Welchen Bruchteil des Volumens einer Kugel kann ein einbeschriebener Zylinder höchstens ausmachen?

Zu Punkt 1: Wir wählen z. B. die Zylinderhöhe als unabhängige Variable x (Fig. 12). Nun ist $B=(0, 2r)$, wenn r der Kugelradius ist. Die abhängige Variable ist das Zylindervolumen y.

Zu Punkt 2: Nach Formel (3) von § 11 wird

$$y=\pi a^2 x,$$

wenn a der Radius des Zylinders ist. Die Hilfsvariable a läßt sich nach dem Satz von Pythagoras durch x ausdrücken:

$$a^2=r^2-\left(\frac{x}{2}\right)^2=r^2-\frac{x^2}{4}.$$

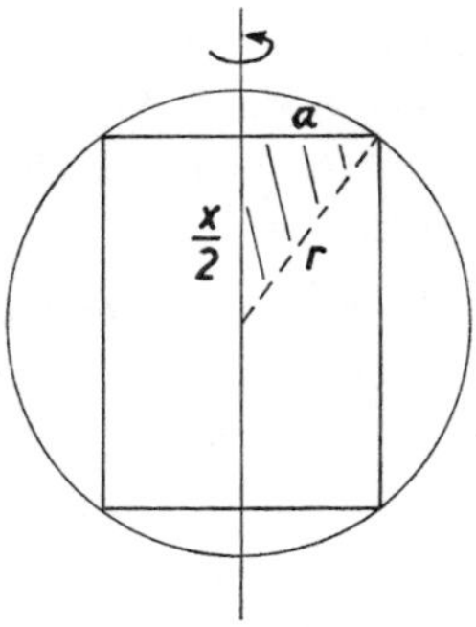

Fig. 12

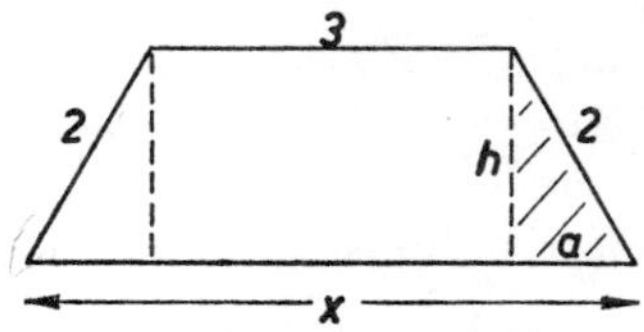

Fig. 13

Also lautet die Funktionsgleichung

$$y = f(x) = \pi\left(r^2 - \frac{x^2}{4}\right)x.$$

Zu Punkt 3: Weglassen des Faktors π ergibt

$$g(x) = \left(r^2 - \frac{x^2}{4}\right)x = r^2 x - \frac{x^3}{4}.$$

Zu Punkt 4: Die Gleichung

$$g'(x) = r^2 - \tfrac{3}{4}x^2 = 0$$

ergibt die Lösungen

$$x_{1,2} = \pm\frac{2}{\sqrt{3}}r.$$

Zu Punkt 5: Nur die Lösung $x_1 = \frac{2}{\sqrt{3}}r$ liegt in B. Aus geometrischen Gründen liegt ein Maximum vor. Das maximale Zylindervolumen ist also

$$f(x_1) = \pi\left(r^2 - \frac{1}{4}\cdot\frac{4}{3}r^2\right)\cdot\frac{2}{\sqrt{3}}r = \pi\frac{4}{3\sqrt{3}}r^3,$$

der gesuchte Bruchteil also

$$\frac{f(x_1)}{\frac{4}{3}\pi r^3} = \frac{1}{\sqrt{3}} = \frac{\sqrt{3}}{3} = 0{,}577 = 57{,}7\,\%.$$

Beispiel 6: Wie lang muß die Grundlinie eines gleichschenkligen Trapezes sein, dessen Schenkel 2 cm und dessen Decklinie 3 cm messen, damit sein Flächeninhalt maximal ist?

Zu Punkt 1: Die unabhängige Variable x ist bereits angegeben; sie kann im Bereich $B = (0, 7)$ variieren.

Zu Punkt 2: Ist h die Höhe des Trapezes, so ist sein Flächeninhalt (Fig. 13)

$$y = \frac{x+3}{2}h.$$

Ferner ist nach dem Satz von Pythagoras

$$h^2 = 4 - a^2 = 4 - \left(\frac{x-3}{2}\right)^2 = 4 - \frac{x^2 - 6x + 9}{4} = \frac{7 + 6x - x^2}{4},$$

also lautet die Funktionsgleichung

$$y = f(x) = \frac{x+3}{2}\sqrt{\frac{7+6x-x^2}{4}}.$$

Zu Punkt 3: Weglassen der konstanten Faktoren und Quadrieren gibt den neuen Funktionsterm

$$g(x) = (x+3)^2(7+6x-x^2).$$

Zu Punkt 4: Hier würde das Ausmultiplizieren auf eine Gleichung 3. Grades führen. Deshalb bilden wir die Ableitung direkt:

$$g'(x) = (x+3)^2(6-2x) + (7+6x-x^2)\cdot 2(x+3)\cdot 1 = 0.$$

Durch Ausklammerung von $x+3$ erhält man

$$(x+3)\,[(x+3)(6-2x) + (7+6x-x^2)\cdot 2] = 0.$$

Setzen wir den ersten Faktor gleich Null, so wird

$$x+3 = 0,$$
$$x_1 = -3.$$

Analog erhält man durch Nullsetzung des zweiten Faktors

$$x^2 - 3x - 8 = 0,$$
$$x_{2,3} = \frac{3 \pm \sqrt{9+32}}{2},$$
$$x_2 = 4{,}7016, \quad x_3 = -1{,}7016.$$

Zu Punkt 5: Nur die Lösung $x_2 = 4{,}7016$ cm liegt in B. Aus geometrischen Gründen ist y für $x = x_2$ maximal.

Aufgaben zu § 13

I

1. Wie oft ist die Funktion $x \to |x|^5$ an der Stelle $x = 0$ differenzierbar?
2. In welchen Intervallen ist die Funktion $x \to f(x)$ steigend, in welchen fallend, in welchen ist ihr Graph eine Linkskurve und in welchen eine Rechtskurve?
   a) $f(x) = x^3 + 1{,}5x^2 - 36x + 2$, b) $f(x) = x^4 - 8x^2$.
3. Man stelle die Gleichungen der Wendetangenten auf für die Kurven mit folgenden Gleichungen:
   a) $y = x^3 - 3x^2$, b) $y = x^3 + 3x^2 + x + 1$, c) $y = x^4 - 6x^2 + 5$.
4. In welchen Punkten schneidet oder berührt die Kurve mit der folgenden Gleichung ihre Wendetangenten?
   a) $y = x^3 - \frac{1}{4}x^4$, b) $y = x^4 - 6x^2 + 9x + 5$.
5. Wie viele Wendepunkte hat eine Parabel n. Ordnung höchstens?
6. Man beweise mit Hilfe der Ableitung, daß gilt $2x^4 + 3x^3 - 6x^2 - 5x + 6 > 0$ für $x > 1$.
7. Gegeben ist die Gleichung $y = ax^3 + bx^2 + cx + d$ einer Parabel 3. Ordnung. Man stelle die Gleichung a) der an der x-Achse gespiegelten, b) der an der y-Achse gespiegelten, c) der am Ursprung gespiegelten Kurve auf.
8. Für welche Werte von a hat die Kurve mit der Gleichung $y = x^5 + ax^3 + x$ a) mehr als eine Nullstelle, b) vier Extrema, c) nur einen Wendepunkt?
9. Man beweise: Bei der Funktion $x \to ax - x^3$ (mit $a > 0$) kann die Stelle des Maximums nie in der Mitte zwischen zwei Nullstellen liegen.

10. Welcher Bedingung müssen die Koeffizienten einer ganzen rationalen Funktion 3. Grades $x \to ax^3 + bx^2 + cx + d$ genügen, damit ihr Graph keine horizontalen Tangenten hat?

11. Welcher Bedingung müssen die Koeffizienten einer ganzen rationalen Funktion 4. Grades $x \to ax^4 + bx^3 + cx^2 + dx + e$ genügen, damit ihr Graph keinen Wendepunkt hat?

12. Man beweise, daß jede Parabel 4. Ordnung eine horizontale Tangente hat.

13. a) Wie groß ist der Flächeninhalt der beiden Flächenstücke, die von der Kurve mit der Gleichung $y = ax - x^3$ (mit $a > 0$) und ihrer Normalen im Wendepunkt eingeschlossen werden? b) Wie groß muß a sein, damit dieser Flächeninhalt je 1 beträgt?

14. Man berechne den Flächeninhalt der Fläche zwischen der Kurve mit der Gleichung $y = \frac{5}{16}x^4 - \frac{15}{2}x^2 + 25$ und ihren Wendetangenten.

15. In welchem Verhältnis teilt die x-Achse das Flächenstück zwischen der Kurve mit der Gleichung $y = x - x^3$ und ihrer Normalen im Wendepunkt?

16. Wie groß muß a sein, damit die Fläche zwischen der Kurve mit der Gleichung a) $y = ax - x^2$, b) $y = ax - x^3$ und ihrer Normalen im Ursprung durch die x-Achse halbiert wird?

17. Wie groß muß a sein, damit die Kurve mit folgender Gleichung die x-Achse berührt?
a) $y = x^3 - 3x + a$, b) $y = x^3 - ax^2 + 4$.

18. Wie lautet die Gleichung der Kurve, auf der die Extrema der folgenden Funktionen liegen?
a) $x \to ax - x^3$, b) $x \to x - ax^3$, c) $x \to x^4 - ax^2 + 1$.

19. Wie lautet die Gleichung der Kurve, auf der die Wendepunkte der folgenden Funktionen liegen?
a) $x \to x^3 + x^2 + ax$, b) $x \to x^3 + ax^2 + x$, c) $x \to ax^3 + x^2 + x$,
d) $x \to x^4 - ax^2 + 1$.

20. Man beweise: Die Kurven mit den Gleichungen $y = x^3 - 3x$ und $y = x^3 + 3x^2$ sind kongruent.

21. Wie viele Nullstellen haben die folgenden ganzen rationalen Funktionen 3. Grades:
a) $x \to x^3 - 9x + 8$, b) $x \to x^3 + 3x - 4$, c) $x \to x^3 - 12x + 16$,
d) $x \to x^3 + 3x^2 - 9x - 3$, e) $x \to x^3 - 9x^2 + 33x - 65$,
f) $x \to x^3 + 6x^2 + 12x + 8$, g) $x \to x^3 + 6x^2 + 12x + 9$, h) $x \to x^3 - 6x^2$.

22. Man beweise: Die Wendetangente einer Parabel 3. Ordnung hat mit dieser keinen weiteren Punkt gemeinsam außer dem Wendepunkt.

23. Unter welchen Bedingungen für die Koeffizienten hat eine Parabel 4. Ordnung (mit der Gleichung $y = ax^4 + bx^3 + cx^2 + dx + e$) a) eine Symmetrieachse parallel zur y-Achse, b) die Symmetrieachse mit der Gleichung $x = x_0$?

24. Man beweise: Die Parabel 4. Ordnung mit der Gleichung $y = \frac{1}{2}x^4 - 4x^3 + 8x^2$ ist symmetrisch zur Vertikalen mit der Gleichung $x = 2$.

25. Die Kurve mit der Gleichung $y = x^4 + ax^3 + bx^2 + 2$ liegt symmetrisch zur Geraden mit der Gleichung $x = 2$. Man bestimme a und b.

26. Man beweise: Ist g an der Stelle x_0 stetig und hat g dort ein Extremum, ist f in einer Umgebung U von $g(x_0)$ streng monoton, so hat auch die durch $F(x) = f(g(x))$ definierte Funktion F an der Stelle x_0 ein Extremum.

27. Man beweise: Ist f in einer Umgebung der Stelle x_0 zweimal differenzierbar, und schneidet der Graph von f dort die x-Achse, so hat die Funktion $x \to [f(x)]^2$ dort ein Extremum.

28. Man beweise: Ist f an der Stelle x_0 zweimal differenzierbar und haben die Funktionen f und $x \to [f(x)]^2$ an dieser Stelle einen Wendepunkt, so hat f an dieser Stelle einen Terrassenpunkt.

29. Man beweise: Ist f an der Stelle x_0 differenzierbar, ist $g(x)$ der Abstand des Punktes $P(x/f(x))$ des Graphen von f vom Ursprung, und hat g an der Stelle x_0 ein Extremum, so geht die Normale des Graphen von f im Punkt $P_0(x_0/f(x_0))$ durch den Ursprung.

II

30. Man untersuche die Funktionsgleichung $y = x^3 - 3x^2$ (d.h. man bestimme die Nullstellen, Extrema und Wendepunkte und skizziere ihren Graphen).

31. Ebenso: $y = 3x - x^3$.

32. Ebenso: $y = x^3 - 6x^2 + 9x$.

33. Ebenso: $y = 2x^2 - \frac{1}{9}x^4$.

34. Ebenso: $y = x^4 - 6x^2 + 5$.

35. Ebenso: $y = \frac{1}{18}x^4 - x^2 + \frac{11}{2}$.

36. Ebenso: $y = -0{,}2x^4 + 1{,}2x^2 - 1{,}6x + 0{,}6$.

37. Ebenso: $y = \frac{1}{2}x^4 - 3x^3 + 6x^2$.

38. Ebenso: $y = 0{,}1(x^4 - 8x^3 + 18x^2)$.

39. Ebenso: $y = \frac{5}{2}x^3 - \frac{3}{8}x^5$.

40. Ebenso: $y = x^3 - \frac{1}{15}x^5$.

41. Ebenso: $y = -\frac{1}{2}(x-1)^3(x-5)$.

42. Man stelle die Gleichung der Parabel 3. Ordnung auf, die die x-Achse im Ursprung berührt und deren Tangente im Punkt $P(-2/8)$ die Steigung -9 hat.

43. Man stelle die Gleichung der Parabel 3. Ordnung auf, die im Punkt $P(2/5)$ eine horizontale Tangente und im Punkt $Q(1/3)$ ihren Wendepunkt hat.

44. Man stelle die Gleichung der Parabel 3. Ordnung auf, die durch den Ursprung geht und ihren Wendepunkt in $P(1/-1)$ hat, während die Wendetangente die x-Achse in $Q(2/0)$ schneidet.

45. Man stelle die Gleichung der Parabel 3. Ordnung auf, die durch $A(1/-4)$ geht, in $B(3/-6)$ ihren Wendepunkt und an der Stelle $x = 4$ eine horizontale Tangente hat.

46. Man stelle die Gleichung der Parabel 3. Ordnung auf, die durch $P(0/2)$ mit der Steigung 4 geht und an den Stellen $x = -2$ und $x = 2$ horizontale Tangenten hat.

47. Man stelle die Gleichung der Parabel 3. Ordnung auf, die in den Punkten A und B horizontale Tangenten hat: a) $A(0/0)$, $B(-4/16)$, b) $A(6/-26)$, $B(-1/16)$.

48. Man stelle die Gleichung der Parabel 3. Ordnung auf, die die Gerade mit der Gleichung $y = 5x - 4$ an der Stelle $x = 1$ und die Gerade mit der Gleichung $y = 17x + 29$ an der Stelle $x = -2$ berührt.

49. Man stelle die Gleichung der Parabel 3. Ordnung auf, die die x-Achse im Ursprung berührt und in $P(3/0)$ unter $45°$ schneidet. Wie groß ist das Flächenstück, das sie mit ihrer Tangente in P einschließt?

50. Eine Parabel 3. Ordnung hat dieselben Nullstellen wie die Parabel mit der Gleichung $y = 2x - \frac{1}{2}x^3$; beide schneiden sich im Ursprung unter einem rechten Winkel. Wie lautet die Gleichung der ersten Parabel?

51. Eine Parabel 3. Ordnung hat mit der Kurve mit der Gleichung $y = \frac{1}{8}x^4 - x$ zwei Nullstellen gemeinsam; in derjenigen mit positiver Abszisse hat sie zugleich einen Wendepunkt, während sie in der andern Nullstelle die gegebene Kurve rechtwinklig schneidet. Wie lautet ihre Gleichung?

52. Wie lautet die Gleichung der Parabel 3. Ordnung, die die x-Achse im Ursprung berührt, sie in $P(6/0)$ schneidet und mit der x-Achse eine Fläche vom Inhalt 36 einschließt?

53. Wie lautet die Gleichung der Parabel 3. Ordnung, die im Ursprung ein Minimum hat, im ersten Quadranten mit der x-Achse ein Flächenstück mit dem Inhalt 36 einschließt und die Gerade $y = 3x$ berührt?

54. Wie lautet die Gleichung der Parabel 3. Ordnung, die im Ursprung eine Wendetangente mit der Gleichung $y = 3x$ hat, und für die die Fläche, die sie im ersten Quadranten mit der x-Achse einschließt, von der Kurve mit der Gleichung $y = x^3$ halbiert wird?

55. Wie lautet die Gleichung der Parabel 3. Ordnung, deren Koeffizienten eine G. F. bilden, während die Gleichung ihrer Wendetangente $12x - y + 26 = 0$ lautet?

56. Wie lautet die Gleichung der Parabel 4. Ordnung, die im Ursprung ein Extremum und im Punkt $P(2/1)$ einen Terrassenpunkt hat?

57. Wie lautet die Gleichung der Parabel 4. Ordnung, die im Ursprung einen Terrassenpunkt und an der Stelle $x = 3$ ein Extremum hat und die x-Achse in einem weiteren Punkt mit der Steigung -8 schneidet?

58. Wie lautet die Gleichung der Parabel 4. Ordnung, die in $A(0/27)$ einen Terrassenpunkt hat und die x-Achse in $B(3/0)$ berührt?

59. Wie lautet die Gleichung der Parabel 4. Ordnung, die im Ursprung einen Terrassenpunkt und in $P(1/1)$ einen Wendepunkt hat?

60. Wie lautet die Gleichung der Parabel 4. Ordnung, die in $P(0/24)$ ein Maximum und an der Stelle $x = 2$ einen Wendepunkt mit der Wendetangentengleichung $20x + y - 40 = 0$ hat?

61. Wie lautet die Gleichung der Parabel 4. Ordnung, die durch den Ursprung und durch $P(2/6)$ geht, an der Stelle $x = -2$ einen Wendepunkt und an der Stelle $x = 1$ einen Terrassenpunkt hat?

62. Die Gleichung der Normalen der Parabel 4. Ordnung mit der Gleichung $y = x^4 + ax^3 + bx^2$ an der Stelle $x = 1$ lautet $x + 12y - 109 = 0$. Man berechne a und b.

63. Eine Parabel 4. Ordnung hat im Ursprung ein Extremum und in $P(2/4)$ einen Wendepunkt, dessen Tangente durch den Ursprung geht. Wie lautet ihre Gleichung?

64. Eine Parabel 4. Ordnung hat im Ursprung einen Terrassenpunkt und schneidet die x-Achse außerdem im Punkt $P(x_0/0)$; die Fläche zwischen der Kurve und der x-Achse hat den Inhalt F. Man stelle ihre Gleichung auf a) für $x_0 = 4$, $F = 12{,}8$, b) für $x_0 = 2$, $F = 8$.

65. Wie lautet die Gleichung der Parabel 4. Ordnung, die durch den Ursprung geht, dort die Steigung 4 hat, die x-Achse zudem bei $x = 2$ mit der Steigung -8 schneidet und zwischen den erwähnten Nullstellen mit der x-Achse eine Fläche mit dem Inhalt 8 einschließt?

66. Wie lautet die Gleichung der zur y-Achse symmetrischen Parabel 4. Ordnung, die in $P(2/0)$ eine Wendetangente mit der Steigung -8 hat?

67. Wie lautet die Gleichung der zur y-Achse symmetrischen Parabel 4. Ordnung, die an der Stelle $x = 4$ ein Extremum und im Punkt $P(6/0)$ die Steigung 30 hat?

68. Wie lautet die Gleichung der zum Ursprung punktsymmetrischen Parabel 5. Ordnung, die im Ursprung die Tangente mit der Gleichung $y = 6x$ und in $P(1/-1)$ einen Wendepunkt hat?

69. Wie lautet die Gleichung der zum Ursprung punktsymmetrischen Parabel 5. Ordnung, die in $P(1/2)$ einen Wendepunkt hat, dessen Tangente durch $Q(0/8)$ geht?

70. Wie lautet die Gleichung der Parabel 5. Ordnung, die im Ursprung und im Punkt $P(1/1)$ je einen Terrassenpunkt hat?

71. Wie lautet die Gleichung der zum Ursprung punktsymmetrischen Parabel 5. Ordnung, die in $P(-2/10)$ eine Wendetangente mit der Steigung 11 hat?

72. Wie lautet die Gleichung der zur y-Achse symmetrischen Parabel 6. Ordnung, die durch den Ursprung geht und in $P(1/1)$ einen Terrassenpunkt hat?

III

73. Aus einem Rechteck mit der Länge 8 cm und der Breite 5 cm erhält man durch Wegschneiden von vier gleichgroßen Quadraten an den Ecken und Auffalten der vorstehenden Rechtecke eine Schachtel ohne Deckel. Wie groß muß die Seite der weggeschnittenen Quadrate sein, damit das Fassungsvermögen der Schachtel maximal ist?

74. Wie hoch ist der einer Kugel mit dem Radius r einbeschriebene Zylinder mit maximaler Mantelfläche?

75. Wie hoch ist der einer Kugel mit dem Radius r einbeschriebene Kegel a) mit maximalem Volumen, b) mit maximaler Mantelfläche?

76. Wie lang ist die Grundkante eines einer Kugel mit dem Radius r einbeschriebenen quadratischen Prismas a) mit maximalem Volumen, b) mit maximaler Mantelfläche?

77. Wie groß ist die Grundlinie eines gleichschenkligen Dreiecks mit maximalem Flächeninhalt, a) wenn die Schenkellänge 1 ist, b) wenn der Umfang 1 ist?

78. Eine oben offene Wasserrinne mit maximalem Fassungsvermögen ist aus drei Brettern von 20 cm Breite herzustellen. Wie breit muß sie oben sein?

79. Der Umfang eines gleichschenkligen Trapezes beträgt 15 cm; die kleinere Parallele 3 cm. Wie lang sind die übrigen Seiten, wenn es maximalen Flächeninhalt haben soll?

80. Einer Halbkugel sei der stehende Zylinder mit maximalem Volumen und der liegende Zylinder mit maximalem Volumen einbeschrieben. Wie verhalten sich ihre Volumina und ihre Mantelflächen?

81. Einer Halbkugel sei der stehende Zylinder mit maximaler Mantelfläche und der liegende Zylinder mit maximaler Mantelfläche einbeschrieben. Wie verhalten sich ihre Volumina und ihre Mantelflächen?

82. Ein reguläres Pyramidenzelt mit maximalem Volumen soll zusammengestellt werden a) aus drei, b) aus vier, c) aus sechs gleichlangen Stäben von der Länge 3 m. Wie hoch ist es?

83. Wie groß ist die Grundkante x und die Höhe h der quadratischen Pyramide mit der Oberfläche 1 m^2 und mit maximalem Volumen?

84. Aus einem Kreis mit dem Radius r ist das Netz der quadratischen Pyramide mit maximalem Volumen auszuschneiden. Wie lang wird ihre Grundkante?

85. Eine Kugel mit dem Radius r wird zentrisch und zylindrisch durchbohrt. Wie groß muß der Bohrradius sein, damit der ringförmige Restkörper maximale Gesamtoberfläche hat?

86. Auf der Oberfläche einer Kugel mit dem Radius r liegt das Zentrum einer zweiten Kugel. Wie groß muß ihr Radius sein, damit der innerhalb der ersten Kugel liegende Teil ihrer Oberfläche maximal ist?

87. Wie groß ist der Grundkreisradius des einem Kegel mit dem Radius r und der Höhe h (mit $h > r$) einbeschriebenen Zylinders a) mit maximalem Volumen, b) mit maximaler Oberfläche?

88. Wie groß ist der Grundkreisradius des Kegels mit gegebener Mantellinie s und maximalem Volumen, und wie groß ist sein Netzwinkel?

89. Eine Strecke mit der Länge s soll in drei Teile zerlegt werden, wobei die beiden äußeren Teile gleich lang sind, so daß die Summe der Volumina der Kugeln mit diesen Teilstrecken als Durchmesser minimal wird. Wie groß sind die äußeren Teilstrecken?

90. Welche Form muß ein zylindrisches Faß mit maximalem Volumen haben, bei dem die Strecke von einem Punkt der Grundkreislinie zum Mittelpunkt der zu ihm diametral liegenden Mantellinie die gegebene Länge l hat? (Faßaufgabe von Kepler[1].)

91. Wie groß ist die Decklinie des Trapezes mit maximalem Flächeninhalt, das einem Halbkreis mit dem Radius 1 so einbeschrieben ist, daß seine Grundlinie die Halbkreisbasis ist?

92. Wie groß ist der Deckkreisradius des Kegelstumpfes mit maximaler Mantelfläche, der einer Halbkugel mit dem Radius 1 so einbeschrieben werden kann, daß seine Grundfläche die Halbkreisbasis ist?

93. Wie groß muß die Grundlinie eines gleichschenkligen Trapezes mit dem Schenkel a und der Decklinie b sein, damit sein Flächeninhalt maximal ist, a) für $a = 3$, $b = 7$, b) für $a = 2$, $b = 7$?

94. Ein gleichschenkliges Trapez mit dem Schenkel a und der Decklinie b rotiert um die Grundlinie. Wie lang muß diese sein, damit das Volumen des entstehenden Rotationskörpers maximal ist, a) für $a = 3$, $b = 2$, b) für $a = 6$, $b = 11$?

95. Einem Kugelsegment mit dem Kugelradius 24 cm und der Höhe 18 cm wird eine quadratische Pyramide mit maximalem Volumen einbeschrieben, so daß die Ecken der Grundfläche auf der Kugelfläche und die Spitze im Zentrum des Basiskreises liegen. Wie hoch ist sie?

96. Wie hoch ist der einem Kugelsegment (mit Kugelradius r und Höhe h) einbeschriebene stehende Zylinder mit maximalem Volumen, a) allgemein, b) für $r = 12$, $h = 9$?

97. Gegeben sei ein Kugelsegment mit dem Basisradius 2 cm und der Höhe 1 cm. Man berechne a) die Höhe des einbeschriebenen stehenden Zylinders mit maximalem Volumen, b) den Grundkreisradius des einbeschriebenen liegenden Zylinders mit maximalem Volumen.

98. Von einer Kugel mit dem Radius 1 wird ein Segment abgeschnitten und auf dem entstehenden Schnittkreis a) eine Halbkugel, b) ein gleichseitiger Zylinder, c) ein gleichseitiger Kegel aufgesetzt. In welchem Abstand vom Kugelzentrum muß der Schnitt geführt werden, damit die Oberfläche des entstehenden Körpers maximal wird?

99. Von einer Kugel mit dem Radius 1 wird ein Segment abgeschnitten und auf dem entstehenden Schnittkreis ein Kegel mit der Höhe 1,6 aufgesetzt. In welchem Abstand vom Kugelzentrum muß der Schnitt geführt werden, damit das Volumen des entstehenden Körpers maximal ist?

100. Vom Ursprung O aus ziehe man den Radius OA zu einem im ersten Quadranten liegenden Punkt A des Kreises mit der Gleichung $x^2 + y^2 = 1$, von A das Lot AB auf die x-Achse und vom Punkt B der x-Achse das Lot BC auf OA. Wie groß muß die Abszisse von A gewählt werden, damit das Dreieck ABC maximalen Flächeninhalt hat?

101. Einer Halbkugel mit dem Radius 1 wird ein Körper einbeschrieben, der aus einem Zylinder mit aufgesetztem Kegel, der den gleichen Radius wie der Zylinder hat,

[1] Johannes Kepler 1571–1630.

besteht. Wie hoch muß dabei der Zylinder sein, damit der Körper maximales Volumen hat?

102. Einer Kugel mit dem Radius 1 wird ein Körper einbeschrieben, der aus einem Zylinder besteht, dem auf einer Seite ein Kegel aufgesetzt ist. Wie groß muß die Zylinderhöhe sein, damit das Volumen des Körpers maximal ist?

103. Einer Halbkugel mit dem Radius 1 wird ein Körper einbeschrieben, der aus einem quadratischen Prisma mit aufgesetzter quadratischer Pyramide besteht. Wie hoch muß dabei das Prisma sein, damit der Körper maximales Volumen hat?

104. Einem Kegel mit dem Grundkreisradius 9 cm und der Höhe 40 cm wird ein Körper einbeschrieben, der aus einem Zylinder und einer aufgesetzten Halbkugel vom gleichen Radius wie der Zylinder, die den Kegelmantel berührt, besteht. Wie groß muß der Zylinderradius sein, a) damit das Volumen des Körpers maximal ist, b) damit sein Mantel (Zylindermantel plus Halbkugel) maximal ist, c) damit seine Gesamtoberfläche maximal ist, d) damit das Volumen des Körpers zusammen mit der oberhalb der Halbkugel einbeschriebenen Kugel maximal ist?

105. Einem Kegel mit dem Grundkreisradius 3 und der Höhe 4 wird ein Zylinder einbeschrieben und in den Restkegel über ihm eine Halbkugel. Wie groß muß der Zylinderradius sein, a) damit das Volumen von Zylinder und Halbkugel zusammen maximal ist, b) damit das Volumen von Zylinder, Halbkugel und der über der Halbkugel einbeschriebenen Kugel maximal ist?

106. Wie groß ist der Radius des Zylinders, der einem Würfel mit der Kantenlänge 1 einbeschrieben ist, dessen Achse auf einer Körperdiagonalen liegt und dessen Volumen maximal ist?

107. Ein Kegel mit dem Grundkreisradius r soll durch eine zu genau einer Mantellinie parallele Ebene so geschnitten werden, daß der Flächeninhalt des entstehenden Parabelsegments maximal ist. In welchem Abstand vom Grundkreiszentrum schneidet sie die Grundkreisebene?

108. Welcher Punkt auf der Parabel mit der gegebenen Gleichung hat vom gegebenen Punkt P den kleinsten Abstand?
a) $y = \frac{1}{4}x^2$, $P(0/3)$, b) $y = \frac{1}{2}x^2$, $P(6/0)$.

109. Welche Punkte der Kurve mit der Gleichung $y = x^3 - 2x$ haben extremale Abstände vom Ursprung?

110. Gegeben ist die Kurve mit der Gleichung $y = ax - x^3$. Zwei zur y-Achse parallele Geraden mit konstantem Abstand b wandern über die Kurve hinweg. Bei welcher positiven Abszisse muß die linke Gerade liegen, damit die Fläche zwischen den Geraden, der Kurve und der x-Achse maximalen Inhalt hat, a) allgemein, b) für $a = 7$, $b = 1$, c) für $a = 13$, $b = 2$?

111. Wie lautet die Gleichung der nach unten geöffneten Parabel mit der Achse auf der y-Achse, die durch den Punkt $P(1/2)$ geht und für die a) das von der x-Achse abgeschnittene Segment minimalen Flächeninhalt hat, b) das Volumen des durch Rotation des oberhalb der x-Achse liegenden Parabelsegments um die x-Achse entstehenden Körpers minimales Volumen hat?

112. Gegeben ist die Parabel mit der Gleichung $y = 1 - ax^2$, wobei $a > 0$ sei. Dem oberhalb der x-Achse liegenden Parabelsegment werden Rechtecke einbeschrieben. a) Man berechne die Abszisse der rechten oberen Ecke des Rechtecks mit maximalem Flächeninhalt. b) Dasselbe für das Rechteck mit maximalem Umfang. c) Wie groß muß a sein, damit diese beiden Rechtecke zusammenfallen?

113. Gegeben ist die Parabel mit der Gleichung $y = 1 - ax^2$, wobei $a > 0$ sei. Dem oberhalb der x-Achse liegenden Parabelsegment wird ein Rechteck, dem über ihm liegen-

den Restsegment ein ihm aufgesetztes gleichschenkliges Dreieck einbeschrieben. Man berechne die Abszisse der rechten oberen Ecke des Rechtecks, so daß die gesamte einbeschriebene Figur maximalen Flächeninhalt hat.

114. Gegeben ist der Kreis mit der Gleichung $y^2 = 8x - x^2$. Man berechne p in der Parabelgleichung $y^2 = 2px$ so, daß das Parabelsegment, das von der dem Kreis und der Parabel gemeinsamen Sehne begrenzt ist, maximalen Flächeninhalt hat.

115. Wie groß ist der Radius des zur Ellipse mit den Halbachsen a und b konzentrischen Kreises, der die Ellipse in möglichst großem Winkel schneidet, und wie groß ist der maximale Schnittwinkel?

116. In welchem Punkt der Ellipse mit der Gleichung $b^2x^2 + a^2y^2 = a^2b^2$ muß man die Normale ziehen, damit diese mit den Koordinatenachsen ein Dreieck von möglichst großer Fläche bildet?

117. Der Ellipse mit der Gleichung $b^2x^2 + a^2y^2 = a^2b^2$ ist ein Rechteck einzubeschreiben, so daß es einen Zylinder von maximalem Volumen liefert, wenn man es um die y-Achse einrollt. Man berechne die Koordinaten seiner rechten oberen Ecke.

118. In welchem Punkt der Ellipse mit der Gleichung $b^2x^2 + a^2y^2 = a^2b^2$ muß die Tangente gezogen werden, damit der Kegel, der durch Rotation des von ihr und den Koordinatenachsen gebildeten Dreiecks um die y-Achse entsteht, minimales Volumen hat?

119. Einem Halbkreis mit dem Radius r ist die Ellipse mit maximalem Flächeninhalt einzubeschreiben. Wie groß sind ihre Halbachsen und wieviel % der Halbkreisfläche macht sie aus? (Wink: Man nehme die obere Hälfte des Kreises mit der Gleichung $x^2 + y^2 = r^2$ und mache für die Ellipsengleichung einen geeigneten Ansatz.)

120. An welcher Stelle hat die Kurve mit der Gleichung $y = x^3 + 3x^2 + 2x + 4$ die kleinste Steigung?

121. An welcher Stelle ist der Graph der Funktion $x \to 2x^3 + 6x^2 + 12x - 5$ am steilsten und wo am wenigsten steil?

122. Für welches x mit $-4 \leqq x < 4$ ist der absolute Betrag der Steigung der Kurve mit der Gleichung $y = \frac{1}{8}x^4 - 3x^2$ maximal?

123. Welcher Punkt $P_0(x_0/y_0)$ der Parabel mit der Gleichung $y = ax^2$ mit $x_0 \geqq 0$ hat vom Punkt $P(0/b)$ minimalen Abstand (wobei $a > 0$, $b > 0$)?

124. Gegeben ist die Parabel mit der Gleichung $y = x^2$ und der Punkt $P_0(0/4)$. Welcher Punkt $P(x/y)$ auf der Parabel mit $0 < x \leqq 2$ hat die Eigenschaft, daß von der Strecke P_0P durch Rotation um die y-Achse eine Fläche extremalen Inhalts überstrichen wird?

125. Ein Kegelstumpf hat den Grundkreisradius R und die Höhe h. Wie groß muß der Deckkreisradius x im Intervall $[0, R]$ gewählt werden, damit die Mantelfläche extremal ist? a) $R = 3$, $h = 2$, b) $R = 9$, $h = 4$.

126. Eine gerade quadratische Pyramide mit der Grundkante $a = 1$ und der Höhe h wird von einer Ebene geschnitten, die durch eine Grundkante geht. In welcher Höhe (senkrecht über der Basis gemessen) muß sie die dieser Grundkante gegenüberliegende Seitenfläche schneiden, damit die Schnittfläche extremal ist, a) allgemein, b) für $h = 2$?

127. An einem schönen Wintertag maß man folgende Temperaturen: 10^{h} $-5°$, 14^{h} $3°$, 16^{h} $2°$, 18^{h} $-5°$. a) Wie hoch war die Temperatur um 12^{h} und wann und wie hoch war das Maximum bei polynomischer Interpolation? b) Dieselben Fragen bei quadratischer Interpolation, wenn die letzte Messung weggelassen wird.

Ergebnisse

1. 4mal.
2. a) steigend in $(-\infty, -4)$ und $(3, \infty)$, fallend in $(-4, 3)$, Linkskurve in $(-\frac{1}{2}, \infty)$, Rechtskurve in $(-\infty, -\frac{1}{2})$.
   b) steigend in $(-2, 0)$ und $(2, \infty)$, fallend in $(-\infty, -2)$ und $(0, 2)$, Linkskurve in $(-\infty, -\sqrt{\frac{4}{3}})$ und $(\sqrt{\frac{4}{3}}, \infty)$, Rechtskurve in $(-\sqrt{\frac{4}{3}}, \sqrt{\frac{4}{3}})$.
3. a) $y=-3x+1$, b) $y=-2x$, c) $y=\pm 8x+8$.
4. a) $P_1(0/0)$, $P_2(4/0)$, $P_3(2/4)$, $P_4(-2/-12)$,
   b) $P_1(1/9)$, $P_2(-3/5)$, $P_3(3/59)$, $P_4(-1/-9)$.
5. $n-2$.
6. Setzt man den Ausdruck gleich $f(x)$, so wird $f'(x)=8x^3+9x^2-12x-5$; die Gleichung $f'(x)=0$ hat die einzige reelle Lösung $x=1$, und $f'(x)$ ist positiv für große x, also ist $f'(x)>0$ für $x>1$; ferner ist $f(1)=0$.
7. a) $y=-ax^3-bx^2-cx-d$, b) $y=-ax^3+bx^2-cx+d$,
   c) $y=ax^3-bx^2+cx-d$.
8. a) $a \leqq -2$, b) $a<-\frac{2}{3}\sqrt{5}$, c) $a \geqq 0$.
9. Das Maximum ist an der Stelle $x_1=\sqrt{\frac{a}{3}}$ zwischen den Nullstellen $x_2=0$ und $x_3=\sqrt{a}$.
10. $b^2<3ac$.
11. $3b^2<8ac$.
12. Die Ableitungsfunktion ist eine ganze rationale Funktion 3. Grades, hat also sicher mindestens eine Nullstelle.
13. a) Je $\frac{1}{4}\left(a+\frac{1}{a}\right)^2$, b) $a=1$.
14. 16.
15. 1 : 3.
16. a) $\frac{1}{\sqrt[3]{\sqrt{2}-1}}=1{,}961$, b) $\sqrt{1+\sqrt{2}}=1{,}554$.
17. a) $a=\pm 2$, b) $a=3$.
18. a) $y=2x^3$, b) $y=\frac{2}{3}x$, c) $y=1-x^4$.
19. a) $x=-\frac{1}{3}$, b) $y=-2x^3+x$, c) $y=\frac{2}{3}x^2+x$, d) $y=1-5x^4$.
20. Für beide Polynome erhält man $a=1$ und nach (4) $p=-3$, also stimmen nach (5) die Gleichungen beider Kurven bezüglich des Koordinatensystems mit dem Ursprung im Wendepunkt miteinander überein. – Andere Methode: Translation der ersten Kurve um den Vektor $\binom{-1}{2}$ ergibt die zweite Kurve.
21. a) 3 Nullstellen ($p=-9, q=8, D=-11$),
    b) 1 Nullstelle ($p=3, q=-4, D=5$),
    c) 2 Nullstellen ($p=-12, q=16, D=0$),
    d) 3 Nullstellen ($p=-12, q=8, D=-48$),
    e) 1 Nullstelle ($p=6$, $q=-20$, $D=108$),
    f) 1 Nullstelle ($p=q=0$, $D=0$),
    g) 1 Nullstelle ($p=0$, $q=1$, $D=\frac{1}{4}$),
    h) 2 Nullstellen ($p=-12$, $q=-16$, $D=0$).
22. Im verschobenen Koordinatensystem folgt aus (5) die Gleichung der Wendetangente $\eta=ap\,\xi$; die Gleichung
    $$a(\xi^3+p\,\xi)=ap\,\xi$$
    hat nur die Lösung $\xi=0$, die dem Wendepunkt entspricht.
23. a) $b^3-4abc+8a^2d=0$, b) $(b^3-4abc+8a^2d=0)\wedge(b=-4ax_0)$.
24. Nach Aufgabe 23 b) oder durch Translation des Koordinatensystems.
25. $a=-8$, $b=16$.
26. Hat z. B. g an der Stelle x_0 ein Maximum und ist f in U monoton fallend, so gibt es eine Umgebung U' von x_0, so daß gilt
    $$g(x)<g(x_0) \quad \text{für } x\in U'-\{x_0\}.$$

Wegen der Stetigkeit von g an der Stelle x_0 gibt es eine Umgebung U'' von x_0, so daß $g(U'') \subset U$; setzen wir $U''' = U' \cap U''$, so gilt

$$F(x) = f\big(g(x)\big) > f\big(g(x_0)\big) = F(x_0) \quad \text{für } x \in U''' - \{x_0\},$$

also hat F an der Stelle x_0 ein Minimum.

27. Setzen wir $g(x) = [f(x)]^2$, so wird
$$g'(x) = 2f(x)f'(x), \; g''(x) = 2f(x)f''(x) + 2[f'(x)]^2,$$
also wegen $f(x_0) = 0$ und $f'(x_0) \neq 0$
$$g'(x_0) = 0 \text{ und } g''(x_0) = 2[f'(x_0)]^2 \neq 0,$$
also hat g an der Stelle x_0 ein Extremum.

28. Setzen wir $g(x) = [f(x)]^2$, so wird
$$g'(x) = 2f(x)f'(x), \; g''(x) = 2f(x)f''(x) + 2[f'(x)]^2,$$
also wegen $f''(x_0) = 0$ und $g''(x_0) = 0$
$$f'(x_0) = 0,$$
also hat f an der Stelle x_0 einen Terrassenpunkt.

29. Es ist $g(x) = \sqrt{x^2 + [f(x)]^2}$; für die Funktion h mit
$$h(x) = [g(x)]^2 = x^2 + [f(x)]^2$$
hat an der Stelle x_0 ein Extremum, also gilt
$$h'(x_0) = 2x_0 + 2f(x_0)f'(x_0) = 0,$$
also $f(x_0)f'(x_0) = -x_0$; und dies ist die Bedingung dafür, daß die Normale in P_0 durch den Ursprung geht.

30. Nullstellen $P_1(0/0)$, $P_2(3/0)$, Maximum $P_3(0/0)$, Minimum $P_4(2/-4)$, Wendepunkt $P_5(1/-2)$.
31. Nullstellen $P_1(0/0)$, $P_{2,3}(\pm 1{,}73/0)$, Maximum $P_4(1/2)$, Minimum $P_5(-1/-2)$, Wendepunkt $P_6(0/0)$.
32. Nullstellen $P_1(0/0)$, $P_2\,(3/0)$, Maximum $P_3(1/4)$, Minimum $P_4(3/0)$, Wendepunkt $P_5(2/2)$.
33. Nullstellen $P_1(0/0)$, $P_{2,3}(\pm 4{,}24/0)$, Maxima $P_{4,5}(\pm 3/9)$, Minimum $P_6(0/0)$, Wendepunkte $P_{7,8}(\pm 1{,}73/5)$.
34. Nullstellen $P_{1,2}(\pm 1/0)$, $P_{3,4}(\pm 2{,}24/0)$, Maximum $P_5(0/5)$, Minima $P_{6,7}(\pm 1{,}73/-4)$, Wendepunkte $P_{8,9}(\pm 1/0)$.
35. Maximum $P_1(0/5{,}5)$, Minima $P_{2,3}(\pm 3/1)$, Wendepunkte $P_{4,5}(\pm 1{,}73/3)$.
36. Nullstellen $P_1(-3/0)$, $P_2(1/0)$, Maximum $P_3(-2/5{,}4)$, Wendepunkt $P_4(-1/3{,}2)$, Terrassenpunkt $P_5(1/0)$.
37. Nullstelle $P_1(0/0)$, Minimum $P_2(0/0)$, Wendepunkte $P_3(1/3{,}5)$, $P_4(2/8)$.
38. Nullstelle $P_1(0/0)$, Minimum $P_2(0/0)$, Wendepunkt $P_3(1/1{,}1)$, Terrassenpunkt $P_4(3/2{,}7)$.
39. Nullstellen $P_1(0/0)$, $P_{2,3}(\pm 2{,}58/0)$, Maximum $P_4(2/8)$, Minimum $P_5(-2/-8)$, Wendepunkte $P_{6,7}(\pm 1{,}41/\pm 4{,}95)$, Terrassenpunkt $P_8(0/0)$.
40. Nullstellen $P_1(0/0)$, $P_{2,3}(\pm 3{,}87/0)$, Maximum $P_4(3/10{,}8)$, Minimum $P_5(-3/-10{,}8)$, Wendepunkte $P_{6,7}(\pm 2{,}12/\pm 6{,}68)$, Terrassenpunkt $P_8(0/0)$.
41. Nullstellen $P_1(1/0)$, $P_2(5/0)$, Maximum $P_3(4/13{,}5)$, Minimum $P_4(1/0)$, Wendepunkt $P_5(3/8)$.
42. $y = -\frac{1}{4}x^3 + \frac{3}{2}x^2$.
43. $y = -x^3 + 3x^2 + 1$.
44. $y = -2x^3 + 6x^2 - 5x$.
45. $y = -x^3 + 9x^2 - 24x + 12$.
46. $y = -\frac{1}{3}x^3 + 4x + 2$.
47. a) $y = \frac{1}{2}x^3 + 3x^2$, b) $y = x^3 - 5x^2 - 12x + 10$.
48. $y = 2x^3 + x^2 - 3x + 1$.
49. $y = \frac{1}{9}x^3 - \frac{1}{3}x^2$, $F = 24$.
50. $y = \frac{1}{8}x^3 - \frac{1}{2}x$.
51. $y = \frac{1}{8}x^3 - \frac{3}{4}x^2 + x$.
52. $y = -\frac{1}{3}x^3 + 2x^2$.

53. $y = -\frac{1}{3}x^3 + 2x^2$.
54. $y = -x^3 + 3x$.
55. $y = 8x^3 + 12x^2 + 18x + 27$.
56. $y = \frac{3}{4}x^4 - 4x^3 + 6x^2$.
57. $y = -\frac{1}{8}x^4 + \frac{1}{2}x^3$.
58. $y = x^4 - 4x^3 + 27$.
59. $y = -x^4 + 2x^3$.
60. $y = \frac{1}{2}x^4 - x^3 - 6x^2 + 24$.
61. $y = \frac{1}{2}x^4 + x^3 - 6x^2 + 7x$.
62. $a = -8, \quad b = 16$.
63. $y = \frac{1}{4}x^4 - \frac{3}{2}x^3 + 3x^2$.
64. a) $y = -\frac{1}{4}x^4 + x^3$, b) $y = -5x^4 + 10x^3$.
65. $y = \frac{15}{4}x^4 - 16x^3 + 15x^2 + 4x$.
66. $y = \frac{1}{8}x^4 - 3x^2 + 10$.
67. $y = \frac{1}{16}x^4 - 2x^2 - 9$.
68. $y = 3x^5 - 10x^3 + 6x$.
69. $y = 3x^5 - 10x^3 + 9x$.
70. $y = 6x^5 - 15x^4 + 10x^3$.
71. $y = -\frac{3}{8}x^5 + 5x^3 - 19x$.
72. $y = x^6 - 3x^4 + 3x^2$.
73. 1 cm.
74. $\sqrt{2}\,r$ (gleichseitiger Zylinder).
75. a) $\frac{4}{3}r$, b) $\frac{4}{3}r$.
76. a) $\frac{2}{3}\sqrt{3}\,r$ (Würfel), b) r.
77. a) $\sqrt{2}$ (halbes Quadrat), b) $\frac{1}{3}$ (gleichseitiges Dreieck).
78. 40 cm (halbes reguläres Sechseck).
79. Je 4 cm.
80. $V_1 : V_2 = 2:1$, $M_1 : M_2 = 1:1$ ($\varrho_1 = \frac{1}{3}\sqrt{6}\,r$, $h_1 = \frac{1}{3}\sqrt{3}\,r$, $\varrho_2 = \frac{1}{6}\sqrt{6}\,r$, $h_2 = \frac{2}{3}\sqrt{3}\,r$).
81. $V_1 : V_2 = 2:1$, $M_1 : M_2 = 1:1$ ($\varrho_1 = \frac{1}{2}\sqrt{2}\,r$, $h_1 = \frac{1}{2}\sqrt{2}\,r$, $\varrho_2 = \frac{1}{4}\sqrt{2}\,r$, $h_2 = \sqrt{2}\,r$).
82. Je $\sqrt{3}$ m = 1,732 m.
83. $x = \frac{1}{2}$ m, $h = \frac{\sqrt{2}}{2}$ m.
84. $0{,}8\,r$.
85. $\frac{r}{2}$.
86. $\frac{4}{3}r$.
87. a) $\frac{2}{3}r$, b) $\frac{rh}{2(h-r)}$.
88. $x = \frac{1}{3}\sqrt{6}\,s$, $\varphi = 293{,}9^\circ$.
89. Je $\frac{s}{3}$.
90. Radius $x = \frac{1}{\sqrt{6}}l$, Höhe $h = \frac{2}{\sqrt{3}}l$, $h : 2x = \sqrt{2}$.
91. 1.
92. $\frac{1}{3}$.
93. a) $x = 9$, b) $x = 8$.
94. a) $x = 4$, b) $x = 13$.
95. 10 cm.
96. a) $\frac{1}{3}(\sqrt{4r^2 - 2rh + h^2} - 2r + 2h)$, b) 5.
97. a) $\frac{1}{3}(\sqrt{21} - 3) = 0{,}5275$ cm, b) $\frac{1}{24}(\sqrt{609} - 15) = 0{,}4032$ cm.
98. a) $\frac{1}{2}$, b) $\frac{1}{5}$, c) $\frac{1}{2}$.
99. 0,6.
100. $\frac{1}{2}$.
101. $\frac{1}{8}(\sqrt{33} - 1) = 0{,}5931$.

102. $\frac{1}{30}(\sqrt{76}-1) = 0{,}2573$.
103. $\frac{1}{6}(\sqrt{13}-1) = 0{,}4343$.
104. a) $\frac{48}{7} = 6{,}857$ cm, b) $\frac{45}{8} = 5{,}625$ cm, c) $\frac{72}{11} = 6{,}545$ cm, d) $\frac{3750000}{497723} = 7{,}534$ cm.
105. a) $\frac{250}{93} = 2{,}688$, b) $\frac{125}{46} = 2{,}717$.
106. $\frac{1}{6}\sqrt{6} = 0{,}4082$.
107. $\frac{r}{2}$.
108. a) $P(\pm 2/1)$, b) $P(2/2)$ (Gleichung 3. Grades).
109. $P_{1,2}(\pm 1/\mp 1)$ rel. Max., $P_{3,4}\left(\pm\sqrt{\frac{5}{3}}/\mp\frac{1}{3}\sqrt{\frac{5}{3}}\right) = P_{3,4}(\pm 1{,}291/\mp 0{,}430)$ rel. Min.
110. a) $x_0 = \frac{1}{6}(\sqrt{12a-3b^2}-3b)$, b) $x_0 = 1$, c) $x_0 = 1$.
111. a) $y = -x^2+3$, b) $y = -\frac{1}{2}x^2+\frac{5}{2}$.
112. a) $x_1 = \sqrt{\frac{1}{3a}}$, b) $x_2 = \frac{1}{a}$, c) $a = 3$.
113. $x = \sqrt{\frac{2}{3a}}$.
114. $p = 1$.
115. $r = \sqrt{\frac{a^2+b^2}{2}}$, $\tan\gamma = \frac{a^2-b^2}{2ab}$.
116. $P_0\left(\frac{\sqrt{2}}{2}a \Big/ \frac{\sqrt{2}}{2}b\right)$.
117. $P_0\left(\frac{\sqrt{6}}{3}a \Big/ \frac{\sqrt{3}}{3}b\right)$.
118. $P_0\left(\frac{\sqrt{6}}{3}a \Big/ \frac{\sqrt{3}}{3}b\right)$.
119. $a = \frac{\sqrt{6}}{3}r$, $b = \frac{\sqrt{2}}{3}r$; 76,98 %.
120. $x = -1$.
121. Am steilsten bei $x = 1$, am wenigsten steil bei $x = -1$.
122. Für $x = \pm 2$ (innere Maxima) und $x = \pm 4$ (Randmaxima).
123. $2ab > 1 : x_0 = \sqrt{\frac{2ab-1}{2a^2}}$ (inneres Minimum), $2ab \leqq 1 : x_0 = 0$ (Randminimum).
124. $x_1 = \sqrt{2} = 1{,}4142$ (relatives inneres Maximum), $x_2 = \sqrt{\frac{8}{3}} = 1{,}6330$ (relatives inneres Minimum), $x_3 = 2$ (Randmaximum).
125. a) $x_1 = 0$ (Randminimum), $x_2 = 3$ (Randmaximum),
$x_3 = 1$ (relatives inneres Maximum), $x_4 = 2$ (relatives inneres Minimum),
b) $x_1 = 8$ (inneres Minimum), $x_2 = 1$ (inneres Maximum),
$x_3 = 0$ (relatives Randminimum), $x_4 = 9$ (relatives Randmaximum).
126. a) $x_{1,2} = \frac{h^3+h\pm\sqrt{h^6-2h^4}}{2h^2+\frac{1}{2}}$ für $h \geqq \sqrt{2}$,
b) $x_1 = 1{,}84198$ (Maximum), $x_2 = 0{,}51096$ (Minimum).
127. a) $12^{\mathrm{h}}\ 0°$, Maximum $14^{\mathrm{h}}\ 37^{\mathrm{m}}\ 08^{\mathrm{s}}\ 3{,}211°$,
b) $12^{\mathrm{h}}\ 0{,}667°$, Maximum $14^{\mathrm{h}}\ 24^{\mathrm{m}}\ 00^{\mathrm{s}}\ 3{,}067°$.

§ 14. Die gebrochene rationale Funktion

1. Kürzung rationaler Funktionsterme

Definition 1: Sind $f(x)$ und $g(x)$ zwei Polynome, und ist $x \to g(x)$ nicht die Nullfunktion, so heißt die Funktion

$$x \to \frac{f(x)}{g(x)}$$

eine *rationale Funktion.*

Der Definitionsbereich einer rationalen Funktion ist die Menge der reellen Zahlen mit Ausnahme der Nullstellen der Funktion $x \to g(x)$; diese sind *Definitionslücken* der Funktion. Nach Satz 6 von § 9 ist eine rationale Funktion im ganzen Definitionsbereich stetig.

Haben die Polynome $f(x)$ und $g(x)$ einen gemeinsamen Teiler $a(x)$, d.h. gibt es Polynome $a(x)$, $b(x)$ und $c(x)$, so daß gilt

$$f(x) = a(x)\, b(x), \quad g(x) = a(x)\, c(x),$$

so kann der Funktionsterm $\frac{f(x)}{g(x)}$ *gekürzt* werden [wobei man von eigentlicher Kürzung nur spricht, wenn $a(x)$ von mindestens erstem Grad ist], denn es gilt

$$\frac{f(x)}{g(x)} = \frac{b(x)}{c(x)} \quad \text{für alle } x \text{ mit } g(x) \neq 0.$$

Die «gekürzte Funktion» $x \to \frac{b(x)}{c(x)}$ ist stetig für jedes x mit $c(x) \neq 0$ und ist daher eine stetige Fortsetzung der ursprünglichen Funktion in die Stellen x hinein mit $c(x) \neq 0 \wedge a(x) = 0$ (sofern solche Stellen x existieren).

Beispiel 1: Die rationale Funktion

$$x \to \frac{x^3 - x^2}{x^3 - 2x^2 + x} = \frac{x^2(x-1)}{x(x-1)^2}$$

hat die Definitionslücken $x = 0$ und $x = 1$; die gekürzte Funktion

$$x \to \frac{x}{x-1}$$

hat nur noch die Definitionslücke $x = 1$; sie stimmt mit der gegebenen Funktion überein, außer für $x = 0$; an der Stelle $x = 0$ ist sie die stetige Fortsetzung der ursprünglichen Funktion, denn

$$\lim_{x \to 0} \frac{x^3 - x^2}{x^3 - 2x^2 + x} = \lim_{x \to 0} \frac{x}{x-1} = 0.$$

Um den Funktionsterm $\frac{f(x)}{g(x)}$ *vollständig zu kürzen*, muß man den größten gemeinsamen Teiler der Polynome $f(x)$ und $g(x)$ finden. Dazu hat man, sofern man keine Zerlegung dieser Polynome in Faktoren zur Verfügung hat, den *Euklidischen Algorithmus* mit diesen Polynomen auszuführen (ebenso wie mit zwei Zahlen, siehe § 6). Dies ist möglich nach Formel (4) von § 5, wobei der Grad des Restpolynoms sukzessive abnimmt, bis man die Nullfunktion erhält. Der letzte von der Nullfunktion verschiedene Rest ist der größte gemeinsame Teiler von $f(x)$ und $g(x)$; ist dieser eine konstante Funktion, so kann die Funktion $\frac{f(x)}{g(x)}$ keiner eigentlichen Kürzung unterworfen werden (mit einer Zahl kann ja stets gekürzt werden); andernfalls kann die Funktion so gekürzt werden, daß die Grade von $f(x)$ und $g(x)$ niedriger werden. Gegenüber dem Euklidischen Algorithmus mit Zahlen ist noch zu beachten, daß man, um einfachere Koeffizienten zu erhalten, die Polynome mit beliebigen von 0 verschiedenen Zahlen multiplizieren kann; denn ist $g(x)$ ein Teiler von $f(x)$, so ist auch jedes Vielfache $u \cdot g(x)$ von $g(x)$ mit $u \neq 0$ ein Teiler jedes Vielfachen $v \cdot f(x)$ von $f(x)$ mit $v \neq 0$, so daß also Polynome, die durch Multiplikation mit von 0 verschiedenen Faktoren auseinander hervorgehen, nur als unwesentlich verschieden betrachtet werden.

Beispiel 2: Bei der Funktion

$$x \to \frac{x^4 - x^3 - 15x^2 + 19x - 4}{x^4 + 4x^3 - 7x^2 - 22x + 24}$$

hat man nicht unmittelbar eine Zerlegung der beiden Polynome zur Verfügung. Deshalb führen wir den Euklidischen Algorithmus aus:

$$\begin{array}{l}
(x^4 - x^3 - 15x^2 + 19x - 4) : (x^4 + 4x^3 - 7x^2 - 22x + 24) = 1, \\
\underline{x^4 + 4x^3 - 7x^2 - 22x + 24} \qquad \text{Rest } -5x^3 - 8x^2 + 41x - 28 \\
\quad -5x^3 - 8x^2 + 41x - 28
\end{array}$$

$$\begin{array}{l}
(x^4 + 4x^3 - 7x^2 - 22x + 24) : (-5x^3 - 8x^2 + 41x - 28) = -\frac{1}{5}x - \frac{12}{25}, \\
\underline{x^4 + \frac{8}{5}x^3 - \frac{41}{5}x^2 + \frac{28}{5}x} \qquad \text{Rest } -\frac{66}{25}x^2 - \frac{198}{25}x + \frac{264}{25}. \\
\quad \frac{12}{5}x^3 + \frac{6}{5}x^2 - \frac{138}{5}x + 24 \\
\quad \underline{\frac{12}{5}x^3 + \frac{96}{25}x^2 - \frac{492}{25}x + \frac{336}{25}} \\
\qquad -\frac{66}{25}x^2 - \frac{198}{25}x + \frac{264}{25}
\end{array}$$

Um einfachere Zahlen zu erhalten, multiplizieren wir den letzten Rest mit $-\frac{25}{66}$ und erhalten $x^2 + 3x - 4$; somit setzt sich das Verfahren wie folgt fort:

$$\begin{array}{l}
(-5x^3 - 8x^2 + 41x - 28) : (x^2 + 3x - 4) = -5x + 7, \qquad \text{Rest } 0 \\
\underline{-5x^3 - 15x^2 + 20x} \\
\quad 7x^2 + 21x - 28 \\
\quad \underline{7x^2 + 21x - 28} \\
\qquad 0
\end{array}$$

Der größte gemeinsame Teiler der beiden Polynome ist also $x^2 + 3x - 4$; dividieren wir Zähler und Nenner durch ihn, so erhalten wir

$$\begin{array}{l}
(x^4 - x^3 - 15x^2 + 19x - 4) : (x^2 + 3x - 4) = x^2 - 4x + 1, \qquad \text{Rest } 0 \\
\underline{x^4 + 3x^3 - 4x^2} \\
\quad -4x^3 - 11x^2 + 19x - 4 \\
\quad \underline{-4x^3 - 12x^2 + 16x} \\
\qquad x^2 + 3x - 4 \\
\qquad \underline{x^2 + 3x - 4} \\
\qquad 0
\end{array}$$

$$\begin{array}{l}
(x^4 + 4x^3 - 7x^2 - 22x + 24) : (x^2 + 3x - 4) = x^2 + x - 6, \qquad \text{Rest } 0 \\
\underline{x^4 + 3x^3 - 4x^2} \\
\quad x^3 - 3x^2 - 22x + 24 \\
\quad \underline{x^3 + 3x^2 - 4x} \\
\qquad -6x^2 - 18x + 24 \\
\qquad \underline{-6x^2 - 18x + 24} \\
\qquad 0
\end{array}$$

Also ist

$$x \to \frac{x^2-4x+1}{x^2+x-6}$$

die vollständig gekürzte Funktion.

Definition 2: Eine von der Nullfunktion verschiedene rationale Funktion heißt eine *gebrochene rationale Funktion,* wenn nach vollständiger Kürzung das Nennerpolynom mindestens vom ersten Grade ist.

Eine nicht gebrochene rationale Funktion stimmt also, eventuell abgesehen von endlich vielen Definitionslücken, mit einer ganzen rationalen Funktion überein.

Beispiel 3: Die Funktion $x \to \frac{x^2-1}{2x-2}$ ist keine gebrochene rationale Funktion, weil die gekürzte Funktion

$$x \to \frac{x+1}{2} = \frac{1}{2}x + \frac{1}{2}$$

eine ganze rationale Funktion ist.

Definition 3: Eine *echt-gebrochene rationale Funktion* ist eine gebrochene rationale Funktion, bei der der Grad des Zählerpolynoms kleiner als der Grad des Nennerpolynoms ist.

Führt man den Divisionsalgorithmus mit den Polynomen $f(x)$ und $g(x)$ nur einmal aus, so sieht man, daß gilt:

Satz 1: Jede gebrochene rationale Funktion ist die Summe einer ganzen und einer echt-gebrochenen rationalen Funktion.

Beispiel 4: Für die Funktion $x \to \frac{2x^3+x^2}{-x^2+3}$ erhält man durch Ausdividieren

$$(2x^3+x^2):(-x^2+3) = -2x-1, \quad \text{Rest } 6x+3$$

also die Zerlegung

$$\frac{2x^3+x^2}{-x^2+3} = -2x-1+\frac{6x+3}{-x^2+3} \quad \text{für } -x^2+3 \neq 0.$$

Wir betrachten von nun an nur noch vollständig gekürzte gebrochene rationale Funktionen $x \to \frac{f(x)}{g(x)}$. Dann haben Zähler- und Nennerpolynom keine gemeinsame Nullstelle; denn wäre x_1 eine solche, so gäbe es Polynome $f_1(x)$ und $g_1(x)$ mit

$$f(x) = (x-x_1)\, f_1(x), \quad g(x) = (x-x_1)\, g_1(x),$$

so daß die Funktion ja gekürzt werden könnte [dagegen folgt daraus, daß $f(x)$ und $g(x)$ keine gemeinsame Nullstelle haben, nicht, daß die Funktion gekürzt ist].

2. Null- und Unendlichkeitsstellen rationaler Funktionen

Die einfachsten gebrochenen rationalen Funktionen sind die Funktionen

$$x \to x^{-n} = \frac{1}{x^n}$$

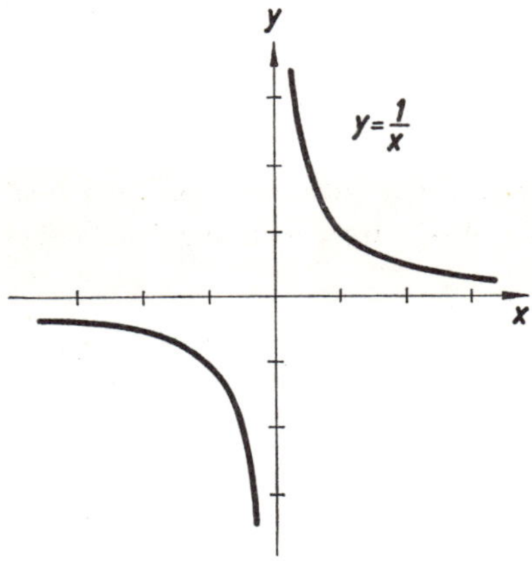

Fig. 1

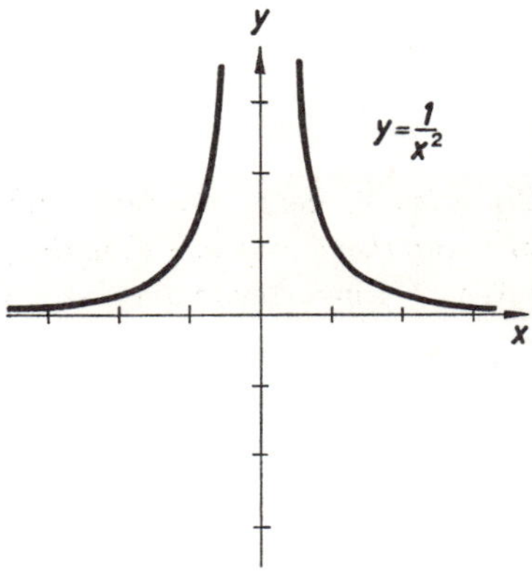

Fig. 2

mit $n \in \mathbb{N}$. In Fig. 1, 2 und 3 sind ihre Graphen für $n = 1, 2$ und 3 dargestellt. Die Funktion $x \to \frac{a}{x}$ mit $a \neq 0$ heißt eine «*umgekehrte Proportionalität*». Diese einfachen Funktionen zeigen, daß gegenüber den ganzen rationalen Funktionen neue Erscheinungen auftreten (nämlich Unendlichkeitsstellen und Asymptoten). Vorerst wollen wir den Begriff der Nullstelle n. Ordnung (vgl. § 5 für ganze rationale Funktionen) verallgemeinern und den Begriff der Unendlichkeitsstelle n. Ordnung definieren.

Definition 4: Eine Funktion F hat an der Stelle x_0 im Innern ihres Definitionsbereichs eine *Nullstelle n. Ordnung*, wenn $F(x)$ in einer Umgebung von x_0 in der Form

$$F(x) = (x - x_0)^n \, G(x)$$

dargestellt werden kann, wobei G an der Stelle x_0 stetig ist und $G(x_0) \neq 0$ ist.

Definition 5: Eine Definitionslücke x_0 einer Funktion F heißt eine *Unendlichkeitsstelle* von F, wenn gilt

$$\lim_{x \uparrow x_0} F(x) = \pm \infty \quad \text{oder} \quad \lim_{x \downarrow x_0} F(x) = \pm \infty .$$

Definition 6: Eine Definitionslücke x_0 einer Funktion F heißt eine *Unendlichkeitsstelle n. Ordnung*, wenn für eine Umgebung U von x_0 gilt

$$F(x) = \frac{G(x)}{(x - x_0)^n} \quad \text{für} \quad x \in U - \{x_0\},$$

wobei G an der Stelle x_0 stetig ist und $G(x_0) \neq 0$ ist.

Folgerungen: 1. Eine gekürzte rationale Funktion $x \to \frac{f(x)}{g(x)}$ hat genau dann an der Stelle x_0 eine Nullstelle n. Ordnung, wenn $f(x)$ an dieser Stelle eine Nullstelle n. Ordnung hat, und genau dann an der Stelle x_0 eine Unendlichkeitsstelle n. Ordnung, wenn $g(x)$ an dieser Stelle eine Nullstelle n. Ordnung hat.

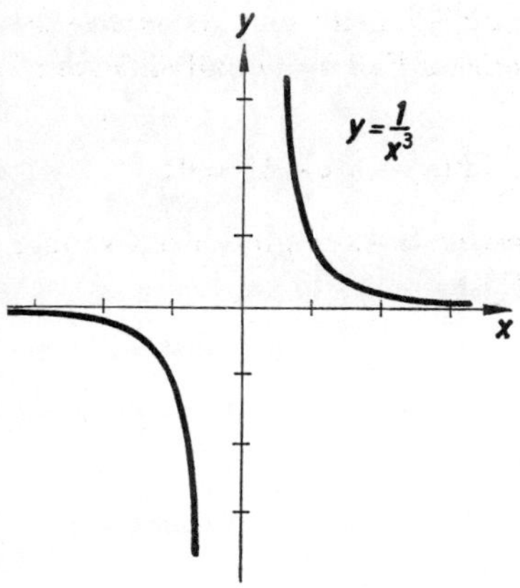

Fig. 3

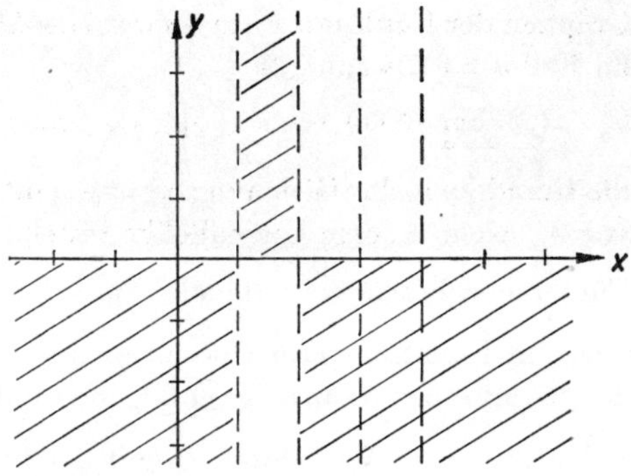

Fig. 4

2. Hat eine Funktion F an der Stelle x_0 eine Nullstelle n. Ordnung, so kann sie in der Nähe von x_0 nach Definition 4 durch die Funktion

$$x \to (x - x_0)^n \, G(x_0)$$

approximiert werden; hat sie eine Unendlichkeitsstelle n. Ordnung, so kann sie in der Nähe von x_0 nach Definition 6 durch die Funktion

$$x \to \frac{G(x_0)}{(x - x_0)^n}$$

approximiert werden. Deshalb *wechselt* bei einer Nullstelle und bei einer Unendlichkeitsstelle *ungerader Ordnung* der Funktionswert das Vorzeichen, während bei *gerader Ordnung* das Vorzeichen in der Nähe von x_0 *gleich bleibt* (vgl. Fig. 1, 2 und 3, wo wir an der Stelle 0 eine Unendlichkeitsstelle 1., 2. bzw. 3. Ordnung haben).

Beispiel 5: Die Funktion $x \to F(x) = \dfrac{(x-1)^3\,(x-3)^2}{(x-2)\,(x-4)^4}$ hat die Nullstelle 3. Ordnung $x_1 = 1$, die Nullstelle 2. Ordnung $x_2 = 3$, die Unendlichkeitsstelle 1. Ordnung $x_3 = 2$ und die Unendlichkeitsstelle 4. Ordnung $x_4 = 4$. Berücksichtigt man, daß gilt $F(x) > 0$ für $x > 4$, und ferner die Vorzeichenwechsel bei den Null- und Unendlichkeitsstellen, so lassen sich die «verbotenen Gebiete» einzeichnen, in denen der Graph der Funktion nicht verlaufen kann (schraffiert in Fig. 4).

3. Asymptoten

Aus Fig. 1 bis 3 entnehmen wir, daß es Geraden gibt, denen sich der Graph der Funktion immer mehr anschmiegt, je weiter wir ins Unendliche gehen. Eine solche Gerade heißt eine *Asymptote* der Kurve. Der Name «Asymptote» (von griechisch «a-sympiptein» = nicht zusammenfallen) ist nicht kennzeichnend, denn in Fig. 2 fällt doch z. B. die Gerade mit der Gleichung $y = -1$ ebenso nicht mit der Kurve zusammen, und anderseits kann eine Kurve ihre Asymptote sogar unendlich oft schneiden oder berühren.

Definition 7: Die Gerade mit der Gleichung $y = ax + b$ heißt eine *Asymptote* des Graphen der Funktion F (und zwar eine *horizontale* im Fall $a = 0$ und eine *schiefe* im Fall $a \neq 0$), wenn gilt

$$\lim_{x \to \infty} [F(x) - ax - b] = 0 \quad \text{oder} \quad \lim_{x \to -\infty} [F(x) - ax - b] = 0;$$

die Gerade mit der Gleichung $x = x_0$ heißt eine *vertikale* Asymptote des Graphen von F, wenn x_0 eine Unendlichkeitsstelle von F ist.

Für eine gebrochene rationale Funktion $x \to F(x) = \dfrac{f(x)}{g(x)}$ mit vollständig gekürztem Funktionsterm treten nun je nach dem Grad m des Zählers $f(x)$ und dem Grad n des Nenners $g(x)$ folgende Fälle auf:

1. Fall: $m < n$. Wir «kürzen» mit der höchsten Potenz von x (also mit x^n).

Beispiel 6: Für die Funktion $x \to F(x) = \dfrac{3x + 2}{2x^2 + x + 1}$ wird

$$F(x) = \frac{\frac{3}{x} + \frac{2}{x^2}}{2 + \frac{1}{x} + \frac{1}{x^2}} \quad \text{für } x \neq 0,$$

also nach den Sätzen über Grenzwerte von Funktionen

$$\lim_{x \to \pm\infty} F(x) = 0$$

(denn die Glieder $\frac{3}{x}$, $\frac{2}{x^2}$, $\frac{1}{x}$ und $\frac{1}{x^2}$ werden beliebig klein). Das bedeutet, daß die x-Achse eine *(horizontale) Asymptote* ist.

2. Fall: $m = n$. Wir wenden dasselbe Verfahren an.

Beispiel 7: Für die Funktion $x \to F(x) = \dfrac{4x^2 - x + 2}{-2x^2 + 4x + 1}$ wird

$$F(x) = \frac{4 - \frac{1}{x} + \frac{2}{x^2}}{-2 + \frac{4}{x} + \frac{1}{x^2}} \quad \text{für } x \neq 0,$$

also

$$\lim_{x \to \pm\infty} F(x) = \frac{4}{-2} = -2.$$

Das bedeutet, daß wir eine *horizontale Asymptote* mit der Gleichung

$$y = -2$$

haben (ihre Höhe über der x-Achse ist allgemein gleich dem Quotienten der Koeffizienten der Glieder von $f(x)$ und $g(x)$ mit dem höchsten Exponenten).

3. Fall: $m = n + 1$. Die Anwendung desselben Verfahrens zeigt jetzt nur, daß gilt

$$\lim_{x \to \pm\infty} |F(x)| = \infty,$$

was noch nichts über die Existenz einer Asymptoten aussagt. Hier führt der Divisionsalgorithmus zum Ziel, der eine Zerlegung der Funktion in eine lineare Funktion und eine gebrochene rationale Funktion mit $m < n$ liefert.

Beispiel 8: Für die Funktion $x \to F(x) = \dfrac{2x^3 + x^2}{-x^2 + 3}$ erhält man durch Ausdividieren

$$F(x) = -2x - 1 + \frac{6x+3}{-x^2+3} \quad \text{für} \quad -x^2 + 3 \neq 0.$$

Somit gilt

$$\lim_{x \to \pm\infty} [F(x) - (-2x-1)] = \lim_{x \to \pm\infty} \frac{6x+3}{-x^2+3} = 0;$$

also ist die Gerade mit der Gleichung

$$y = -2x - 1$$

eine *(schiefe) Asymptote.*

4. Fall: $m > n+1$. In diesem Fall führt das Ausdividieren zur Zerlegung in eine ganze rationale Funktion von mindestens 2. Grade und eine gebrochene rationale Funktion mit $m < n$; wir haben also keine schiefe Asymptote, aber eine sogenannte «*asymptotische Kurve*».

Beispiel 9: Für die Funktion $x \to F(x) = \dfrac{4x^4 - 8x^3}{2x^2 + 1}$ erhält man durch Ausdividieren

$$F(x) = 2x^2 - 4x - 1 + \frac{4x+1}{2x^2+1} \quad \text{für alle } x \text{ mit } x \in \mathbb{R},$$

also

$$\lim_{x \to \pm\infty} [F(x) - (2x^2 - 4x - 1)] = \lim_{x \to \pm\infty} \frac{4x+1}{2x^2+1} = 0;$$

also ist die Parabel mit der Gleichung

$$y = 2x^2 - 4x - 1$$

eine «asymptotische Kurve», der sich der Graph der Funktion $x \to F(x)$ gegen das Unendliche hin beliebig genau annähert.

4. Die Ableitung der gebrochenen rationalen Funktion

Satz 2 (Quotientenregel): Sind die Funktionen f und g an der Stelle x differenzierbar und ist $g(x) \neq 0$, so ist auch die Funktion

$$x \to F(x) = \frac{f(x)}{g(x)}$$

an dieser Stelle differenzierbar, und es ist

$$F'(x) = \frac{g(x)f'(x) - f(x)g'(x)}{[g(x)]^2}.$$

Beweis: Führen wir die Differenzen

$$\Delta x = x - x_0,\ \Delta u = f(x) - f(x_0),\ \Delta v = g(x) - g(x_0),\ \Delta y = F(x) - F(x_0)$$

ein, so gilt

$$\Delta y = \frac{f(x)}{g(x)} - \frac{f(x_0)}{g(x_0)} = \frac{f(x_0) + \Delta u}{g(x_0) + \Delta v} - \frac{f(x_0)}{g(x_0)}$$

$$= \frac{g(x_0)[f(x_0) + \Delta u] - [g(x_0) + \Delta v] f(x_0)}{[g(x_0) + \Delta v]\, g(x_0)} = \frac{g(x_0)\Delta u - f(x_0)\Delta v}{[g(x_0) + \Delta v]\, g(x_0)},$$

also

$$\frac{\Delta y}{\Delta x} = \frac{g(x_0)\frac{\Delta u}{\Delta x} - f(x_0)\frac{\Delta v}{\Delta x}}{[g(x_0) + \Delta v]\, g(x_0)}.$$

Also wird wegen $\lim\limits_{\Delta x \to 0} \frac{\Delta u}{\Delta x} = f'(x_0)$, $\lim\limits_{\Delta x \to 0} \frac{\Delta v}{\Delta x} = g'(x_0) \neq 0$ und $\lim\limits_{\Delta x \to 0} \Delta v = 0$

$$F'(x_0) = \lim_{\Delta x \to 0} \frac{\Delta y}{\Delta x} = \frac{g(x_0)\, f'(x_0) - f(x_0)\, g'(x_0)}{[g(x_0)]^2}.$$

Folgerung: Jede gebrochene rationale Funktion ist auf ihrem gesamten Definitionsbereich differenzierbar.

Beispiel 10: Für die Funktion $x \to \frac{3x-1}{x^2}$ erhält man die Ableitungsfunktion

$$x \to \frac{x^2 \cdot 3 - (3x-1) \cdot 2x}{x^4} = \frac{-3x^2 + 2x}{x^4} = \frac{-3x+2}{x^3}, \quad x \neq 0.$$

Im Gegensatz zur ganzen rationalen Funktion erhält man also durch Ableitung eine kompliziertere Funktion.

Beispiel 11: Um die Ableitung in der gekürzten Form zu erhalten, hat man oft Satz 10 von § 12 anzuwenden: Für die Funktion $x \to F(x) = \frac{x-1}{(x^2+4)^4}$ erhält man

$$F'(x) = \frac{(x^2+4)^4 \cdot 1 - (x-1) \cdot 4(x^2+4)^3 \cdot 2x}{(x^2+4)^8};$$

durch Kürzung mit $(x^2+4)^3$ erhält man

$$F'(x) = \frac{(x^2+4) - (x-1)\,8x}{(x^2+4)^5} = \frac{-7x^2 + 8x + 4}{(x^2+4)^5}.$$

Dabei hat die gekürzte Ableitung stets denselben Definitionsbereich wie die ungekürzte, sofern der ursprüngliche Funktionsterm $F(x)$ gekürzt ist.

Als unmittelbare Folgerungen ergeben sich die beiden folgenden Sätze:

Satz 3 (Reziprokenregel): Für $F(x) = \frac{1}{g(x)}$ ist

$$F'(x) = \frac{-g'(x)}{[g(x)]^2}.$$

Beweis direkt aus Satz 2 mit $f(x) = 1$, also $f'(x) = 0$.

Beispiel 12: Für $F(x) = \frac{3}{x^2 - x}$ erhält man

$$F'(x) = 3 \cdot \frac{-2x+1}{(x^2-x)^2} = \frac{-6x+3}{(x^2-x)^2}.$$

Satz 4: Die Ableitungsregel für die Potenzfunktion (Satz 3 von § 12) gilt für beliebige ganzzahlige Exponenten, d.h. die Funktion $x \to x^p$, $x \neq 0$ (mit $p \in \mathbb{Z}$) hat die Ableitungsfunktion

$$x \to p\,x^{p-1}, \quad x \neq 0.$$

Beweis: Ist $p \in \mathbb{Z}$, so gibt es zwei natürliche Zahlen m und n mit $p = m - n$, also gilt für $F(x) = x^p = x^{m-n} = \frac{x^m}{x^n}$ nachdem obigen Satz 2 und nach Satz 3 von § 12

$$F'(x) = \frac{x^n \cdot m x^{m-1} - x^m \cdot n x^{n-1}}{(x^n)^2}$$
$$= (m-n)\,\frac{x^{m+n-1}}{x^{2n}} = (m-n)\,x^{m-n-1} = p\,x^{p-1} \quad \text{für } x \neq 0.$$

Beispiel 13: Für $F(x) = \frac{2}{x^6}$ ist $F(x) = 2x^{-6}$, also nach Satz 4

$$F'(x) = 2(-6)x^{-7} = -\frac{12}{x^7}.$$

5. Untersuchung gebrochener rationaler Funktionen

Bei der Untersuchung gebrochener rationaler Funktionen zum Zwecke, eine Skizze des Graphen herzustellen, kommt jetzt zur Bestimmung der ausgezeichneten Punkte noch die Bestimmung der Unendlichkeitsstellen und der Asymptoten hinzu. Damit man nicht zuviele Rechnungen auszuführen hat, wird hier ausschließlich die Untersuchung solcher gebrochener rationaler Funktionen verlangt, bei denen bei den Nullstellen der zweiten Ableitung stets Wendepunkte vorkommen; ferner kann bei einem Extremum ohne Berechnung der zweiten Ableitung entschieden werden, ob ein Maximum oder ein Minimum vorliegt, da sich dies bei der Skizzierung zeigt.

Beispiel 14: Man untersuche die Funktion $x \to F(x) = \frac{12}{x^2+3}$.

a) Null- und Unendlichkeitsstellen: Die Gleichung

$$F(x) = \frac{12}{x^2+3} = 0$$

hat keine Lösung, weil sonst $12 = 0$ folgen würde. Also hat die Funktion keine Nullstellen. Da die Gleichung $x^2+3=0$ ebenfalls keine reelle Lösung hat, gibt es keine Unendlichkeitsstellen.

b) Extrema: Es wird

$$F'(x) = \frac{(x^2+3)\cdot 0 - 12\cdot 2x}{(x^2+3)^2} = \frac{-24x}{(x^2+3)^2}.$$

Die Gleichung $F'(x)=0$ liefert $-24x=0$, also die Lösung

$$x_1 = 0, \quad F(x_1) = 4.$$

c) Wendepunkte: Es wird

$$F''(x) = \frac{(x^2+3)^2(-24) - (-24x)2(x^2+3)2x}{(x^2+3)^4}$$

$$= \frac{(x^2+3)(-24) + 24x\cdot 4x}{(x^2+3)^3} = \frac{72x^2-72}{(x^2+3)^3}.$$

Die Gleichung $F''(x)=0$ liefert $72x^2-72=0$, also die Lösungen

$$x_2 = 1 \text{ und } x_3 = -1 \quad \text{mit} \quad F(x_2) = F(x_3) = 3.$$

Diese Lösungen geben die Wendepunkte und zeigen ferner, daß an der Stelle x_1 wirklich ein Extremum vorliegt.

d) Asymptoten: Da es keine Unendlichkeitsstellen gibt, gibt es keine vertikalen Asymptoten. Da $m=0$ und $n=2$ ist, ist die x-Achse eine Asymptote.

e) Skizze (Fig. 5): Um den Graphen genauer zu zeichnen, berechnen wir z.B. $F(\pm 3)=1$.

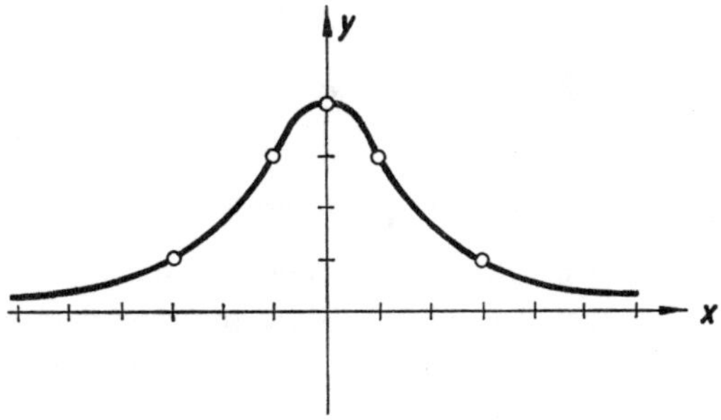

Fig. 5

Beispiel 15: Man untersuche die Funktion $x \to F(x) = \frac{x^2+4}{x^2-4}$.

a) Null- und Unendlichkeitsstellen: Aus $F(x) = 0$ folgt $x^2 + 4 = 0$; da diese Gleichung keine reelle Lösung hat, hat F keine Nullstellen. Aus $x^2 - 4 = 0$ erhält man die Unendlichkeitsstellen $x_1 = 2$ und $x_2 = -2$.

b) Extrema: Es wird

$$F'(x) = \frac{(x^2-4)\,2x - (x^2+4)\,2x}{(x^2-4)^2} = \frac{-16x}{(x^2-4)^2}.$$

Aus $F'(x) = 0$ folgt also $-16x = 0$, also

$$x_3 = 0, \quad F(x_3) = -1.$$

c) Wendepunkte: Es wird

$$F''(x) = \frac{(x^2-4)^2(-16) - (-16x)\,2(x^2-4)\,2x}{(x^2-4)^4} = \frac{(x^2-4)(-16) + 16x \cdot 4x}{(x^2-4)^3} = \frac{48x^2+64}{(x^2-4)^3}.$$

Aus $F''(x) = 0$ folgt also $48x^2 + 64 = 0$; da diese Gleichung keine reelle Lösung hat, gibt es keine Wendepunkte.

d) Asymptoten: Wir haben vertikale Asymptoten mit den Gleichungen $x = 2$ und $x = -2$. Da $m = 2$ und $n = 2$, gibt es eine horizontale Asymptote mit der Gleichung $y = 1$.

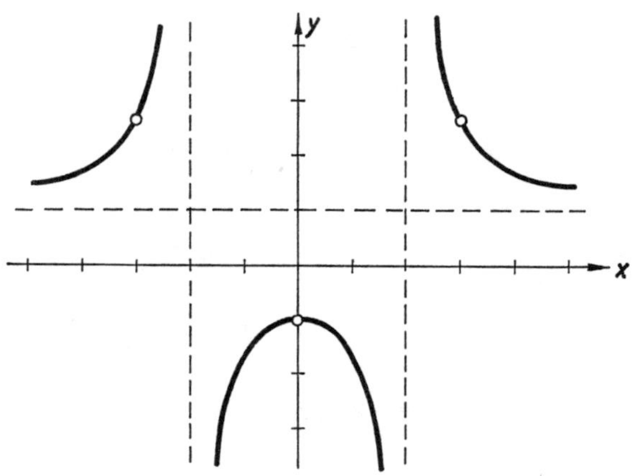

Fig. 6

e) Skizze (Fig. 6, Asymptoten gestrichelt): Da wenige ausgezeichnete Punkte erhalten wurden, bietet das Zeichnen des Graphen gewisse Schwierigkeiten. Das Extremum an der Stelle $x=0$ kann kein Minimum sein, weil sonst Nullstellen oder weitere Extrema vorhanden wären. Rechts von der Stelle $x=2$ und links von der Stelle $x=-2$ kann der Graph nur oberhalb der horizontalen Asymptoten verlaufen, da sonst Nullstellen auftreten müßten. Zur genaueren Konstruktion oder bei Unsicherheit kann man weitere Funktionswerte berechnen, z.B. $F(\pm 3) = 2{,}6$. Eine andere einfache Methode besteht darin, die «verbotenen Gebiete» zu bestimmen (vgl. Beispiel 5).

Beispiel 16: Man untersuche die Funktion $x \to F(x) = \dfrac{x^2-3x}{x+1}$.

a) Null- und Unendlichkeitsstellen: Die Gleichung $x^2-3x=0$ liefert die Nullstellen $x_1=0$ und $x_2=3$ und die Gleichung $x+1=0$ die Unendlichkeitsstelle $x_3=-1$.

b) Extrema: Es ist

$$F'(x) = \frac{(x+1)(2x-3)-(x^2-3x)1}{(x+1)^2} = \frac{x^2+2x-3}{(x+1)^2};$$

die Gleichung $x^2+2x-3=0$ hat die Lösungen

$$x_4=1 \text{ und } x_5=-3 \text{ mit } F(x_4)=-1 \text{ und } F(x_5)=-9.$$

c) Wendepunkte: Es ist

$$F''(x) = \frac{(x+1)^2(2x+2)-(x^2+2x-3)2(x+1)1}{(x+1)^4}$$

$$= \frac{(x+1)(2x+2)-(x^2+2x-3)2}{(x+1)^3} = \frac{8}{(x+1)^3};$$

da die Gleichung $F''(x)=0$ keine Lösung hat, gibt es keine Wendepunkte.

d) Asymptoten: Wir haben eine vertikale Asymptote mit der Gleichung $x=-1$. Wegen $m=2$ und $n=1$ dividieren wir:

$$(x^2-3x):(x+1) = x-4, \quad \text{Rest } 4,$$

also gibt es eine schiefe Asymptote mit der Gleichung $y=x-4$.

e) Skizze (Fig. 7, Asymptoten gestrichelt).

Beispiel 17: Auf welcher Geraden durch den Punkt $P(8/1)$ hat das von den Koordinatenachsen abgeschnittene, im ersten Quadranten liegende Stück minimale Länge? Wir wählen den Abschnitt $\overline{OA}$ als Variable x (also gilt $x>0$) und drücken $\overline{AB}$ durch x aus (Fig. 8). Zunächst wird (mit $\overline{OB}=h$)

$$\overline{AB} = \sqrt{x^2+h^2},$$

worin noch h durch x ausgedrückt werden muß; nach dem zweiten Strahlensatz ist aber

$$\overline{QP}:\overline{OA} = \overline{BQ}:\overline{BO},$$

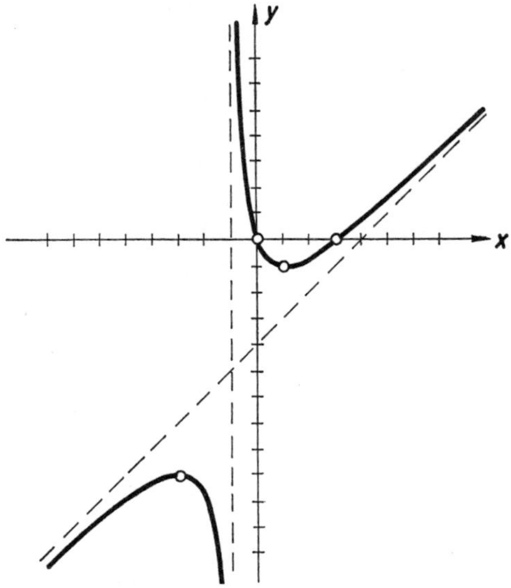

Fig. 7

also

$$8 : x = (h - 1) : h,$$
$$8h = xh - x,$$
$$h = \frac{x}{x - 8}.$$

Somit wird

$$\overline{AB} = \sqrt{x^2 + \frac{x^2}{(x-8)^2}}.$$

Durch Quadrieren erhalten wir die vereinfachte Funktion G mit

$$G(x) = x^2 + \frac{x^2}{(x-8)^2}.$$

Durch Nullsetzung der Ableitung erhält man also

$$G'(x) = 2x + \frac{(x-8)^2 \cdot 2x - x^2 \cdot 2(x-8)}{(x-8)^4} = 0,$$
$$2x + \frac{(x-8)\,2x - 2x^2}{(x-8)^3} = 0,$$

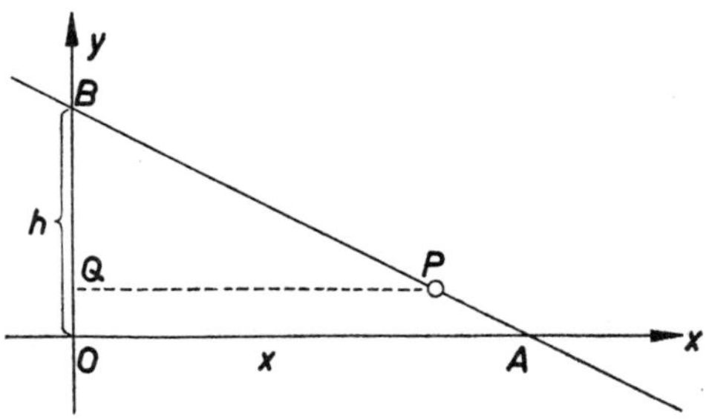

Fig. 8

$$2x(x-8)^3+2x^2-16x-2x^2=0,$$
$$2x[(x-8)^3-8]=0.$$

Nun liefert $2x=0$ die Lösung $x_1=0$, die aber außerhalb unseres Definitionsbereiches liegt. Die Gleichung

$$(x-8)^3-8=0$$

dagegen (die nicht durch Auskubieren gelöst werden soll!) liefert

$$\begin{aligned}(x-8)^3 &= 8,\\ x-8 &= 2,\end{aligned}$$

hat also die Lösung

$$\underline{x_2 = 10.}$$

Anhang: Die linear-gebrochene Funktion

Unter einer linear-gebrochenen Funktion versteht man eine Funktion von der Form

$$x \to \frac{ax+b}{cx+d} \quad \text{mit} \quad \begin{vmatrix} a & b \\ c & d \end{vmatrix} \neq 0 \quad \text{und} \quad c \neq 0.$$

Die Bedingung $\begin{vmatrix} a & b \\ c & d \end{vmatrix} \neq 0$ bedeutet, daß der Bruch gekürzt ist; die Bedingung $c \neq 0$ bedeutet, daß das Nennerpolynom von mindestens erstem Grade sein soll. Der Graph einer solchen Funktion hat genau eine vertikale Asymptote $\left(\text{mit der Gleichung } x=-\frac{d}{c}\right)$ und genau eine horizontale Asymptote $\left(\text{mit der Gleichung } y=\frac{a}{c}\right)$. Wählen wir diese Asymptoten als neue Koordinatenachsen und nennen wir die Koordinaten eines Punktes bezüglich des neuen Systems ξ und η, so gilt

$$x=\xi-\frac{d}{c} \quad \text{und} \quad y=\eta+\frac{a}{c},$$

also lautet die Gleichung der Kurve im neuen System

$$\eta+\frac{a}{c}=\frac{a\left(\xi-\frac{d}{c}\right)+b}{c\left(\xi-\frac{d}{c}\right)+d}=\frac{a\xi-\frac{ad}{c}+b}{c\xi},$$

also

$$\eta=\frac{a\xi-\frac{ad}{c}+b}{c\xi}-\frac{a}{c}=\frac{a\xi-\frac{ad}{c}+b-a\xi}{c\xi}=\frac{-\frac{ad}{c}+b}{c\xi},$$

also

$$\xi\eta=\frac{-\begin{vmatrix} a & b \\ c & d \end{vmatrix}}{c^2}.$$

Daraus folgt, daß die Kurve eine «gleichseitige Hyperbel» ist.

Aufgaben zu § 14

I

1. Man kürze die folgenden Funktionsterme:

   a) $\dfrac{x^5-2x^3-3x^2+x-6}{x^4-x^3-2x^2+2x-4}$, b) $\dfrac{2x^3+5x^2-10x-21}{x^3+4x^2+4x+3}$, c) $\dfrac{x^4+4x^3-4x^2-8x+4}{x^5+3x^4-7x^3-x^2+10x-10}$,

   d) $\dfrac{x^4-x^2-1}{x^3-2x-1}$.

2. Man bestimme die gemeinsamen Nullstellen der folgenden beiden Polynome durch Bestimmung eines größten gemeinsamen Teilers:

   a) $x^7+2x^5-x^4-x^3-2x+1$ und x^5-3x^4-x+3,
   b) $x^4-2x^3+2x^2-4x+4$ und $x^4-x^3+x^2-2x+2$,
   c) $x^5-3x^4+2x^3-5x^2+2$ und $x^4-3x^3+3x^2-6x+2$,
   d) $2x^3+5x^2-10x-21$ und x^3+4x^2+4x+3.

3. Man bestimme die sog. «verbotenen Gebiete» für folgende Funktionen:

   a) $x \to \dfrac{x+2}{x-2}$, b) $x \to \dfrac{(x-2)(x+4)}{x-1}$, c) $x \to \dfrac{(x-1)(x+4)}{x^2(x^2-9)}$, d) $x \to \dfrac{6x^2-x-2}{2x^2-5x-3}$,

   e) $x \to \dfrac{(x-2)^3(x+1)^2}{x^5(x-1)^4}$.

4. Man löse die folgenden Ungleichungen auf durch Zurückführung auf die Form $F(x)>0$ (wobei F eine gebrochene rationale Funktion ist) und Bestimmung der verbotenen Gebiete von F:

   a) $\dfrac{1}{x} < \dfrac{1}{x-2}$, b) $\dfrac{1}{x^2-4} < \dfrac{1}{x+2}$, c) $\dfrac{x-2}{x-3} < \dfrac{x+3}{x+2}$, d) $\dfrac{x^2+x-6}{x+1} < 4$,

   e) $\dfrac{1}{6-x} - \dfrac{x}{4x-2} > \dfrac{1}{(6-x)(4x-2)}$.

5. Man bestimme die Nullstellen und Asymptoten der folgenden Funktionen:

   a) $x \to \dfrac{(x^2-x-12)^3(x^2+2)}{x(x^2+x+2)^5(x^2-3x+2)}$, b) $x \to \dfrac{x^4(x^2-3x+2)^4(x^2+2)}{(x^2-7x+12)^5(x^2-16)^2}$.

6. Für welche x-Werte ist die Ordinatendifferenz zwischen der Kurve mit der gegebenen Gleichung und ihrer Asymptote kleiner als 0,01?

   a) $y = \dfrac{4x^2}{2x+1}$, b) $y = \dfrac{x^3+1}{x^2}$.

7. Man suche je eine Funktion, die die Funktion $x \to \dfrac{x^4+4}{4x^2}$ für x-Werte a) mit sehr großem, b) mit sehr kleinem absolutem Betrag approximiert. Für welche x-Werte ist die Abweichung jeweils kleiner als 0,01?

8. Man bestimme die einfachste rationale Funktion mit den Asymptoten mit den Gleichungen a) $y=2$ und $x=3$, b) $y=x+1$ und $x=-1$, c) $y=0$, $x=1$ und $x=2$, d) $y=x$.

9. Welches ist die einfachste gebrochene rationale Funktion ohne (geradlinige) Asymptoten?

10. Wie lauten die Gleichungen der Asymptoten oder asymptotischen Kurven folgender Funktionen:

    a) $x \to \dfrac{3x(x-2)(x^2-1)}{(x^2-9)(x^2+2)}$, b) $x \to \dfrac{x^4(x-2)}{(x^3+8)(x^2-4)}$, c) $x \to \dfrac{2x(x^2+x+1)}{x^2-1}$,

    d) $x \to \dfrac{-x^3+5x^2-9x+5}{x-1}$.

11. Wo liegt der Fehler in der folgenden Überlegung: Die Kurve mit der Gleichung $y = \frac{12-x}{1-\frac{1}{x}}$ $\left[y = x\sqrt{1+\frac{1}{x}}\right]$ hat als Asymptote die Gerade mit der Gleichung $y = 12 - x$ $[y = x]$, weil man das Glied $\frac{1}{x}$ für große x vernachlässigen darf.

12. Zwischen die Kurve mit der Gleichung $y = \frac{1}{x}$ und die x-Achse werden Quadrate gelegt, die der x-Achse anliegen, aneinanderliegen und je eine Ecke auf der Kurve haben (und von denen das erste der y-Achse anliegt). Man stelle eine Rekursionsformel für die Seitenlänge x_n des n. Quadrates auf.

13. Für zwei Funktionen f und g sei $f(3) = 2$, $f'(3) = -3$, $g(3) = \frac{1}{2}$ und $g'(3) = 2$. Man berechne $F'(3)$ für die Funktion F mit

a) $F(x) = \frac{f(x)}{g(x)}$, b) $F(x) = \frac{g(x)}{f(x)}$, c) $F(x) = f(x)g(x) - \frac{f(x)}{g(x)} + g(x)$.

14. Für welche x-Werte sind die folgenden Funktionen steigend, für welche fallend?

a) $x \to \frac{x^2+1}{2x}$, b) $x \to \frac{x-1}{x^2}$, c) $x \to \frac{x^2+3}{x-1}$, d) $y = \frac{x^3+5x^2-4x+12}{4x-12}$.

15. Man beweise, daß sich die Kurven mit den Gleichungen $y = \frac{4}{x^2}$ und $y = 2 - \frac{x^2}{4}$ in zwei Punkten berühren.

16. Man beweise, daß die Funktion $x \to \frac{x}{a} + \frac{a}{x}$ für jedes a mit $a \neq 0$ ein Extremum hat, dessen Wert nicht von a abhängt.

17. Man berechne die Steigung der Tangente der Kurve mit der Gleichung $y = \frac{1}{x}$ in ihrem Schnittpunkt mit der Geraden durch den Ursprung mit der Steigung m.

18. Welche Steigung muß eine Gerade durch den Ursprung haben, damit sie die Kurve mit der Gleichung $y = \frac{1}{x^2}$ rechtwinklig schneidet?

19. Man beweise, daß die Kurven mit den Gleichungen $y = x^{-n}$ (mit $n \in \mathbb{N}$) keine Wendepunkte haben.

20. Man beweise: Für positive x gilt stets $2x + \frac{1}{x^2} \geq 3$. Gibt es negative x, für die diese Ungleichung erfüllt ist?

21. Die Folge $n \to x_n$ werde rekursiv wie folgt definiert: Es sei $x_1 = 1$; x_{n+1} sei die Abszisse des Schnittpunkts der Tangente der Kurve mit der Gleichung $y = \frac{1}{x^2}$ an der Stelle x_n mit der x-Achse. Man stelle eine Formel für x_n auf und beweise sie mit vollständiger Induktion.

22. Man beweise mit vollständiger Induktion, daß für $f(x) = \frac{a}{bx+c}$ und für alle Zahlen n mit $n \in \mathbb{N}_0$ gilt

$$f^{(n)}(x) = \frac{(-1)^n\, n!\, a b^n}{(bx+c)^{n+1}}.$$

23. Ebenso, daß für $f(x) = \frac{5-2x}{2-x}$ und alle natürlichen Zahlen n gilt

$$f^{(n)}(x) = \frac{n!}{(2-x)^{n+1}}.$$

24. a) Man zeige, daß jede Parallele zur Geraden mit der Gleichung $y = x$, die nicht mit dieser selbst zusammenfällt, die Kurve mit der Gleichung $y = \frac{x^3}{x^2-9}$ in genau zwei Punkten schneidet. b) Auf welcher Kurve wandern die Mittelpunkte der von der Kurve auf diesen Parallelen abgeschnittenen Strecken?

25. Man stelle die Gleichung der Kurve auf, auf der die Wendepunkte der Kurven mit den folgenden Gleichungen liegen:

a) $y = \frac{a}{x^2 + a}$, b) $y = \frac{ax}{x^2 + a}$.

26. Man bestimme durch Ableiten einer geeigneten rationalen Funktion das größte Glied der Folge $n \to a_n$:

a) $a_n = \frac{n}{n^2 + 80}$, b) $a_n = \frac{n}{n^2 + 230}$, c) $a_n = \frac{n}{n^2 + 240}$,

d) $a_n = \frac{\sqrt{n}}{n + 50}$, e) $a_n = \frac{\sqrt{n}}{n^2 + 100}$, f) $a_n = \frac{\sqrt[3]{n}}{n + 100}$.

II

27. Man untersuche die Funktionsgleichung $y = \frac{3x}{x^2 - 4}$ (man bestimme die Nullstellen, Extrema, Wendepunkte, Asymptoten und skizziere den Graphen).

28. Ebenso: $y = \frac{x}{x^2 - 4}$.

29. Ebenso: $y = \frac{2x + 4}{x - 1}$.

30. Ebenso: $y = \frac{4x - 4}{x^2}$.

31. Ebenso: $y = \frac{4x}{x^2 + 1}$.

32. Ebenso: $y = \frac{9}{x} - \frac{27}{x^3}$.

33. Ebenso: $y = \frac{3x^2 - 24x + 36}{x^2}$.

34. Ebenso: $y = \frac{6x^2 - 24}{x^2 + 3}$.

35. Ebenso: $y = \frac{3x^2 - 12x}{(x - 1)^2}$.

36. Ebenso: $y = \frac{x^2 - 9}{2x - 10}$.

37. Ebenso: $y = \frac{x^2 - x + 2}{x - 2}$.

38. Ebenso: $y = \frac{x^2}{x + 1}$.

39. Ebenso: $y = \frac{x^2 - x - 2}{x - 3}$.

40. Ebenso: $y = \frac{x^2 - 5x + 4}{x}$.

41. Ebenso: $y = \frac{x^2 + 3}{x + 1}$.

42. Ebenso: $y = \frac{x^3}{x^2 - 3}$.

43. Ebenso: $y = \frac{x^3}{x^2 + 12}$.

44. Ebenso: $y = \frac{x^3 + x}{x^2 - 1}$.

45. Ebenso: $y = \frac{x^3}{3(x+2)^2}$.

46. Ebenso: $y = \frac{4 - x^3}{2x^2}$.

47. Ebenso: $y = \frac{x^3}{9x - 18}$.

48. Ebenso: $y = \frac{x^3 + 2}{2x}$.

49. Ebenso: $y = \frac{x^4 + 1}{2x^2}$.

50. Ebenso: $y = \frac{27 - x^4}{6x^2}$.

51. Man skizziere den Graphen der Funktion $x \to \frac{x^3}{x^2 + 4}$ und bestimme die Punkte auf ihm, die maximalen Abstand von der Asymptoten haben.

52. Wie groß muß a sein, damit die Kurve mit der Gleichung $y = \frac{ax - 1}{x - 1}$ a) an der Stelle $x = 2$ eine zur Geraden mit der Gleichung $3x + y - 5 = 0$ parallele Tangente hat, b) an der Stelle $x = -1$ eine durch den Ursprung gehende Tangente hat?

53. Wie groß muß a gewählt werden, damit sich die Kurven mit den Gleichungen $y = \sqrt[4]{2}\,x^2$ und $y = \frac{a}{x}$ rechtwinklig schneiden?

54. Wie groß müssen a und b gewählt werden, damit die Kurve mit der Gleichung $y = \frac{a}{x^2 + b}$ ein Maximum mit dem Wert 4 und an der Stelle 1 einen Wendepunkt hat?

55. Wie groß muß a gewählt werden, damit eine Asymptote der Kurve mit der Gleichung $y = \frac{ax^2 - x}{x + 1}$ durch den Punkt $P(3/1)$ geht?

56. Man bestimme a und b so, daß die Funktion $x \to \frac{(x+1)(ax^2 + b)}{(x-1)^2}$ an der Stelle $x = -2$ ein Maximum mit dem Wert 4 hat.

57. Man bestimme a so, daß die Kurve mit der Gleichung $y = \frac{a}{x^2 + b}$ in $P(2/3)$ einen Wendepunkt hat, und untersuche die Kurve.

58. Die Kurve mit der Gleichung $y = \frac{x^2 + ax + b}{x^2}$ hat einen Wendepunkt in $P(2/0)$. Man bestimme a und b und untersuche die erhaltene Funktionsgleichung.

59. Man bestimme die positive Konstante a so, daß die Kurve mit der Gleichung $y = \frac{1{,}5x^2 - 54}{x^2 + a}$ an der Stelle $x = 2$ einen Wendepunkt hat, und untersuche die Gleichung mit dem erhaltenen Wert von a.

60. Man bestimme a so, daß die Kurve mit der Gleichung $y = \frac{ax^3 + 4x}{x^2 - 4}$ an der Stelle $x = 1$ eine Tangente hat, die parallel zur Geraden mit der Gleichung $14x + 3y + 2 = 0$ ist.

61. Man bestimme a, b und c so, daß die Funktion $x \to \frac{ax^2 + b}{x^2 + c}$ an der Stelle $x = 2$ eine Nullstelle, an der Stelle $x = 1$ eine Unendlichkeitsstelle und die Gerade mit der Gleichung $y = 2$ als Asymptote hat.

62. Man bestimme a, b, c und d so, daß die Kurve mit der Gleichung $y = \frac{ax^2+bx+c}{x+d}$ die Asymptoten mit den Gleichungen $x=3$ und $y=x+12$ und an der Stelle $x=-3$ ein Extremum hat.

63. Man bestimme a, b und c so, daß die Kurve mit der Gleichung $y = \frac{ax^2+bx+c}{x^2}$ an der Stelle $x=1$ eine Nullstelle und an der Stelle $x=4$ ein Extremum, ferner die Asymptote mit der Gleichung $y=3$ hat.

64. In der Funktionsgleichung $y = \frac{x^2-a}{(x-b)^2}$ sollen die Konstanten a und b so bestimmt werden, daß ihr Graph an der Stelle $x=4$ ein Extremum und an der Stelle $x=5$ einen Wendepunkt hat. Man untersuche sie dann mit den erhaltenen Werten von a und b.

65. Man bestimme die Konstanten a, b und c so, daß für $f(x) = \frac{x+a}{bx+c}$ gilt $f(2)=0$, $f''(2)=2$ und $f''''(2)=24$.

66. Man bestimme die positiven Konstanten a und b so, daß die Tangente der Kurve mit der Gleichung $y = \frac{ax}{x^2+b}$ in ihrem rechts liegenden Wendepunkt die Gleichung $x+4y-9=0$ hat.

67. Man bestimme a und b so, daß die Kurve mit der Gleichung $y = \frac{a}{x+1} + \frac{b}{x-1} + 2x$ an der Stelle $x=0$ einen Terrassenpunkt hat.

III

68. Gegeben ist ein Quadrat $ABCD$ mit der Seitenlänge 1. In welchem Abstand von der Mitte der Seite AB liegen die Punkte auf der Geraden AB, für die das Abstandsverhältnis von C und D extremal ist?

69. Gegeben ist der Punkt $P_0(a/b)$ im ersten Quadranten. Man berechne den x-Achsenabschnitt derjenigen Geraden durch P_0, a) die mit den Koordinatenachsen ein Dreieck von minimalem Flächeninhalt bildet, b) für die der Kegel, der durch Rotation dieses Dreiecks um die y-Achse entsteht, minimales Volumen hat, c) für die die Summe der Achsenabschnitte minimal ist, d) auf der die von den Koordinatenachsen abgeschnittene Strecke minimale Länge hat.

70. Einer geraden quadratischen Pyramide mit fester Grundkante a ist der Würfel einbeschrieben, der der Grundfläche aufliegt. Wie groß muß ihre Höhe sein, damit dieser Würfel einen möglichst großen Bruchteil des Pyramidenvolumens ausmacht?

71. Wie hoch ist der einer Halbkugel mit dem Radius r umbeschriebene Kegel a) mit minimalem Volumen, b) mit minimaler Mantelfläche, c) mit minimaler Oberfläche?

72. Wie hoch ist der einer Kugel mit dem Radius r umbeschriebene Kegel a) mit minimalem Volumen, b) mit minimaler Mantelfläche?

73. Wie groß ist der Deckkreisradius eines einer Halbkugel mit dem Radius 1 umbeschriebenen Kegelstumpfes a) mit minimalem Volumen, b) mit minimaler Mantelfläche, c) mit minimaler Oberfläche?

74. Ein zylindrisches Reservoir ohne Deckel, das gleiches Fassungsvermögen haben soll wie ein Zylinder mit dem Grundkreisradius 5 m und der Höhe 20 m, soll hergestellt werden. Wie sind seine Abmessungen zu wählen, wenn 1 m² Wandfläche doppelt so viel kostet wie 1 m² Bodenfläche und die Kosten möglichst klein sein sollen?

75. Es sollen Gefäße hergestellt werden, die aus einem Zylinder und einer aufgesetzten Halbkugel bestehen und die 1 Liter fassen. Wie groß muß der Zylinderradius sein, damit die Oberfläche mit Grundkreisfläche minimal wird?

76. Ein zylindrisches Litergefäß soll aus möglichst wenig Blech hergestellt werden. Welche Form hat es a) mit Deckel, b) ohne Deckel?

77. Welches Kugelsegment hat bei gegebenem Volumen die kleinste Haubenfläche?

78. Gegeben sind zwei Kugeln mit den Radien R und r (wobei $R > r$) und dem Mittelpunktsabstand a (mit $a > R + r$). Wie weit vom Zentrum der größeren Kugel ist der Punkt auf der Zentralen entfernt, von dem aus man von den Kugeloberflächen Hauben überblicken kann, die zusammen möglichst große Oberfläche haben, a) für $R = 9$, $r = 4$, $a = 35$, b) allgemein?

79. In welcher Höhe über der Mitte eines runden Tisches mit dem Radius r muß eine Lampe angebracht werden, damit ein am Rande des Tisches liegendes Buch maximale Beleuchtung erhält?

80. Wie groß müßte die Geschwindigkeit v eines gegen den Strom (mit Strömungsgeschwindigkeit u) fahrenden Schiffes gegenüber dem Wasser sein, damit die zu leistende Arbeit für die Fahrt von einer Station zu einer nächsten minimal ist (wobei der Strömungswiderstand proportional zu v^2 sei)?

81. Eine Kugel mit der Masse m stößt zentral und elastisch mit der Geschwindigkeit v auf eine ruhende Kugel mit der Masse M. Bei welchem Verhältnis $x = \frac{m}{M}$ ist der Bruchteil ihrer kinetischen Energie, die sie auf die ruhende Kugel überträgt, minimal?

82. An einer Wand hängt ein Bild von der Höhe a, dessen unterer Rand die Höhe b über dem Boden hat; die Augenhöhe eines stehenden Menschen sei c (wobei $c < b$ sei). In welcher Entfernung x von der Wand erscheint vor dem Bild seine Höhe am größten, a) allgemein, b) für $a = 1{,}35$ m, $b = 4{,}1$ m, $c = 1{,}7$ m?

83. Gegeben sind die Punkte $A(5/9)$ und $B(9/1)$. Wo muß C auf der y-Achse liegen, damit der Winkel ACB extremal ist?

84. Die Parabeln mit den Gleichungen $y = \frac{1}{a} x^2$ und $y = 1 - ax^2$ umschließen eine Fläche. Wie groß muß a sein, damit sie maximal ist?

85. Gegeben ist der Kreis mit der Gleichung $x^2 + y^2 = r^2$ und der Punkt $P(c/0)$ mit $0 < c < r$. Welche Abszisse muß ein Punkt Q im ersten Quadranten auf der Kreislinie haben, damit der Winkel OQP (wobei O der Ursprung ist) maximal ist?

86. Wo liegen die oberen Ecken des Rechtecks mit maximalem Flächeninhalt, das zwischen die x-Achse und die Kurve mit der Gleichung $y = \frac{8}{x^2 + 4}$ gelegt werden kann?

87. In welchem Punkt $P_0(x_0/y_0)$ der Kurve mit der Gleichung $y = \frac{1}{x^2}$ muß man die Tangente ziehen, a) damit der Tangentenabschnitt zwischen den Koordinatenachsen minimale Länge hat, b) damit der Kegel, der durch Rotation des Dreiecks zwischen Tangente und Koordinatenachsen um die y-Achse entsteht, minimale Mantelfläche hat, c) damit die Tangente maximalen Abstand vom Ursprung hat (damit gleichbedeutend: welcher Punkt der Kurve hat minimalen Abstand vom Ursprung)? d) Man beweise, daß das Volumen des Kegels, der durch Rotation des Dreiecks zwischen Tangente und Koordinatenachsen um die y-Achse entsteht, konstant ist (d.h. nicht von x_0 abhängt).

88. Gegeben ist die Parabel mit der Gleichung $y = a - bx^2$ $(a > 0,\ b > 0)$. In welchem Punkt muß die Tangente gezogen werden, a) damit das von ihr und den Koordinatenachsen begrenzte Dreieck minimalen Flächeninhalt hat, b) damit dieses Dreieck durch Rotation um die y-Achse einen Kegel kleinsten Volumens liefert, c) damit dieses Dreieck durch Rotation um die x-Achse einen Kegel kleinsten Volumens liefert?

89. Gegeben ist die Parabel mit der Gleichung $y = ax^2$. Wie groß ist die Steigung derjenigen Geraden durch den Ursprung, die die Parabel im zweiten Schnittpunkt unter einem möglichst großen Winkel schneidet, und wie groß ist dieser?

90. In welchem Punkt P der Parabel mit der Gleichung $y^2 = 2px$ muß die Tangente gezogen werden, a) damit ihr Abschnitt zwischen P und der Leitlinie minimal ist, b) damit die Projektion dieses Abschnitts auf die Leitlinie minimal ist?
91. In welchem Punkt der Parabel mit der Gleichung $y = x^2$ muß man die Normale ziehen, damit die zwischen ihr und der Parabel liegende Fläche minimalen Flächeninhalt hat? (Wink: Man erhält eine Gleichung 3. Grades, die man durch Zerlegung des Gleichungspolynoms in Faktoren auflösen kann.)
92. In welchem Punkt P der Parabel mit der Gleichung $y = x^2$ hat die Normale, gemessen von P bis zu ihrem zweiten Schnittpunkt mit der Parabel, kleinste Länge, und wie groß ist diese?
93. Von welchem Punkt der Geraden mit der Gleichung $y = x - 2$ aus erscheint die Parabel mit der Gleichung $y = \frac{1}{2} x^2$ unter kleinstem Gesichtswinkel, und wie groß ist dieser?
94. In welchem Punkt der Ellipse mit der Gleichung $b^2x^2 + a^2y^2 = a^2b^2$ muß die Tangente gezogen werden, damit das von den Koordinatenachsen auf ihr abgeschnittene Stück minimale Länge hat, und wie lang ist dieses?
95. In welchem Punkt der Ellipse mit der Gleichung $b^2x^2 + a^2y^2 = a^2b^2$ hat die Normale maximalen Abstand vom Ursprung, und wie groß ist dieser?
96. In welchem Punkt P der Hyperbel mit der Gleichung $b^2x^2 - a^2y^2 = a^2b^2$ muß man die Tangente ziehen, damit a) der Abschnitt auf ihr von P bis zu ihrem Schnittpunkt Q mit der y-Achse minimal ist, b) das Dreieck PQR, wobei R die Projektion von P auf die y-Achse ist, minimalen Flächeninhalt hat?
97. Man berechne die Halbachsen der Ellipse mit minimalem Flächeninhalt, die sich zwei gleichgroßen, sich von außen berührenden Kreisen mit dem Radius 1 umbeschreiben läßt. (Wink: Man lege die Zentren der Kreise auf die x-Achse und ihren Berührungspunkt in den Ursprung; man wähle die kleine Halbachse b der Ellipse als unabhängige Variable und drücke ihre große Halbachse a aus der Bedingung, daß die Ellipse die Kreise in total 4 Punkten berührt, durch b aus.)
98. Man berechne die Halbachsen des Rotationsellipsoids kleinsten Volumens, das sich zwei gleichgroßen, sich von außen berührenden Kugeln mit dem Radius 1 umbeschreiben läßt. (Wink: Das Ellipsoid entsteht durch Rotation der Ellipse von Aufgabe 97 um die x-Achse.)

Ergebnisse

1. a) $\dfrac{x^4 + 2x^3 + 2x^2 + x + 3}{x^3 + x + 2}$, b) $\dfrac{2x^2 - x - 7}{x^2 + x + 1}$, c) $\dfrac{x^2 + 4x - 2}{x^3 + 3x^2 - 5x + 5}$, d) nicht kürzbar.
2. a) $x = \pm 1$ (g.g.T. $x^4 - 1$), b) keine (g.g.T. 1),
   c) keine (g.g.T. $x^2 + 2$), d) $x = -3$ (g.g.T. $x + 3$).
3. a) $(x \leqq -2) \wedge (y < 0)$, $(-2 \leqq x \leqq 2) \wedge (y > 0)$, $(x \geqq 2) \wedge (y < 0)$,
   b) $(x \leqq -4) \wedge (y > 0)$, $(-4 \leqq x \leqq 1) \wedge (y < 0)$, $(1 \leqq x \leqq 2) \wedge (y > 0)$, $(x \geqq 2) \wedge (y < 0)$,
   c) $(x \leqq -4) \wedge (y < 0)$, $(-4 \leqq x \leqq -3) \wedge (y > 0)$, $(-3 \leqq x \leqq 1) \wedge (y < 0)$, $(1 \leqq x \leqq 3) \wedge (y > 0)$, $(x \geqq 3) \wedge (y < 0)$,
   d) $(x \leqq \frac{2}{3}) \wedge (y < 0)$, $(\frac{2}{3} \leqq x \leqq 3) \wedge (y > 0)$, $(x \geqq 3) \wedge (y < 0)$,
   e) $(x \leqq 0) \wedge (y < 0)$, $(0 \leqq x \leqq 2) \wedge (y > 0)$, $(x \geqq 2) \wedge (y < 0)$.
4. a) $(x < 0) \vee (x > 2)$, b) $(-2 < x < 2) \vee (x > 3)$, c) $-2 < x < 3$,
   d) $(x < -2) \vee (-1 < x < 5)$, e) $(-1 < x < \frac{1}{2}) \vee (3 < x < 6)$.
5. a) Nullstellen: $x_1 = 4$, $x_2 = -3$, Asymptoten: $y = 0$, $x = 0$, $x = 1$, $x = 2$,
   b) Nullstellen: $x_1 = 0$, $x_2 = 1$, $x_3 = 2$, Asymptoten: $y = 1$, $x = 3$, $x = -4$, $x = 4$.
6. a) $x > 49{,}5$, $x < -50{,}5$, b) $|x| > 10$.
7. a) $x \to \dfrac{x^2}{4}$, $|x| > 10$, b) $x \to \dfrac{1}{x^2}$, $|x| < 0{,}2$.

8. a) $x \to \frac{2x}{x-3}$, b) $x \to \frac{x^2+2x}{x+1}$, c) $x \to \frac{1}{(x-1)(x-2)}$, d) $x \to \frac{x^3}{x^2+1}$.

9. $x \to \frac{x^4}{x^2+1}$.

10. a) $x=3$, $x=-3$, $y=3$, b) $x=-2$, $y=1$, c) $x=1$, $x=-1$, $y=2x+2$, d) $x=1$, $y=-x^2+4x-5$.

11. In beiden Fällen wird die Differenz der Funktionswerte nicht beliebig klein:
$$\lim_{x\to\infty}\left[\frac{12-x}{1-\frac{1}{x}}-(12-x)\right]=-1,\quad \lim_{x\to\infty}\left(x\sqrt{1+\frac{1}{x}}-x\right)=\frac{1}{2}.$$

12. $x_{n+1}=\frac{\sqrt{4x_n{}^2+1}-1}{2x_n}$.

13. a) -22, b) $\frac{11}{8}$, c) 26,5.

14. a) Steigend für $x<-1$ und $x>1$, fallend für $-1<x<0$ und $0<x<1$,
b) steigend für $0<x<2$, fallend für $x<0$ und $x>2$,
c) steigend für $x<-1$ und $x>3$, fallend für $-1<x<1$ und $1<x<3$,
d) steigend für $-3<x<0$ und $x>5$, fallend für $0<x<3$ und $3<x<5$.

15. An den Stellen ± 2 haben beide Funktionen denselben Wert und dieselbe Ableitung.

16. Für $f(x)=\frac{x}{a}+\frac{a}{x}$ wird $f'(a)=0$, $f''(a)=\frac{2}{a^2}\neq 0$, $f(a)=2$.

17. $-m$.

18. $\frac{\sqrt{2}}{2}$.

19. Für $f(x)=x^{-n}$ wird $f''(x)=-n(-n-1)x^{-n-2}$, also gilt $f''(x)\neq 0$ für jedes x mit $x\neq 0$.

20. Die Bestimmung der verbotenen Gebiete der Funktion
$$x\to f(x)=2x+\frac{1}{x^2}-3=\frac{2x^3-3x^2+1}{x^2}$$
zeigt, daß die Ungleichung erfüllt ist für $-\frac{1}{2}\leq x<0$ und für $x>0$.

21. Es gilt $x_n=\left(\frac{3}{2}\right)^{n-1}$ für alle natürlichen Zahlen n. Beweis: Es gilt $x_1=\left(\frac{3}{2}\right)^0=1$, ferner lautet die Gleichung der Tangente an der Stelle x_n
$$y-\frac{1}{x_n{}^2}=-\frac{2}{x_n{}^3}(x-x_n),$$
also erhalten wir die Rekursionsformel $x_{n+1}=\frac{3}{2}x_n$, also gilt
$$x_n=\left(\tfrac{3}{2}\right)^{n-1}\Rightarrow x_{n+1}=\tfrac{3}{2}x_n=\tfrac{3}{2}\cdot\left(\tfrac{3}{2}\right)^{n-1}=\left(\tfrac{3}{2}\right)^n.$$

22. Es gilt $f^{(0)}(x)=\frac{(-1)^0 0!\,ab^0}{(bx+c)^1}=f(x)$, ferner $f^{(n)}(x)=\frac{(-1)^n n!\,ab^n}{(bx+c)^{n+1}}\Rightarrow$
$$f^{(n+1)}(x)=\frac{-(-1)^n n!\,ab^n(n+1)(bx+c)^n b}{(bx+c)^{2n+2}}=\frac{(-1)^{n+1}(n+1)!\,ab^{n+1}}{(bx+c)^{n+2}}.$$

23. Es gilt $f^{(1)}=f'(x)=\frac{1}{(2-x)^2}$ und
$$f^{(n)}(x)=\frac{n!}{(2-x)^{n+1}}\Rightarrow f^{(n+1)}(x)=\frac{n!(n+1)(2-x)^n}{(2-x)^{2n+2}}=\frac{(n+1)!}{(2-x)^{n+2}}.$$

24. a) Die Kombination der Gleichungen $y=x+a$ und $y=\frac{x^3}{x^2-9}$ führt auf die Gleichung $x^2-\frac{9x}{a}-9=0$ mit der Diskriminanten $\frac{81}{a^2}+36$; sie hat also stets zwei Lösungen. b) Die Gleichung der Kurve lautet $y=\frac{2x^2+9}{2x}$.

25. a) $y=\frac{3}{4}$, b) $y=\frac{1}{4}x$.

26. a) a_9, b) a_{15}, c) a_{15} und a_{16} (beide $=\frac{1}{31}$), d) a_{50}, e) a_6, f) a_{50}.

27. Nullstelle $P_1(0/0)$, Asymptoten $x=\pm 2$, $y=0$, weitere Punkte $P_{2,3}(\pm 4/\pm 1)$, $P_4(1/-1)$.

28. Nullstelle $P_1(0/0)$, Wendepunkt $P_2(0/0)$, Asymptoten $x=\pm 2$, $y=0$, weitere Punkte $P_3(1/-0{,}333)$, $P_{4,5}(4/0{,}333)$.

29. Nullstelle $P_1(-2/0)$, Asymptoten $x=1$, $y=2$, weiterer Punkt $P_2(2/8)$.

30. Nullstelle $P_1(1/0)$, Maximum $P_2(2/1)$, Wendepunkt $P_3(3/0{,}889)$, Asymptoten $x=0$, $y=0$, weiterer Punkt $P_4(-2/-3)$.

31. Nullstelle $P_1(0/0)$, Maximum $P_2(1/2)$, Minimum $P_3(-1/-2)$, Wendepunkte $P_4(0/0)$, $P_{5,6}(\pm 3{,}46/\pm 1{,}73)$, Asymptote $y=0$.
32. Nullstellen $P_{1,2}(\pm 1{,}73/0)$, Maximum $P_3(3/2)$, Minimum $P_4(-3/-2)$, Wendepunkte $P_{5,6}(\pm 4{,}24/1{,}06)$, Asymptoten $x=0$, $y=0$.
33. Nullstellen $P_1(2/0)$, $P_2(6/0)$, Minimum $P_3(3/-1)$, Wendepunkt $P_4(4{,}5/-0{,}556)$, Asymptoten $x=0$, $y=3$, weiterer Punkt $P_5(-3/15)$.
34. Nullstellen $P_{1,2}(\pm 2/0)$, Minimum $P_3(0/-8)$, Wendepunkte $P_{4,5}(\pm 1/-4{,}5)$, Asymptote $y=6$.
35. Nullstellen $P_1(0/0)$, $P_2(4/0)$, Maximum $P_3(-2/4)$, Wendepunkt $P_4(-3{,}5/3{,}89)$, Asymptoten $x=1$, $y=3$.
36. Nullstellen $P_{1,2}(\pm 3/0)$, Maximum $P_3(1/2)$, Minimum $P_4(9/9)$, Asymptoten $x=5$, $y=\frac{1}{2}x+2{,}5$.
37. Maximum $P_1(0/-1)$, Minimum $P_2(4/7)$, Asymptoten $x=2$, $y=x+1$.
38. Nullstelle $P_1(0/0)$, Maximum $P_2(-2/-4)$, Minimum $P_3(0/0)$, Asymptoten $x=-1$, $y=x-1$.
39. Nullstellen $P_1(1/0)$, $P_2(2/0)$, Maximum $P_3(1/1)$, Minimum $P_4(5/9)$, Asymptoten $x=3$, $y=x+2$.
40. Nullstellen $P_1(1/0)$, $P_2(4/0)$, Minimum $P_3(2/-1)$, Maximum $P_4(-2/-9)$, Asymptoten $x=0$, $y=x-5$.
41. Minimum $P_1(1/2)$, Maximum $P_2(-3/-6)$, Asymptoten $x=-1$, $y=x-1$.
42. Nullstelle $P_1(0/0)$, Minimum $P_2(3/4{,}5)$, Maximum $P_3(-3/-4{,}5)$, Terrassenpunkt $P_4(0/0)$, Asymptoten $x=\pm\sqrt{3}$, $y=x$, weiterer Punkt $P_5(1/-0{,}5)$.
43. Nullstelle $P_1(0/0)$, Wendepunkte $P_{2,3}(\pm 6/\pm 4{,}5)$, Terrassenpunkt $P_4(0/0)$, Asymptote $y=x$.
44. Nullstelle $P_1(0/0)$, Minimum $P_2(2{,}06/3{,}33)$, Maximum $P_3(-2{,}06/-3{,}33)$, Wendepunkt $P_4(0/0)$, Asymptoten $x=\pm 1$, $y=x$, weiterer Punkt $P_5(0{,}5/-0{,}833)$.
45. Nullstelle $P_1(0/0)$, Maximum $P_2(-6/-4{,}5)$, Terrassenpunkt $P_3(0/0)$, Asymptoten $x=-2$, $y=\frac{1}{3}x-\frac{4}{3}$.
46. Nullstelle $P_1(1{,}59/0)$, Minimum $P_2(-2/1{,}5)$, Asymptoten $x=0$, $y=-\frac{1}{2}x$.
47. Nullstelle $P_1(0/0)$, Minimum $P_2(3/3)$, Terrassenpunkt $P_3(0/0)$, Asymptote $x=2$, asymptotische Kurve $y=\frac{1}{9}(x^2+2x+4)$.
48. Nullstelle $P_1(-1{,}59/0)$, Minimum $P_2(1/1{,}5)$, Wendepunkt $P_3(-1{,}59/0)$, Asymptote $x=0$, asymptotische Kurve $y=\frac{1}{2}x^2$.
49. Minima $P_{1,2}(\pm 1/1)$, Asymptote $x=0$, asymptotische Kurve $y=\frac{1}{2}x^2$.
50. Nullstellen $P_{1,2}(\pm 2{,}28/0)$, Wendepunkte $P_{3,4}(\pm 3/-1)$, Asymptote $x=0$, asymptotische Kurve $y=-\frac{1}{6}x^2$.
51. Nullstelle und Terrassenpunkt $P_1(0/0)$, Wendepunkte $P_{2,3}(\pm 3{,}46/\pm 2{,}60)$, Asymptote $y=x$; die gesuchten Punkte sind $P_{4,5}(\pm 2/\pm 1)$, denn dort ist die Steigung gleich 1.
52. a) $a=4$, b) $a=-3$.
53. $a=\frac{1}{4}$.
54. $a=12$, $b=3$.
55. $a=1$.
56. $a=3$, $b=-48$.
57. $a=48$, $b=12$; Maximum $P_1(0/4)$, Wendepunkte $P_{2,3}(\pm 2/3)$, Asymptote $y=0$.
58. $a=-3$, $b=2$; Nullstellen $P_1(1/0)$, $P_2(2/0)$, Minimum $P_3(\frac{4}{3}/-\frac{1}{8})$, Wendepunkt $P_4(2/0)$, Asymptoten $x=0$, $y=1$.
59. $a=12$; Nullstellen $P_{1,2}(\pm 6/0)$, Minimum $P_3(0/-4{,}5)$, Wendepunkte $P_{4,5}(\pm 2/-3)$, Asymptote $y=1{,}5$.
60. $a=2$.
61. $a=2$, $b=-8$, $c=-1$.
62. $a=1$, $b=9$, $c=0$, $d=-3$.
63. $a=3$, $b=3$, $c=-6$.

64. $a=8$, $b=2$; Nullstellen $P_{1,2}(\pm 2{,}83/0)$, Maximum $P_3(4/2)$, Wendepunkt $P_4(5/\frac{17}{9})$, Asymptoten $x=2$, $y=1$.
65. $a=-2$, $b=-1$, $c_1=1$, $c_2=3$.
66. $a=6$, $b=3$.
67. $a=1$, $b=1$.
68. $\frac{1}{2}\sqrt{5}=1{,}118$.
69. a) $x=2a$, b) $x=\frac{3}{2}a$, c) $x=a+\sqrt{ab}$, d) $x=a+\sqrt[3]{ab^2}$.
70. $2a$.
71. a) $\sqrt{3}r$, b) $\sqrt{3}r$, c) $2r$.
72. a) $4r$, b) $(2+\sqrt{2})r$, Gleichung 3. Grades mit rationaler Lösung.
73. a) $\frac{1}{\sqrt[4]{7}}=0{,}6148$, b) $\frac{1}{\sqrt[3]{3}}=0{,}7599$, c) $\frac{1}{\sqrt{2}}=0{,}7071$.
74. $r=10$ m, $h=5$ m.
75. $x=\sqrt[3]{\frac{3}{5\pi}}=0{,}5759$ dm (= Zylinderhöhe).
76. a) $r=\frac{1}{\sqrt[3]{2\pi}}=0{,}5419$ dm, $2r:h=1:1$; b) $r=\frac{1}{\sqrt[3]{\pi}}=0{,}6828$ dm, $2r:h=2:1$.
77. $r=h=\sqrt[3]{\frac{3V}{2\pi}}$ (Halbkugel).
78. a) $x=27$, b) $x=a\,\frac{R^3-\sqrt{R^3r^3}}{R^3-r^3}=\frac{a}{1+\left(\frac{r}{R}\right)^{3/2}}$.
79. $x=\frac{r}{\sqrt{2}}$.
80. $v=\frac{3}{2}u$.
81. $x=1$.
82. a) $x=\sqrt{(a+b-c)(b-c)}$, b) $x=3$ m.
83. Relative Maxima für $y=4$ und $y=34$ (entsprechen den Berührungspunkten der Kreise, die durch A und B gehen und die y-Achse berühren); relatives Minimum mit dem Wert $0°$ für $y=19$.
84. $a=1$.
85. $x=c$.
86. $P_{1,2}(\pm 2/1)$.
87. a) $x_0=\sqrt{2}$, b) $x_0=\sqrt[6]{2}$, c) $x_0=\sqrt[6]{2}$, d) $V=\frac{9}{4}\pi$.
88. a) $P_0\left(\sqrt{\frac{a}{3b}}\Big/\frac{2}{3}a\right)$, b) $P_0\left(\sqrt{\frac{a}{2b}}\Big/\frac{1}{2}a\right)$, c) $P_0\left(\sqrt{\frac{a}{5b}}\Big/\frac{4}{5}a\right)$.
89. $m=\frac{\sqrt{2}}{2}$; $\tan\gamma=\frac{\sqrt{2}}{4}$, $\gamma=19{,}5°$.
90. a) $P\left(\frac{p}{4}\Big/\pm\frac{p}{\sqrt{2}}\right)$, b) $P\left(\frac{p}{2}\Big/\pm p\right)$.
91. $P\,(\pm\frac{1}{2}/\frac{1}{4})$.
92. $P\left(\pm\frac{\sqrt{2}}{2}\Big/\frac{1}{2}\right)$, $\frac{3}{2}\sqrt{3}$.
93. $P\,(-5/-7)$, $\tan\gamma=\sqrt{\frac{12}{13}}$, $\gamma=43{,}9°$.
94. $P\left(\sqrt{\frac{a^3}{a+b}}\Big/\sqrt{\frac{b^3}{a+b}}\right)$, $a+b$.
95. $P\left(\sqrt{\frac{a^3}{a+b}}\Big/\sqrt{\frac{b^3}{a+b}}\right)$, $a-b$.
96. a) $x=a\sqrt{1+\frac{b}{c}}$, b) $x=\sqrt{\frac{3}{2}}\,a$.
97. $a=\frac{3}{2}\sqrt{2}$, $b=\frac{1}{2}\sqrt{6}$ $(a:b=\sqrt{3}:1)$; Berührbedingung $a=\frac{b^2}{\sqrt{b^2-1}}$.
98. $a=\frac{4}{3}\sqrt{3}$, $b=\frac{2}{3}\sqrt{3}$ $(a:b=2:1)$.

§ 15. Ableitung zusammengesetzter Funktionen und der Umkehrfunktion

1. Zusammensetzung von Funktionen

Die Funktionsgleichung $y = (2x^2 - 1)^3$ kann durch Einführung der Variablen $u = 2x^2 - 1$ in der Form $y = u^3$ geschrieben worden. Durch die Funktion

$$x \to 2x^2 - 1$$

wird jeder Zahl x eine Zahl u mit $u = 2x^2 - 1$, und durch die Funktion

$$u \to u^3$$

wird jeder Zahl u eine Zahl y mit $y = u^3$ zugeordnet. Die Zusammensetzung dieser Zuordnungen ordnet jeder Zahl x eine Zahl y mit $y = (2x^2 - 1)^3$ zu. Die Funktion

$$x \to (2x^2 - 1)^3$$

heißt die Zusammensetzung der beiden Funktionen $x \to 2x^2 - 1$ und $u \to u^3$ (in dieser Reihenfolge). Wir kommen so zur allgemeinen Definition (vgl. Fig. 1):

Definition 1: Sind zwei Funktionen

$$x \to g(x),\ x \in D_1 \quad \text{und} \quad u \to f(u),\ u \in D_2$$

gegeben und ist $g(D_1) \subset D_2$, so heißt die Funktion

$$x \to F(x) = f(g(x)),\ x \in D_1$$

die *Zusammensetzung* der Funktionen g und f (in dieser Reihenfolge).

Beispiel 1: Die Reihenfolge bei der Zusammensetzung ist wesentlich: Sind z. B. die gegebenen Funktionen

$$x \to g(x) = x + 1 \quad \text{und} \quad x \to f(x) = x^2,$$

so erhält man durch Zusammensetzung von g mit f die Funktion

$$x \to f(g(x)) = (x+1)^2 = x^2 + 2x + 1,$$

durch Zusammensetzung von f mit g aber die Funktion

$$x \to g(f(x)) = x^2 + 1.$$

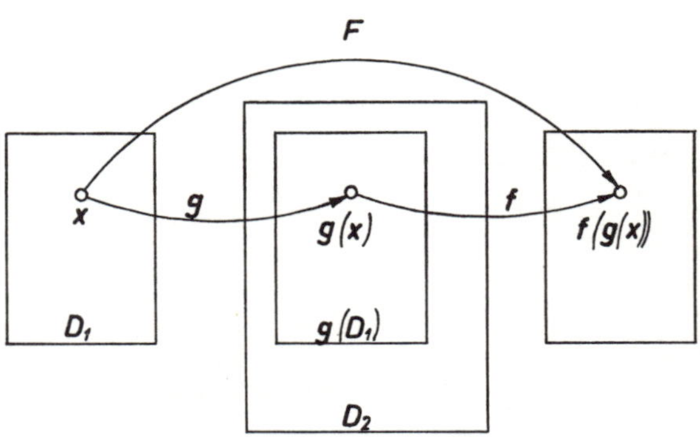

Fig. 1

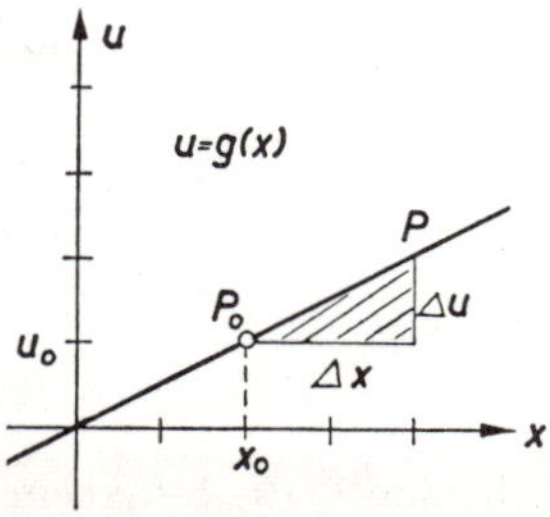

Fig. 2

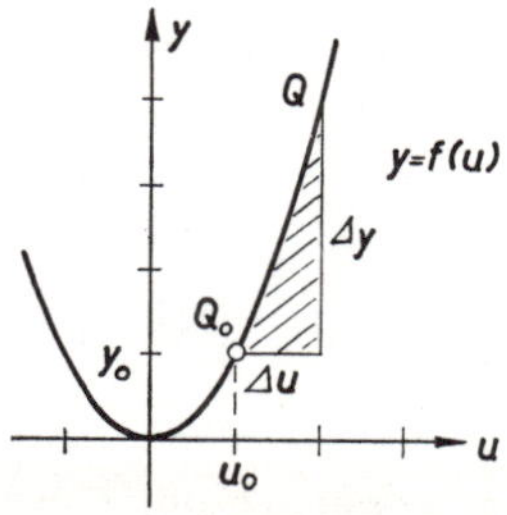

Fig. 3

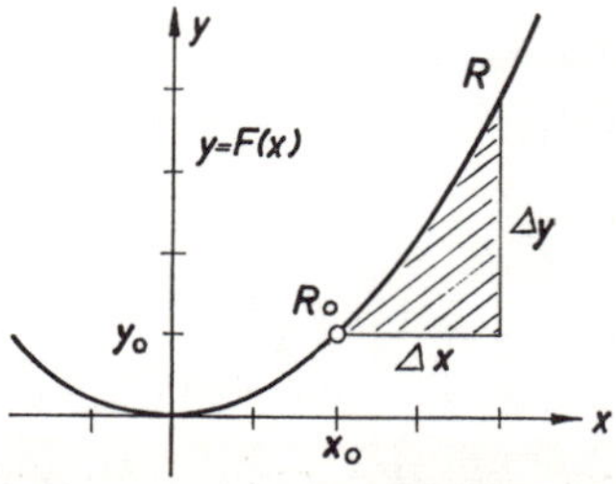

Fig. 4

Beispiel 2: Die Zusammensetzung zweier Funktionen ist nicht immer möglich: Sind z. B. f und g gegeben durch

$$f(x) = \sqrt{x} \quad \text{und} \quad g(x) = -x^2,$$

so ist $f(g(x)) = \sqrt{-x^2}$ für $x \neq 0$ nicht definiert, dagegen ist $g(f(x)) = -(\sqrt{x})^2$ für alle x mit $x \geqq 0$ definiert und ist gleich $-x$.

Aus den Graphen der beiden gegebenen Funktionen läßt sich der Graph der zusammengesetzten Funktion leicht konstruieren. Dies wird im folgenden Beispiel gezeigt:

Beispiel 3: Wir nehmen die Funktionen

$$x \to g(x) = \tfrac{1}{2}x \quad \text{und} \quad u \to f(u) = u^2;$$

ihre Graphen sind in Fig. 2 bzw. Fig. 3 dargestellt. Die Zusammensetzung von g mit f ergibt die Funktion

$$x \to f(g(x)) = (\tfrac{1}{2}x)^2 = \tfrac{1}{4}x^2.$$

Ihr Graph (Fig. 4) läßt sich so konstruieren: Für $x_0 = 2$ haben wir z. B. den Wert $u_0 = g(x_0) = 1$, entsprechend dem Punkt $P_0(x_0/u_0)$ in Fig. 2; diesem Wert entspricht der Wert $y_0 = f(u_0) = 1$, der den Punkt $Q_0(u_0/y_0)$ in Fig. 3 liefert. Der Punkt $R_0(x_0/y_0)$ in Fig. 4 gehört dann zum Graphen der zusammengesetzten Funktion. Dies läßt sich nun für andere Stellen wiederholen (an der Stelle $x = 4$ erhalten wir so die Punkte P, Q, R in Fig. 2, 3 bzw. 4).

Satz 1: Die Zusammensetzung monoton steigender (fallender) Funktionen ist eine monoton steigende (fallende) Funktion.

Beweis: Gilt z. B. (mit den Bezeichnungen von Definition 1) $g(x_1) < g(x_2)$ für beliebige x_1 und x_2 aus D_1 mit $x_1 < x_2$, so gilt

$$F(x_1) = f(g(x_1)) < f(g(x_2)) = F(x_2).$$

2. Die Ableitung zusammengesetzter Funktionen

Satz 2: Ist (unter der Voraussetzung von Definition 1) die Funktion g an der Stelle x und die Funktion f an der Stelle $g(x)$ stetig, so ist die zusammengesetze Funktion F an der Stelle x stetig.

Beweis: Ist g an der Stelle x_0 und f an der Stelle $g(x_0)$ stetig und ist $n \to x_n$ eine Folge von Zahlen aus D_1 mit $\lim_{n\to\infty} x_n = x_0$, so gilt

$$\lim_{n\to\infty} g(x_n) = g(x_0),$$

also

$$\lim_{n\to\infty} F(x_n) = \lim_{n\to\infty} f\big(g(x_n)\big) = f\big(g(x_0)\big) = F(x_0),$$

also ist F an der Stelle x_0 stetig.

Satz 3 (Kettenregel): Ist (unter der Voraussetzung von Definition 1) die Funktion g an der Stelle x und die Funktion f an der Stelle $g(x)$ differenzierbar, so ist die zusammengesetzte Funktion F an der Stelle x differenzierbar, und es gilt

$$F'(x) = f'\big(g(x)\big)\, g'(x).$$

Beweis: a) Führen wir die Differenzen

$$\Delta x = x - x_0, \quad \Delta u = g(x) - g(x_0), \quad \Delta y = F(x) - F(x_0)$$

ein (Fig. 2, 3 und 4), so geht der Satz aus der Gleichung

$$\frac{\Delta y}{\Delta x} = \frac{\Delta y}{\Delta u} \cdot \frac{\Delta u}{\Delta x} \quad \text{für } \Delta u \neq 0$$

hervor wegen

$$F'(x) = \lim_{\Delta x\to 0} \frac{\Delta y}{\Delta x}, \quad f'\big(g(x)\big) = \lim_{\Delta u\to 0} \frac{\Delta y}{\Delta u} = \lim_{\Delta x\to 0} \frac{\Delta y}{\Delta u}, \quad g'(x) = \lim_{\Delta x\to 0} \frac{\Delta u}{\Delta x}.$$

Diese Betrachtung ist aber nur dann richtig, wenn Δu während des Grenzübergangs stets $\neq 0$ ist.

b) Um den Satz streng zu beweisen, setzen wir voraus, daß g an der Stelle x_0 und f an der Stelle $g(x_0)$ differenzierbar sei. Es sei $n \to x_n$ irgendeine Folge von Zahlen aus D_1 mit $\lim_{n\to\infty} x_n = x_0$, ferner sei

$$\Delta x_n = x_n - x_0, \quad \Delta u_n = g(x_n) - g(x_0), \quad \Delta y_n = F(x_n) - F(x_0).$$

Nun setzen wir

$$a_n = \begin{cases} \dfrac{\Delta y_n}{\Delta x_n}, & \text{wenn } \Delta u_n \neq 0, \\ f'\big(g(x_0)\big)\, g'(x_0), & \text{wenn } \Delta u_n = 0. \end{cases}$$

Bilden die a_n mit $\Delta u_n \neq 0$ eine Teilfolge $n \to a_{b_n}$ der Folge $n \to a_n$, so gilt wegen $\dfrac{\Delta y_{b_n}}{\Delta x_{b_n}} = \dfrac{\Delta y_{b_n}}{\Delta u_{b_n}} \cdot \dfrac{\Delta u_{b_n}}{\Delta x_{b_n}}$

$$\lim_{n\to\infty} \frac{\Delta y_{b_n}}{\Delta x_{b_n}} = \lim_{n\to\infty} \frac{\Delta y_{b_n}}{\Delta u_{b_n}} \cdot \lim_{n\to\infty} \frac{\Delta u_{b_n}}{\Delta x_{b_n}} = f'\big(g(x_0)\big)\, g'(x_0),$$

also ist auch

$$\lim_{n\to\infty} \frac{\Delta y_n}{\Delta x_n} = f'\big(g(x_0)\big)\, g'(x_0).$$

Bilden die a_n mit $\Delta u_n = 0$ eine Teilfolge $n \to a_{c_n}$ der Folge $n \to a_n$, so gilt $\Delta u_{c_n} = \Delta y_{c_n} = 0$ für alle natürlichen Zahlen n, also

$$g'(x_0) = \lim_{n\to\infty} \frac{\Delta u_{c_n}}{\Delta x_{c_n}} = 0 \quad \text{und} \quad \lim_{n\to\infty} \frac{\Delta y_{c_n}}{\Delta x_{c_n}} = 0,$$

also

$$\lim_{n\to\infty} \frac{\Delta y_{c_n}}{\Delta x_{c_n}} = f'(g(x_0))\, g'(x_0),$$

also ebenfalls

$$\lim_{n\to\infty} \frac{\Delta y_n}{\Delta x_n} = f'(g(x_0))\, g'(x_0).$$

Somit gilt

$$F'(x_0) = f'(g(x_0))\, g'(x_0).$$

Bemerkungen: 1. Führt man die Differentiale $\mathrm{d}x$ und $\mathrm{d}u$ für g an der Stelle x_0 und $\mathrm{d}u$ und $\mathrm{d}y$ für f an der Stelle $g(x_0)$ ein, so läßt sich der Satz in der leicht merkbaren Form

$$\frac{\mathrm{d}y}{\mathrm{d}x} = \frac{\mathrm{d}y}{\mathrm{d}u} \cdot \frac{\mathrm{d}u}{\mathrm{d}x}$$

schreiben. Diese Gleichung ist nur scheinbar trivial, denn die beiden $\mathrm{d}u$ müssen z. B. einander nicht gleich sein, und das zweite $\mathrm{d}u$ kann sogar 0 sein.

2. Setzt man voraus, daß g in einer Umgebung U_1 von x_0 und f in einer Umgebung U_2 von $g(x_0)$ differenzierbar sind, und daß zudem g an der Stelle x_0 und f an der Stelle $g(x_0)$ stetig differenzierbar sind (d.h. daß die Ableitungen an diesen Stellen stetig sind), so läßt sich die Kettenregel sehr einfach mit Hilfe des Mittelwertsatzes beweisen: Für $x \in U_1$ gibt es ein x_1 zwischen x_0 und x mit

$$\Delta u = g'(x_1)\Delta x,$$

und für $u \in U_2$ gibt es ein u_2 zwischen $u_0 = g(x_0)$ und u mit

$$\Delta y = f'(u_2)\Delta u.$$

Also ist

$$\Delta y = f'(u_2)\, g'(x_1)\Delta x,$$

also

$$F(x_0) = \lim_{\Delta x\to 0} \frac{\Delta y}{\Delta x} = \lim_{\Delta x\to 0} f'(u_2)\, g'(x_1) = f'(u_0)\, g'(x_0).$$

3. Satz 10 von § 12 ist ein Spezialfall der Kettenregel, der zur Bewältigung der drei folgenden Beispiele ausgereicht hätte; wir brauchen aber später die Kettenregel in ihrer vollen Allgemeinheit.

Beispiel 4: Die Funktion $x \to F(x) = (2x^2-1)^3$ kann durch die Substitution $u = 2x^2-1$ als Zusammensetzung der Funktionen $x \to g(x) = 2x^2-1$ und $u \to f(u) = u^3$ aufgefaßt werden. Um ihre Ableitungsfunktion zu finden, bilden wir $g'(x) = 4x$ und $f'(u) = 3u^2$, also wird

$$F'(x) = f'(u)\, g'(x) = 3u^2 \cdot 4x = 3(2x^2-1)^2 \cdot 4x = 12x(2x^2-1)^2.$$

Man kann die Probe machen durch Ausmultiplizieren der Terme $F(x)$ und $F'(x)$ und gliedweises Ableiten.

Beispiel 5: Für die Funktion $x \to f(x) = \dfrac{(3x+1)^4}{(4x^2-x)^3}$ erhält man nach der Quotientenregel und der Kettenregel

$$f'(x) = \frac{(4x^2-x)^3 \cdot 4(3x+1)^3 \cdot 3 - (3x+1)^4 \cdot 3(4x^2-x)^2(8x-1)}{(4x^2-x)^6}$$

$$= \frac{(4x^2-x) \cdot 12(3x+1)^3 - (3x+1)^4 \cdot 3(8x-1)}{(4x^2-x)^4}$$

$$= \frac{3(3x+1)^3\,[(4x^2-x)\cdot 4 - (3x+1)(8x-1)]}{(4x^2-x)^4} = \frac{3(3x+1)^3(-8x^2-9x+1)}{x^4(4x-1)^4}.$$

Beispiel 6: Für die Funktion $x \to f(x) = \left(\frac{x-1}{3x}\right)^4$ erhält man analog

$$f'(x) = 4\left(\frac{x-1}{3x}\right)^3 \cdot \frac{3x \cdot 1 - (x-1) \cdot 3}{(3x)^2} = \frac{12(x-1)^3}{(3x)^5}.$$

3. Die Umkehrfunktion einer Funktion

Die Funktion $x \to x^2$ ordnet jeder reellen Zahl x eine reelle Zahl y mit $y = x^2$ zu. Ist es möglich, zu einem gegebenen Funktionswert y eine Zahl x eindeutig zu bestimmen, so daß gilt $y = x^2$? Offenbar nicht immer: Einem positiven y entsprechen zwei (entgegengesetzte) x-Werte, dem Wert $y = 0$ entspricht genau ein x-Wert ($x = 0$), einem negativen y entspricht überhaupt kein x-Wert. Man sagt, die Funktion $x \to x^2$ sei *nicht umkehrbar*.

Durch Einschränkung der Funktion erhält man aber eine umkehrbare Funktion: Die Funktion

$$x \to x^2, \quad x \geqq 0$$

ist *umkehrbar*, d.h. zu jeder Zahl y ihres Wertbereiches (also mit $y \geqq 0$) gibt es genau eine Zahl x ihres Definitionsbereiches (also mit $x \geqq 0$), so daß gilt $y = x^2$, nämlich $x = \sqrt{y}$. Geometrisch bedeutet dies, daß der Graph dieser Funktion auch von jeder *Horizontalen* in höchstens einem Punkt getroffen wird. Die Funktion

$$y \to \sqrt{y}, \; y \geqq 0 \quad \text{oder auch} \quad x \to \sqrt{x}, \; x \geqq 0$$

heißt die Umkehrfunktion der ursprünglichen Funktion. Somit gilt

$$(\sqrt{x})^2 = x \quad \text{und} \quad \sqrt{x^2} = x \text{ für alle } x \text{ mit } x \geqq 0.$$

Die Funktionsgleichung der ursprünglichen Funktion lautet $y = x^2$, diejenige der Umkehrfunktion (bei den üblichen Bezeichnungen) $y = \sqrt{x}$. Die Graphen beider Funktionen sind in Fig. 5 dargestellt.

Beispiel 7: Die Funktion $x \to 3x - x^3$ ist nicht umkehrbar, aber die Einschränkung $x \to 3x - x^3$, $x \in [-1, 1]$ ist umkehrbar (man untersuche sie!). Die Funktion $x \to x^3 + x$ ist umkehrbar.

Definition 2: Eine Funktion $x \to f(x)$, $x \in D$ heißt *umkehrbar*, wenn es zu jedem y mit $y \in f(D)$ genau ein x mit $x \in D$ und $y = f(x)$ gibt, d.h. wenn für beliebige x_1 und x_2 aus D gilt

$$f(x_1) = f(x_2) \Rightarrow x_1 = x_2.$$

Man bezeichnet dabei die y eindeutig zugeordnete Zahl x mit $x = \bar{f}(y)$, und die Funktion

$$x \to \bar{f}(x), \; x \in f(D)$$

heißt die *Umkehrfunktion* (oder *inverse Funktion*) zur gegebenen Funktion $x \to f(x)$, $x \in D$.

Folgerung: Es gilt

$$f(\bar{f}(x)) = x \quad \text{für jedes } x \text{ mit } x \in f(D), \tag{1}$$

$$\bar{f}(f(x)) = x \quad \text{für jedes } x \text{ mit } x \in D. \tag{2}$$

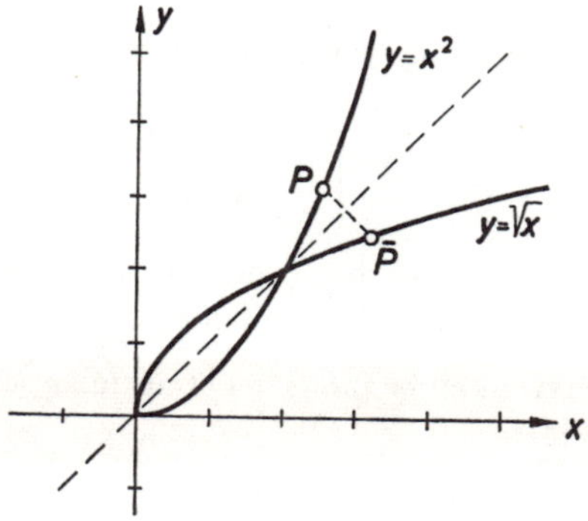

Fig. 5

Die Funktionsgleichung der ursprünglichen Funktion lautet $y = f(x)$, diejenige ihrer Umkehrfunktion $y = \bar{f}(x)$; man erhält diese aus der ursprünglichen Funktionsgleichung also durch folgende zwei Operationen:

1. Auflösung der Funktionsgleichung nach x,
2. Vertauschung der Variablen.

Der Graph der ursprünglichen Funktion ist die Menge der Punkte $P(x/f(x))$ mit $x \in D$, der Graph der Umkehrfunktion ist die Menge der Punkte $P(x/\bar{f}(x))$. Liegt also $P(x/y)$ auf dem ersten Graphen, so gilt $y = f(x)$, also $x = \bar{f}(y)$, also liegt der Punkt $\overline{P}(y/x)$ auf dem zweiten Graphen. Daraus folgt, daß man den Graphen der Umkehrfunktion durch *Spiegelung des Graphen der ursprünglichen Funktion* an der 45°-Linie (Gerade mit der Gleichung $y = x$) erhält.

Beispiel 8: Für die Funktion $x \to x^2$, $x \geqq 0$ lautet die Funktionsgleichung $y = x^2$; Auflösung nach x ergibt $x = \sqrt{y}$, Vertauschung der Variablen $y = \sqrt{x}$. Das ist die Funktionsgleichung der Umkehrfunktion; diese ist also die Funktion

$$x \to \sqrt{x}, \quad x \geqq 0.$$

Beispiel 9: Für die lineare Funktion

$$x \to ax + b \quad (\text{mit } a \neq 0)$$

lautet die Funktionsgleichung $y = ax + b$; Auflösung nach y ergibt $x = \frac{y-b}{a}$, Vertauschung der Variablen $y = \frac{x-b}{a}$. Das ist die Funktionsgleichung der Umkehrfunktion; diese ist also die Funktion

$$x \to \frac{x-b}{a}.$$

Satz 4: Jede auf ihrem ganzen Definitionsbereich streng monotone Funktion ist umkehrbar.

Beweis: Ist z.B. f auf D monoton steigend, so folgt aus $f(x_1) = f(x_2)$ mit $x_1 \in D$ und $x_2 \in D$ stets $x_1 = x_2$, denn wäre $x_1 < x_2$ $(x_1 > x_2)$, so wäre nach der Voraussetzung

$$f(x_1) < f(x_2)\ [f(x_1) > f(x_2)]$$

im Widerspruch zu $f(x_1) = f(x_2)$.

Bemerkung: Daß die Umkehrung von Satz 4 nicht gilt, zeigt das Beispiel der Funktion f mit

$$f(x) = \begin{cases} x & \text{für } x \leqq 0, \\ \frac{1}{x} & \text{für } x \geqq 1 \end{cases}$$

(Graph Fig. 6); sie ist zwar umkehrbar (und überall stetig), aber nicht monoton (Umkehrfunktion Fig. 7, an der Stelle 0 unstetig).

Satz 5: Die Umkehrfunktion einer monoton steigenden (fallenden) Funktion ist monoton steigend (fallend).

Beweis: Es sei z. B. f auf D monoton steigend. Wäre nun für zwei Zahlen y_1 und y_2 aus $f(D)$ mit $y_1 < y_2$

$$\bar{f}(y_1) \geqq \bar{f}(y_2),$$

so wäre

$$f(\bar{f}(y_1)) \geqq f(\bar{f}(y_2)),$$

also $y_1 \geqq y_2$ im Widerspruch zur Annahme $y_1 < y_2$. Also ist $\bar{f}(y_1) < \bar{f}(y_2)$, d. h. $\bar{f}$ ist monoton steigend. Analog für den Fall einer monoton fallenden Funktion.

Bemerkung: Ist M die Menge aller monoton steigenden Funktionen mit dem Definitionsbereich $\mathbb{R}$ und dem Wertbereich $\mathbb{R}$, so gilt:

1. Die Zusammensetzung zweier Funktionen aus M ist wieder eine Funktion aus M (nach Satz 1).

2. Die Zusammensetzung von Funktionen aus M ist *assoziativ:* Sind f, g und h Funktionen aus M, so ist die Zusammensetzung von h mit g die Funktion $x \to g(h(x))$, die Zusammensetzung dieser Funktion mit f die Funktion $x \to f(g(h(x)))$; die Zusammensetzung von g und f ist die Funktion $x \to f(g(x))$, die Zusammensetzung von h mit dieser Funktion wiederum die Funktion $x \to f(g(h(x)))$.

3. Die identische Funktion $x \to x$ gehört zu M und ist das neutrale Element bezüglich der Zusammensetzung, denn die Zusammensetzung irgendeiner Funktion mit ihr ist wiederum dieselbe Funktion.

4. Zu jeder Funktion f aus M existiert die Umkehrfunktion $\bar{f}$; nach Satz 5 gehört $\bar{f}$ wieder zu M, und wegen (1) und (2) ist die Zusammensetzung jeder Funktion aus M mit ihrer Umkehrfunktion die identische Funktion.

Diese Eigenschaften bedeuten, daß M bezüglich der Zusammensetzung eine *Gruppe* ist.

4. Die Ableitung der Umkehrfunktion

Satz 6: Ist f eine Funktion, deren Definitionsbereich D ein Intervall ist, und die auf ganz D streng monoton ist, so ist ihre Umkehrfunktion $\bar{f}$ überall stetig.

Beweis: Es sei $x_0 \in D$, $y_0 = f(x_0)$, und $n \to y_n$ sei eine beliebige Folge von Zahlen aus $f(D)$ mit $\lim\limits_{n \to \infty} y_n = y_0$, ferner sei $x_n = \bar{f}(y_n)$. Wir haben zu zeigen, daß gilt

$$\lim_{n \to \infty} x_n = x_0 = \bar{f}(y_0).$$

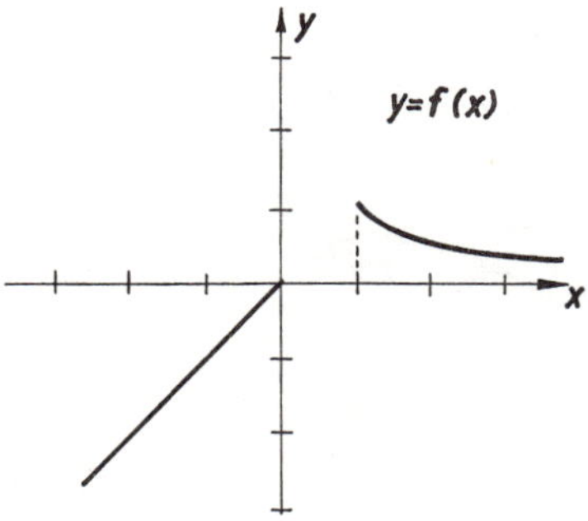

Fig. 6

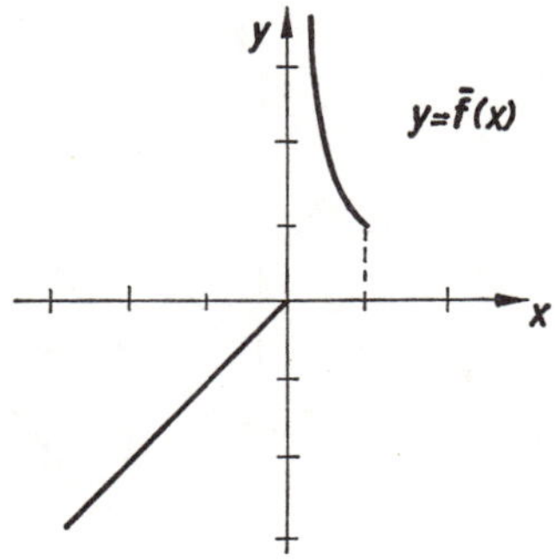

Fig. 7

Dazu nehmen wir an, f sei monoton steigend auf D, und U sei eine beliebige Umgebung von x_0. Ferner seien a und b Zahlen aus $D \cap U$ mit $a < x_0$ (oder $a = x_0$, sofern D keine Zahlen x mit $x < x_0$ enthält) und $b > x_0$ (oder $b = x_0$, sofern D keine Zahlen x mit $x > x_0$ enthält). Nun folgt $f(a) < y_0$ (oder $f(a) = y_0$, wenn $f(D)$ keine Zahlen y mit $y < y_0$ enthält) und $f(b) > y_0$ (oder $f(b) = y_0$, wenn $f(D)$ keine Zahlen y mit $y > y_0$ enthält). Also gibt es eine natürliche Zahl n_0, so daß für alle natürlichen Zahlen n mit $n > n_0$ gilt $f(a) < y_n < f(b)$, also $a < x_n < b$, also $x_n \in U$.

Ist f monoton fallend, so verläuft der Beweis analog.

Satz 7 (Inversenregel): Hat die Funktion f als Definitionsbereich D ein Intervall, ist f auf ganz D streng monoton und an der Stelle x_0 differenzierbar, und ist $f'(x_0) \neq 0$, so ist ihre Umkehrfunktion $\bar{f}$ an der Stelle $y_0 = f(x_0)$ differenzierbar, und es ist

$$\bar{f}'\left(f(x_0)\right) = \frac{1}{f'(x_0)} \quad \text{oder} \quad \bar{f}'(y_0) = \frac{1}{f'\left(\bar{f}(y_0)\right)};$$

also hat die Funktion $x \to \bar{f}(x)$ die Ableitungsfunktion

$$x \to \frac{1}{f'\left(\bar{f}(x)\right)}.$$

Beweis: a) Der Satz ist anschaulich klar; denn man erhält den Graphen von $\bar{f}$ durch Spiegelung des Graphen von f an der 45°-Linie (Fig. 8), und dabei geht die Tangente t des letzteren an der Stelle x_0 in die Tangente $\bar{t}$ des ersteren an der Stelle $f(x_0)$ über, ferner ist $f'(x_0) = \tan\beta$, also

$$\bar{f}'\left(f(x_0)\right) = \tan\beta' = \tan(90° - \beta) = \frac{1}{\tan\beta} = \frac{1}{f'(x_0)}.$$

b) Wir wollen nun den Satz streng beweisen. Es sei $y_0 = f(x_0)$, ferner sei $n \to y_n$ eine Folge von Zahlen aus $f(D) - \{y_0\}$ mit $\lim\limits_{n\to\infty} y = y_n$, und es sei $x_n = \bar{f}(y_n)$ für alle n mit $n \in \mathbb{N}$. Nach Satz 6 ist nun

$$\lim_{n\to\infty} x_n = x_0,$$

also ist nach Voraussetzung

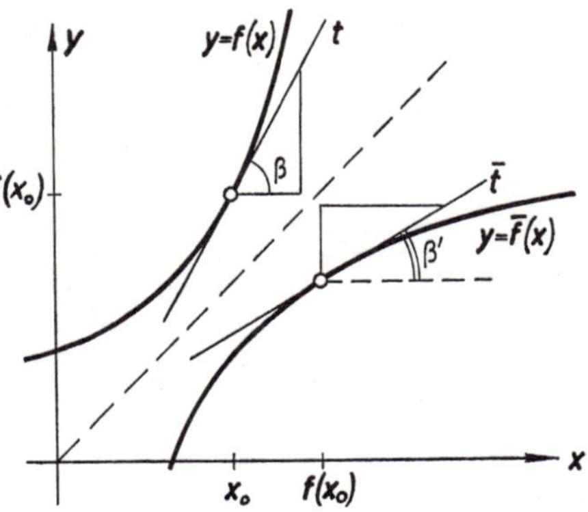

Fig. 8

$$f'(x_0) = \lim_{n\to\infty} \frac{f(x_n) - f(x_0)}{x_n - x_0} = \frac{y_n - y_0}{x_n - x_0},$$

also

$$\lim_{n\to\infty} \frac{\bar{f}(y_n) - \bar{f}(y_0)}{y_n - y_0} = \lim_{n\to\infty} \frac{x_n - x_0}{y_n - y_0} = \lim_{n\to\infty} \frac{1}{\frac{y_n - y_0}{x_n - x_0}} = \frac{1}{f'(x_0)}.$$

Dieser Grenzwert ist $\bar{f}'(y_0)$, weil diese Gleichung für jede Folge $n \to y_n$ mit den obigen Bedingungen gilt.

Als Beispiel zu Satz 7 erhalten wir:

Satz 8: Die Funktion $x \to \sqrt{x}$, $x \geqq 0$ hat die Ableitungsfunktion

$$x \to \frac{1}{2\sqrt{x}}, \quad x > 0.$$

Beweis: Die Funktion $x \to f(x) = x^2$, $x \geqq 0$ hat die Umkehrfunktion

$$x \to \bar{f}(x) = \sqrt{x}, \quad x \geqq 0.$$

Also ist $f'(x) = 2x$, also nach Satz 7 für $x > 0$

$$\bar{f}'(x) = \frac{1}{f'(\bar{f}(x))} = \frac{1}{2\bar{f}(x)} = \frac{1}{2\sqrt{x}}.$$

5. Wurzelfunktionen

Die Einschränkungen

$$x \to f(x) = x^n, \quad x \in [0, \infty)$$

der Potenzfunktionen (mit $n \in \mathbb{N}$) sind monoton steigend; ferner nehmen sie beliebig große Werte an, und wegen $f(0) = 0$ und nach dem Zwischenwertsatz nehmen sie jede Zahl y mit $y \geqq 0$ als Wert an. Somit existieren nach Satz 4 ihre Umkehrfunktionen

$$x \to \bar{f}(x) = \sqrt[n]{x}, \quad x \in [0, \infty).$$

Dies sind die *Wurzelfunktionen* (für $n = 2$ speziell $x \to \sqrt{x}$). Damit ist auch der Satz von der Existenz der Wurzel (§ 8) in einfacher Weise bewiesen. Aus (1) und (2) folgt

$$f(\bar{f}(x)) = \left(\sqrt[n]{x}\right)^n = x \quad \text{und} \quad \bar{f}(f(x)) = \sqrt[n]{x^n} = x \quad \text{für } x \geqq 0.$$

Bemerkung: Die uneingeschränkten Potenzfunktionen

$$x \to x^n, \quad x \in \mathbb{R}$$

mit *ungeradem* Exponenten n sind auf ganz $\mathbb{R}$ monoton steigend, also existieren ihre Umkehrfunktionen (in Fig. 9 sind die Graphen der Funktionen $x \to \sqrt{x}$ und $x \to \sqrt[3]{x}$, $x \geqq 0$, in Fig. 10 ist der Graph der Umkehrfunktion von $x \to x^3$, $x \in \mathbb{R}$ dargestellt). Man könnte also Wurzeln mit ungeradem Wurzelindex auch aus negativen Zahlen definieren, z. B. $\sqrt[3]{-8} = -2$, was aber nicht üblich ist (man gibt also z. B. die Lösung der Gleichung $x^3 = -8$ mit $x_1 = -\sqrt[3]{8} = -2$ an).

Die Ableitungen der Wurzelfunktionen erhält man nach der Inversenregel: Aus $f(x) = x^n$ folgt $f'(x) = n x^{n-1}$, also gilt für $x > 0$

$$\bar{f}'(x) = \frac{1}{f'(\bar{f}(x))} = \frac{1}{n\,[\bar{f}(x)]^{n-1}} = \frac{1}{n\left(\sqrt[n]{x}\right)^{n-1}} = \frac{1}{n} \cdot x^{1/n-1}; \tag{3}$$

die Wurzelfunktionen sind auf ihrem ganzen Definitionsbereich $[0, \infty)$ stetig, aber nur für $x > 0$ differenzierbar. Allgemeiner erhält man:

Satz 9: Die Ableitungsregel für die Potenzfunktion gilt auch für beliebige rationale Exponenten, d. h. für $r \in \mathbb{Q}$ hat die Funktion $x \to x^r$, $x > 0$ die Ableitungsfunktion

$$x \to r x^{r-1}, \; x > 0.$$

Beweis: Ist $r \in \mathbb{Q}$, so gibt es ein m mit $m \in \mathbb{Z}$ und ein n mit $n \in \mathbb{N}$, so daß $r = \frac{m}{n}$, also erhält man für die Funktion

$$x \to F(x) = x^r = x^{m/n} = \sqrt[n]{x^m}, \; x > 0$$

nach (3), nach Satz 4 von § 14 und nach der Kettenregel mit $u = x^m$

$$F'(x) = \frac{1}{n} \cdot (x^m)^{1/n-1} \cdot m x^{m-1} = \frac{m}{n} x^{m/n-1} = r x^{r-1} \quad \text{für } x > 0.$$

Beispiel 10: Für $F(x) = \sqrt{x^2+3}$ erhalten wir am einfachsten nach Satz 8 und nach der Kettenregel mit $u = x^2 + 3$

$$F'(x) = \frac{1}{2\sqrt{u}} \cdot 2x = \frac{x}{\sqrt{x^2+3}}.$$

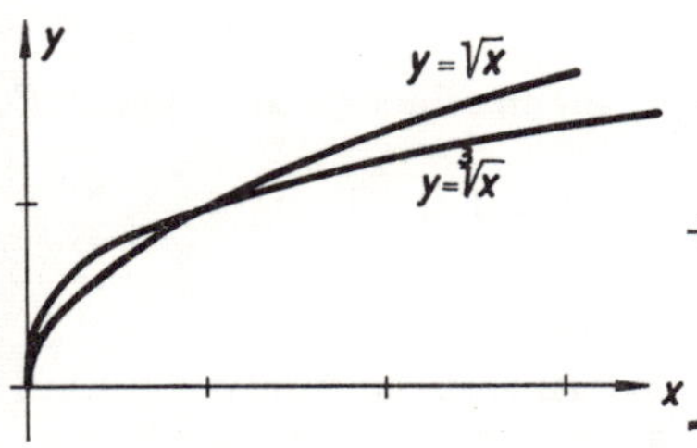

Fig. 9

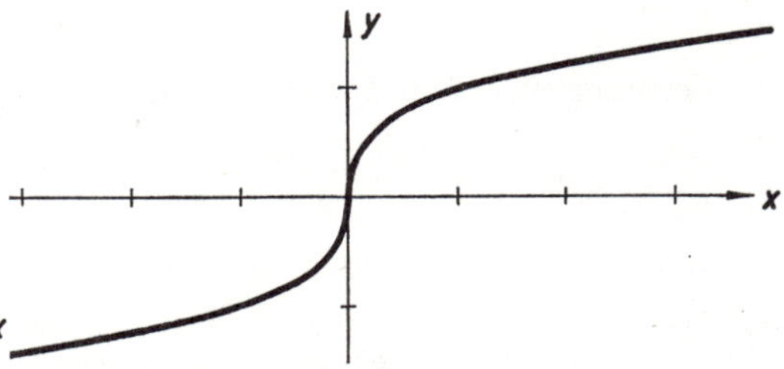

Fig. 10

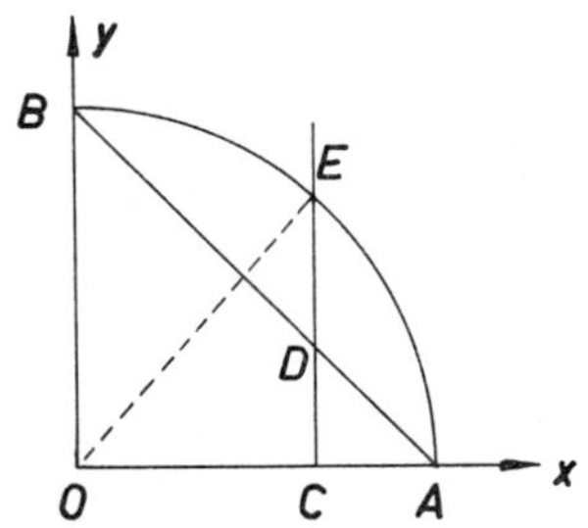

Fig. 11

Beispiel 11: Für $F(x) = \sqrt[3]{x^2+3}$ schreiben wir $F(x) = (x^2+3)^{1/3}$ und verwenden Satz 9 und erhalten nach der Kettenregel mit $u = x^2+3$

$$F'(x) = \frac{1}{3} u^{-2/3} \cdot 2x = \frac{1}{3}(x^2+3)^{-2/3} \cdot 2x = \frac{2x}{3\sqrt[3]{(x^2+3)^2}}.$$

Beispiel 12: Ebenso wird für $F(x) = \frac{1}{\sqrt{x}} = x^{-1/2}$

$$F'(x) = -\frac{1}{2} x^{-3/2} = -\frac{1}{2\sqrt{x^3}}.$$

Beispiel 13: Für $F(x) = \frac{3}{\sqrt[3]{(x^2+x-3)^4}}$ schreiben wir $F(x) = 3\,(x^2+x-3)^{-4/3}$ und erhalten ebenso

$$F'(x) = 3\left(-\tfrac{4}{3}\right)(x^2+x-3)^{-7/3} \cdot (2x+1) = -\frac{8x+4}{\sqrt[3]{(x^2+x-3)^7}}.$$

Beispiel 14: Gegeben sei der Viertelskreis OAB im 1. Quadranten mit dem Ursprung O und dem Radius $\overline{OA} = \overline{OB} = 1$ (Fig. 11). An welcher Stelle x muß man die Parallele zur y-Achse ziehen, damit das auf ihr liegende Stück zwischen der Sehne AB und dem Kreisbogen AB maximale Länge hat? Es ist

$$\overline{DE} = \overline{CE} - \overline{CD} = \sqrt{1-x^2} - \overline{CA} = \sqrt{1-x^2} - (1-x) = \sqrt{1-x^2} + x - 1.$$

Die Wurzel läßt sich hier im Gegensatz zu Beispiel 6 von § 13 nicht durch Quadrieren wegschaffen, weil beim Quadrieren im Doppelprodukt wieder eine Wurzel auftreten würde. Wir leiten also direkt die Funktion

$$x \to f(x) = \sqrt{1-x^2} + x - 1$$

ab und erhalten

$$f'(x) = \frac{1}{2\sqrt{1-x^2}}(-2x) + 1;$$

die Gleichung $f'(x) = 0$ hat die Lösung $x_1 = \frac{\sqrt{2}}{2}$; die maximale Länge von DE wird

$$f(x_1) = \sqrt{1 - \left(\frac{\sqrt{2}}{2}\right)^2} + \frac{\sqrt{2}}{2} - 1 = \sqrt{\frac{1}{2}} + \frac{\sqrt{2}}{2} - 1 = \sqrt{2} - 1.$$

Physikalische Anwendung: Das Fermatsche Prinzip der kürzesten Lichtzeit

a) *Reflexion:* In einer Ebene liegen die Gerade g und die Punkte A und B auf der gleichen Seite von g (Fig. 12). Wenn ein von A ausgehender Lichtstrahl an der Geraden g reflektiert wird und nach B geht, liegt nach dem *Reflexionsgesetz* der Reflexionspunkt C so, daß $\alpha = \beta$

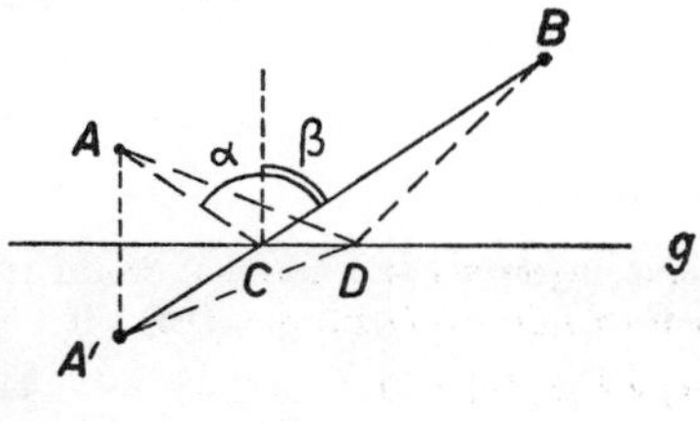

Fig. 12

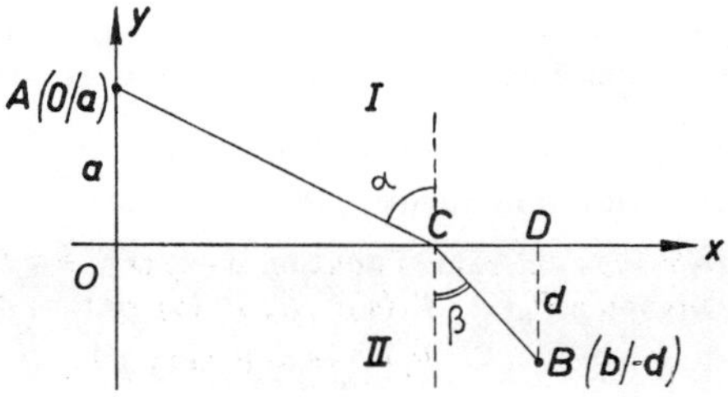

Fig. 13

ist (d.h. also, daß C auf der Verbindungsgeraden des Spiegelpunktes A' von A bezüglich g mit B liegt). Dieser Lichtweg ist gerade der minimale, denn wählen wir auf g einen andern Reflexionspunkt D, so ist

$$\overline{AC}+\overline{CB}=\overline{A'C}+\overline{CB}<\overline{A'D}+\overline{DB}=\overline{AD}+\overline{DB}.$$

Mit dem Lichtweg ist auch die vom Licht benötigte Zeit, die Lichtzeit, minimal (sofern wir ein homogenes Medium haben).

b) *Refraktion:* Wir nehmen an, oberhalb der x-Achse (Fig. 13) sei ein Medium I (z. B. Luft) und unterhalb der x-Achse ein Medium II (z. B. Wasser) mit den Brechungsindizes n_1 bzw. n_2, in denen sich also das Licht (nach Definition von n_1 und n_2) mit den Geschwindigkeiten $\frac{c}{n_1}$ bzw. $\frac{c}{n_2}$ fortpflanzt, wobei c die Lichtgeschwindigkeit im Vakuum ist. Gelangt Licht vom Punkt $A(0/a)$ in I zum Punkt $B(b/-d)$ in II, so pflanzt es sich erfahrungsgemäß nicht geradlinig fort, so daß also der Lichtweg nicht minimal ist, sondern es geht über den Punkt C, für den das *Refraktionsgesetz* (Brechungsgesetz)

$$\sin\alpha:\sin\beta=n_2:n_1$$

gilt. Wir zeigen nun, daß dabei gerade die Lichtzeit minimal ist: Die Lichtwege in I und II bei zunächst variablem Punkt $C(x/0)$ sind

$$\overline{AC}=\sqrt{a^2+x^2}\quad\text{bzw.}\quad\overline{CB}=\sqrt{d^2+(b-x)^2},$$

die Lichtzeiten also

$$\overline{AC}:\frac{c}{n_1}=\frac{n_1}{c}\sqrt{a^2+x^2}\quad\text{bzw.}\quad\overline{CB}:\frac{c}{n_2}=\frac{n_2}{c}\sqrt{d^2+(b-x)^2},$$

die gesamte Lichtzeit also

$$f(x)=\frac{n_1}{c}\sqrt{a^2+x^2}+\frac{n_2}{c}\sqrt{d^2+(b-x)^2}.$$

Die Existenz eines Minimums von $f(x)$ ist anschaulich klar. Für dieses Minimum gilt

$$f'(x)=\frac{n_1\cdot 2x}{2c\sqrt{a^2+x^2}}+\frac{n_2\cdot 2(b-x)(-1)}{2c\sqrt{d^2+(b-x)^2}}=0,$$

also

$$\frac{n_1x}{\sqrt{a^2+x^2}}=\frac{n_2(b-x)}{\sqrt{d^2+(b-x)^2}}.$$

Man erhält eine Gleichung 4. Grades für x. Man braucht sie aber gar nicht aufzulösen, denn sie bedeutet geometrisch die Bedingung

$$n_1\frac{\overline{OC}}{\overline{AC}}=n_2\frac{\overline{CD}}{\overline{CB}},$$

also

$$n_1\sin\alpha=n_2\sin\beta,$$

also das Refraktionsgesetz.

Ergebnis: Bei der Reflexion und bei der Refraktion wählt das Licht den Weg mit der kürzesten Lichtzeit (Fermatsches[1] Prinzip der kürzesten Lichtzeit).

Anhang: Algebraische Funktionen

Die Wurzelfunktionen sind spezielle algebraische Funktionen.

Definition 3: Eine Funktion $x \to f(x)$, $x \in D$ heißt eine *algebraische Funktion*, wenn es Polynome $P_0(x)$, $P_1(x)$, ..., $P_n(x)$ gibt, so daß für jedes x mit $x \in D$ für $y = f(x)$ gilt

$$P_0(x)\,y^n + P_1(x)\,y^{n-1} + \ldots + P_{n-1}(x)\,y + P_n(x) = 0. \tag{4}$$

Z.B. sind die Wurzelfunktionen $x \to \sqrt[n]{x}$ algebraische Funktionen, denn für $x \geqq 0$ und $y = \sqrt[n]{x}$ gilt stets $y^n - x = 0$. Auch die rationalen Funktionen fallen unter die algebraischen Funktionen, denn für die rationale Funktion $x \to \frac{P(x)}{Q(x)}$ gilt für alle x mit $Q(x) \neq 0$ und für $y = \frac{P(x)}{Q(x)}$

$$Q(x)\,y - P(x) = 0.$$

Dabei gibt es zu einer Gleichung von der Form (4) oft mehrere wesentlich verschiedene algebraische Funktionen (die also nicht nur Fortsetzungen oder Einschränkungen voneinander sind), die die Gleichung erfüllen: z.B. wird die Gleichung $y^2 - x = 0$ von den Funktionen $x \to \sqrt{x}$ und $x \to -\sqrt{x}$ erfüllt.

Es gibt aber algebraische Funktionen, die man nicht durch eine explizite Funktionsgleichung $y = f(x)$ darstellen kann, bei der der Funktionsterm $f(x)$ mit Hilfe der vier Grundoperationen aus Wurzeln aufgebaut ist. Z.B. wird durch die Gleichung

$$y^5 - xy - 1 = 0 \tag{5}$$

eine solche Funktion definiert, nämlich die Funktion $x \to f(x)$, $x \in (-\infty, 1]$, wobei $f(x)$ diejenige Zahl y ist, für die (5) erfüllt ist; für festes x mit $x \leqq 1$ ist diese Zahl nämlich eindeutig bestimmt, weil sich die Kurven mit den Gleichungen

$$u = y^5 \quad \text{und} \quad u = xy + 1$$

in einem uy-Koordinatensystem in genau einem Punkt schneiden (Fig. 14 für $x = -0{,}8$); man kann aber zeigen, daß (5) nicht durch Wurzelausdrücke nach y aufgelöst werden kann.

Definition 4: Eine Funktion, die nicht algebraisch ist, heißt *transzendent*.

Die elementaren transzendenten Funktionen sind die Exponential- und Logarithmusfunktionen (§ 17) sowie die trigonometrischen Funktionen und die zyklometrischen Funktionen (§ 18).

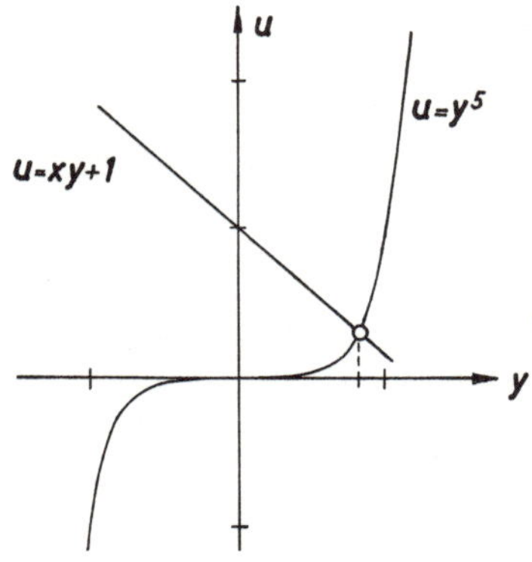

Fig. 14

[1] Pierre Fermat 1601–1655.

Aufgaben zu § 15

I

1. Gegeben seien $f(x)$ und $g(x)$. Man berechne $F(x)=f(g(x))$ und $G(x)=g\big(f(x)\big)$:
a) $f(x)=2x+1,\ g(x)=x^2$, b) $f(x)=(x-2)^2+1,\ g(x)=2x-1$,
c) $f(x)=\dfrac{1+x}{1-x},\ g(x)=\dfrac{1-x}{1+x}$.

2. Man schreibe die folgenden Funktionsterme $F(x)$ in der Form $f\big(g(x)\big)$ und bestimme $f(u)$ und $g(x)$:
a) $F(x)=\sin 3x$, b) $F(x)=\sin^2 x$, c) $F(x)=\dfrac{1+\sqrt{x}}{\sqrt{x}}$, d) $F(x)=\sqrt{\dfrac{1-x}{1+x}}$.

3. Man skizziere die Graphen der Funktionen $x\to \operatorname{sgn} x+1$ und $x\to \operatorname{sgn}(x+1)$.

4. Gegeben sei $f(2)=3,\ g(1)=2,\ f'(2)=-\frac{1}{2},\ g'(1)=4$. Gesucht ist für $F(x)=f(g(x))$
a) $F(1)$, b) $\bar{g}(2)$, c) $\bar{f}'(3)$, d) $F'(1)$.

5. Man beweise, daß folgende Funktionen $x\to f(x),\ x\in D$ umkehrbar sind:
a) $x\to x^3+x,\ x\in\mathbb{R}$, b) $x\to\dfrac{x}{x^2-1},\ x\in(-1,1)$, c) $x\to\sqrt{1+x^2},\ x\in[0,\infty)$.

6. Man stelle die Umkehrfunktionen folgender umkehrbarer Funktionen (inkl. Definitionsbereich) auf:
a) $x\to\frac{1}{2}x-3,\ x\in\mathbb{R}$, b) $x\to\dfrac{x-2}{2x+3},\ x\in\mathbb{R}-\{-\frac{3}{2}\}$,
c) $x\to\dfrac{x}{x^2-1},\ x\in(-1,0)$, d) $x\to\dfrac{x}{\sqrt{1-x^2}},\ x\in(-1,1)$,
e) $x\to f(x)$ mit $f(x)=\begin{cases}\dfrac{x-1}{x} & \text{für } x\in[\frac{1}{2},1),\\ x-1 & \text{für } x\in[1,3],\end{cases}$
f) $x\to f(x)$ mit $f(x)=\begin{cases}1+\frac{x}{2} & \text{für } x\in[-2,0),\\ 2^x & \text{für } x\in[0,3].\end{cases}$

7. Die folgenden Funktionen $x\to f(x)$ sind so einzuschränken, daß sie umkehrbar werden, und die zu diesen Einschränkungen gehörigen Umkehrfunktionen sind anzugeben:
a) $f(x)=x^2-4x+5$, b) $f(x)=x\,|x|-2x$, c) $f(x)=\dfrac{1}{x^2+1}$.

8. Gegeben seien die Funktionen $x\to f(x)=x^2,\ x\in[0,\infty)$ und $x\to g(x)=3x-2$.
Gesucht ist a) $f\big(\bar{g}(\bar{f}(g'(x)))\big)$, b) $f'\big(\bar{f}(g(f'(x)))\big)$.

9. Man beweise: Die ganzen rationalen Funktionen ersten Grades bilden eine Gruppe bezüglich der Zusammensetzung.

10. Was ist am folgenden «Beweis» falsch: Die Ableitung jeder Funktion ist eine ungerade Funktion; denn $f'(-x)$ ist die Ableitung von $f(-x)$, also nach der Kettenregel gleich $f'(-x)\cdot(-1)$, also ist $f'(-x)=-f'(x)$.

11. Man beweise, daß für $n\in\mathbb{N}$ gilt
$$\int_0^1 x^n\,dx+\int_0^1\sqrt[n]{x}\,dx=1,$$
ohne die Integrale zu berechnen.

12. Gegeben ist $f(x)$, gesucht $f'(x)$:
a) $f(x)=\dfrac{\sqrt{x}}{x^2\sqrt[3]{x}}$, b) $f(x)=\sqrt[3]{\dfrac{x^3\sqrt{x}}{a}}$, c) $f(x)=\dfrac{1}{\sqrt{1+2x^2}}$,
d) $f(x)=\sqrt{\dfrac{x-1}{x+1}}$, e) $f(x)=\sqrt{\dfrac{1+x^2}{1-x^2}}$, f) $f(x)=\sqrt{\dfrac{1+\sqrt{x}}{1-\sqrt{x}}}$,
g) $f(x)=\dfrac{(1+x^2)^3}{(1-x^3)^2}$, h) $f(x)=\dfrac{x}{\sqrt{x^2-a^2}}$, i) $f(x)=(1+x)(3x-2)\sqrt{1+x}$,

k) $f(x)=\sqrt{x\sqrt{x\sqrt{x\sqrt{x}}}}$, l) $f(x)=\sqrt{1+\sqrt{1+\sqrt{x}}}$,

m) $f(x)=\dfrac{3}{\sqrt[3]{x^2+7x+2}}$, n) $f(x)=\sqrt{x^2}$.

13. Unter welchem Winkel schneiden sich die Kurven mit den Gleichungen $y=\dfrac{1}{x}$ und $y=\sqrt{x^2-2}$?

14. Man bestimme die Extrema und Wendepunkte der Funktion $x\to\sqrt{x}+\dfrac{1}{x}$.

15. Gegeben ist eine Funktion $x\to f(x)$. Gesucht ist eine Beziehung $F(x,y)=0$ von der Art (4), so daß gilt $F(x, f(x))=0$ für jedes mögliche x:

a) $f(x)=x^{-4/3}$, b) $f(x)=x^2\operatorname{sgn} x$, c) $f(x)=\begin{cases}\sqrt{x} & \text{für } x\in\mathbb{N}_0,\\ -\sqrt{x} & \text{für } x\in\mathbb{R}^+-\mathbb{N}.\end{cases}$

16. Gegeben sind zwei Funktionen $x\to f(x)$ und $x\to g(x)$. Gesucht ist eine Beziehung $F(x,y)=0$ von der Art (4), so daß gilt $F(x,f(x))=0$ und $F(x,g(x))=0$ für alle möglichen x:

a) $f(x)=\sqrt{x+1}$, $g(x)=-\sqrt{x+1}$, b) $f(x)=x+\sqrt{x^2-1}$, $g(x)=x-\sqrt{x^2-1}$.

17. Die Menge der Punkte der Ebene, deren Koordinaten eine Beziehung von der Form $y^2=F(x)$ erfüllen, kann aus folgenden Arten von Teilen bestehen: geschlossene Kurve im Endlichen (Fall 1), zur x-Achse symmetrische Kurve, die die x-Achse in genau einem Punkt schneidet (Fall 2); zwei zur x-Achse symmetrisch liegende Kurvenäste, die die x-Achse nicht schneiden (Fall 3). Man gebe in den folgenden Beispielen an, welche Fälle in welchen Intervallen vorliegen:

a) $y^2=x-4$, b) $y^2=4-x$, c) $y^2=x^2-2x-8$,
d) $y^2=8+2x-x^2$, e) $y^2=9-x^2$, f) $y^2=9+x^2$,
g) $y^2=(x^2-9)(x^2-25)$, h) $y^2=(x-1)^2x$, i) $y^2=x^3-4x$.

18. Man zeichne den Graphen der Gleichung $x^2+2\left(\frac{3}{5}\sqrt[3]{x^2}-y\right)^2-1=0$.

19. Unter welchem Winkel schneiden sich die Kurven mit den Gleichungen $xy=1$ und $x^2-y^2=2$?

20. Die Kurve mit der Gleichung $a^2y^2+x^3-ax=0$ (mit $a>0$) besteht aus verschiedenen Teilen, von denen der eine eine geschlossene Kurve ist. Man beweise, daß das Volumen des Rotationskörpers, der durch Rotation dieses Teils um die x-Achse entsteht, von a unabhängig ist.

21. Die Kurve mit der Gleichung $y^2=x(1-\frac{1}{3}x)^2$ hat eine Schleife. Man bestimme den höchsten und den tiefsten Punkt der Schleife.

22. In einen hohlen Kegel mit Spitze nach unten und mit dem halben Öffnungswinkel α wird gleichmäßig Wasser gegossen, und zwar k Liter pro Sekunde. Man berechne die Steiggeschwindigkeit des Wasserspiegels als Funktion der Zeit t.

23. Unter der «Elastizität» einer Funktion $x\to f(x)$ versteht man die Funktion $x\to f_E(x)=\dfrac{xf'(x)}{f(x)}$. Man beweise:

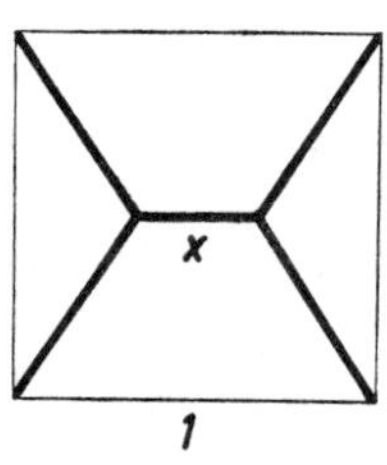

Fig. 15

a) $F(x) = f(x)g(x) \Rightarrow F_{\mathrm{E}}(x) = f_{\mathrm{E}}(x) + g_{\mathrm{E}}(x)$,

b) $F(x) = \dfrac{f(x)}{g(x)} \Rightarrow F_{\mathrm{E}}(x) = f_{\mathrm{E}}(x) - g_{\mathrm{E}}(x)$,

c) $F(x) = \bar{f}(x) \Rightarrow F_{\mathrm{E}}(x) = \dfrac{1}{f_{\mathrm{E}}(\bar{f}(x))}$.

II

24. Wie hoch ist das einem Halbkreis mit dem Radius r einbeschriebene Rechteck mit maximalem Umfang?

25. Wie hoch ist der einer Halbkugel mit dem Radius r einbeschriebene Zylinder mit maximaler Oberfläche?

26. Wie groß ist der Grundkreisradius des einer Kugel mit dem Radius r einbeschriebenen Kegels mit maximalem Volumen?

27. Wie groß ist der Grundkreisradius des einer Kugel mit dem Radius 1 einbeschriebenen Zylinders mit maximaler Oberfläche?

28. Wie hoch ist der einer Kugel mit dem Radius 1 einbeschriebene Kegel mit maximaler Oberfläche?

29. Wie lang ist die Decklinie des Trapezes mit maximalem Umfang, das einem Halbkreis mit dem Radius 1 so einbeschrieben ist, daß seine Grundlinie die Halbkreisbasis ist?

30. Einem Zylinder mit der Höhe 1 cm ist ein Kegel mit der Mantellinie 3 cm aufgesetzt. Wie groß muß der Radius des Zylinders sein, damit das Volumen des Körpers maximal ist?

31. Wie lang ist die Grundkante eines einer Kugel mit dem Radius r einbeschriebenen quadratischen Prismas mit maximaler Oberfläche?

32. Wie lang ist die Grundkante eines einer Halbkugel vom Radius 1 einbeschriebenen stehenden quadratischen Prismas mit maximaler Oberfläche?

33. Einem Kugelsegment mit dem Kugelradius 6 cm und der Höhe 5 cm ist ein auf seiner Grundfläche stehendes gerades quadratisches Prisma mit maximaler Kantensumme einbeschrieben. Wie groß ist seine Höhe?

34. Drei Punkte A, B, C sollen durch eine Wasserleitung verbunden werden, wobei die Leitung von A nach B geradlinig sei, und von einem Punkt X zwischen A und B eine Abzweigung nach C führen soll, wobei der Abstand von C von der Geraden AB 40 m beträgt. In welcher Entfernung vom Fußpunkt des Lotes von C auf AB muß X gewählt werden, daß die Kosten des Netzes minimal werden, wenn die Kosten pro m Leitung auf AX DM 270.–, auf XB DM 180.– und auf XC DM 150.– betragen?

35. Wie lang ist die Grundkante einer regulären geraden a) quadratischen, b) sechseckigen Pyramide mit dem Volumen 1, deren Oberfläche minimal ist?

36. In der Mitte eines Quadrates mit der Seitenlänge 1 liegt eine Strecke nach Fig. 15. Wie lang muß sie sein, damit ihre Länge und die Längen der Verbindungsstrecken von ihren Endpunkten zu den Quadratecken zusammen (dick ausgezogen in Fig. 15) minimal wird?

37. Ein romanisches Kirchenfenster besteht aus einem Rechteck mit der Breite 10 und der Höhe 5 mit aufgesetztem Halbkreis. Wie breit ist das einbeschriebene Rechteck a) mit minimalem Umfang, b) mit minimalem Flächeninhalt?

38. Einem Kreis mit dem Radius 1 ist ein Kreuz einbeschrieben, das aus einem Quadrat und vier aufgesetzten kongruenten Rechtecken besteht. Wie groß ist seine Balkenbreite, wenn sein Flächeninhalt maximal sein soll?

39. Gegeben ist ein gleichschenkliges Dreieck mit der Basis a und der Höhe h. In welcher Höhe über der Grundlinie muß die Parallele zur Grundlinie gezogen werden, damit das auf ihr liegende Stück zwischen Schenkel und Umkreis maximale Länge hat, a) für $a=2$, $h=2$, b) für $a=24$, $h=16$?

40. Wie groß kann in einem rechtwinkligen Dreieck mit der Hypotenuse c die Summe eines Hypotenusenabschnitts und der Höhe höchstens sein?

41. Einem Kreissektor mit dem Radius 1 und dem Zentriwinkel $60°$ ist ein Rechteck mit maximalem Flächeninhalt einzubeschreiben, von dem zwei Ecken auf einem begrenzenden Radius des Sektors liegen. Wie lang ist die zu diesem Radius senkrechte Seite?

42. Einem Kreissektor mit dem Radius 1 und dem Zentriwinkel $60°$ ist ein Rechteck mit maximalem Flächeninhalt einzubeschreiben, von dem zwei Ecken auf dem Bogen des Sektors liegen. Wie lang ist die Seite, die diese Ecken verbindet?

43. Von einer Kugel mit dem Radius 1 wird ein Segment abgeschnitten und auf dem entstehenden Schnittkreis a) eine Halbkugel, b) ein gleichseitiger Zylinder, c) ein gleichseitiger Kegel aufgesetzt. In welchem Abstand vom Kugelzentrum muß der Schnitt geführt werden, damit das Volumen des entstehenden Körpers maximal wird?

44. Einem gleichschenkligen Dreieck mit der Basis a und der Höhe h wird ein gleichschenkliges Dreieck einbeschrieben, dessen Spitze im Mittelpunkt der Basis und dessen Ecken auf den Schenkeln des gegebenen Dreiecks liegen. Wie groß muß die Höhe x des einbeschriebenen Dreiecks sein, damit sein Umfang minimal wird, a) allgemein, b) für $a=2$, $h=3$? c) Welche Bedingung müssen a und b erfüllen, damit ein Minimum existiert?

45. Einem Kreisring mit den Radien R und r (mit $r<R$) wird ein Rechteck $ABCD$ einbeschrieben, so daß die Seite AB Sehne des inneren Kreises und die Gegenseite CD Sehne des äußeren Kreises ist. Wie groß muß AB sein, damit das Rechteck maximalen Flächeninhalt hat?

46. Gegeben sind zwei Kreise mit dem Mittelpunktsabstand a und den Radien R und r (wobei $r<R$ und $R+r<a$ sei). Von einem Punkt P auf der Zentralen wird an jeden Kreis je eine Tangente gelegt. In welcher Entfernung x vom Zentrum des größeren Kreises ist P zu wählen, damit die Summe der beiden Tangentenabschnitte (je von P bis zum Berührungspunkt gemessen) maximal ist, a) allgemein, b) für $R=6$, $r=2$, $a=12$?

47. Wie groß ist der x-Achsenabschnitt der Geraden durch den im ersten Quadranten liegenden Punkt $P(a/b)$, die mit den Koordinatenachsen ein Dreieck mit minimalem Umfang bildet?

48. An welcher Stelle x ist die Differenz der Funktionswerte der Funktionen $x \to \sqrt[4]{x}$ und $x \to \frac{1}{2\sqrt[4]{2}}\sqrt{x}$ zwischen den gemeinsamen Punkten ihrer Graphen maximal?

49. Man lege durch den Ursprung und durch die Punkte $A(-4/2)$ und $B(4/2)$ einen Kreis und eine Parabel mit der Achse auf der y-Achse. An welcher Stelle x ist die Ordinatendifferenz zwischen den beiden Kurven maximal, und wie groß ist diese?

50. In welchem Punkt der Kurve mit der Gleichung $y=\frac{1}{x^2}$ muß man die Tangente ziehen, a) damit das Dreieck zwischen ihr und den Koordinatenachsen minimalen Umfang hat, b) damit der Kegel, der durch Rotation dieses Dreiecks um die y-Achse entsteht, minimale Oberfläche hat?

51. Man berechne die Seitenlängen und den Umfang des Rechtecks mit maximalem Umfang, das einer Ellipse mit den Halbachsen a und b einbeschrieben werden kann.

52. Wie lang ist die längste Sehne, die man in eine Ellipse mit den Halbachsen a und b von einem Nebenscheitel aus zeichnen kann?

53. Bei welcher Abszisse x_0 muß man in der Ellipse mit der Gleichung $x^2+3y^2=18$ eine vertikale Sehne AB ziehen, damit das Dreieck OAB (wobei O der Ursprung ist) maximalen Umfang hat?

54.* Von welchem Punkt $P(2/y)$ der Geraden mit der Gleichung $x=2$ aus erscheint die obere Hälfte des Kreises mit der Gleichung $x^2+y^2=1$ unter extremalem Gesichtswinkel γ, und wie groß ist dieser? Wink: Man drücke $\tan\gamma$ aus den Steigungen der Geraden, die γ bilden, aus (getrennt für $y \geqq 0$ und $y \leqq 0$); aus der Ableitung kann der Faktor $1+\frac{y}{\sqrt{y^2+3}}$ ausgeklammert werden.

Ergebnisse

1. a) $F(x)=2x^2+1$, $G(x)=4x^2+4x+1$, b) $F(x)=4x^2-12x+10$, $G(x)=2x^2-8x+9$, c) $F(x)=\frac{1}{x}$, $G(x)=-x$.
2. a) $f(u)=\sin u$, $g(x)=3x$, b) $f(u)=u^2$, $g(x)=\sin x$, c) $f(u)=\frac{1+u}{u}$, $g(x)=\sqrt{x}$, d) $f(u)=\sqrt{u}$, $g(x)=\frac{1-x}{1+x}$.
3. Fig. 16 und 17.
4. a) 3, b) 1, c) -2, d) -2.
5. a) $f'(x)=3x^2+1>0$ also f monoton steigend,
   b) $f'(x)=\frac{-2x^2-1}{(x^2-1)^2}<0$ für $x\in(-1,1)$, also f monoton fallend,
   c) $f(x_1)<f(x_2)$ für $0\leqq x_1<x_2$ ist offensichtlich.
6. a) $x\to 2x+6$, $x\in\mathbb{R}$, b) $x\to\frac{3x+2}{1-2x}$, $x\in\mathbb{R}-\{\frac{1}{2}\}$,
   c) $x\to\frac{-\sqrt{4x^2+1}+1}{2x}$, $x\in(0,\infty)$, d) $x\to\frac{x}{\sqrt{1+x^2}}$, $x\in\mathbb{R}$,
   e) $x\to\bar{f}(x)$ mit $\bar{f}(x)=\begin{cases}\frac{1}{1-x} & \text{für } x\in[-1,0),\\ x+1 & \text{für } x\in[0,2],\end{cases}$
   f) $x\to\bar{f}(x)$ mit $\bar{f}(x)=\begin{cases}2x-2 & \text{für } x\in[0,1),\\ \log_2 x & \text{für } x\in[1,8].\end{cases}$
7. a) Die Einschränkung $x\to x^2-4x+5$, $x\in[2,\infty)$ hat die Umkehrfunktion $x\to 2+\sqrt{x-1}$, $x\in[1,\infty)$; die Einschränkung $x\to x^2-4x+5$, $x\in(-\infty,2]$ hat die Umkehrfunktion $x\to 2-\sqrt{x-1}$, $x\in[1,\infty)$.
   b) Die Einschränkung $x\to x\,|x|-2x$, $x\in[1,\infty)$ hat die Umkehrfunktion $x\to 1+\sqrt{1+x}$, $x\in[-1,\infty)$; die Einschränkung $x\to x|x|-2x$, $x\in[-1,1]$ hat die Umkehrfunktion $x\to\bar{f}(x)$ mit

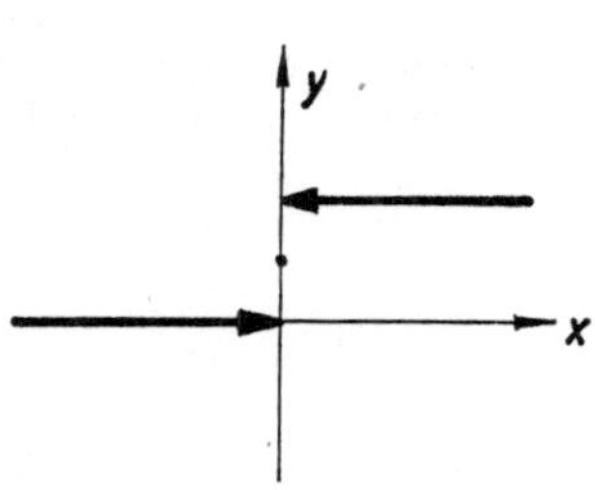

Fig. 16

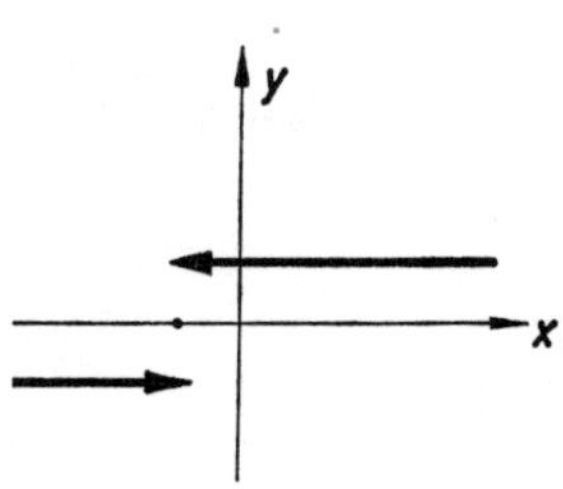

Fig. 17

$$\bar{f}(x) = \begin{cases} 1-\sqrt{1+x} & \text{für } x \in [-1, 0), \\ -1+\sqrt{1-x} & \text{für } x \in [0, 1]; \end{cases}$$

die Einschränkung $x \to x\,|x| - 2x$, $x \in (-\infty, -1]$ hat die Umkehrfunktion $x \to -1 - \sqrt{1-x}$, $x \in (-\infty, 1]$.

c) Die Einschränkung $x \to \dfrac{1}{x^2+1}$, $x \in [0, \infty)$ hat die Umkehrfunktion $x \to \sqrt{\dfrac{1}{x} - 1}$, $x \in (0, 1]$; die Einschränkung $x \to \dfrac{1}{x^2+1}$, $x \in [-\infty, 0]$ hat die Umkehrfunktion $x \to -\sqrt{\dfrac{1}{x} - 1}$, $x \in (0, 1]$.

8. a) $\dfrac{7+4\sqrt{3}}{9}$, b) $2\sqrt{6x-2}$.

9. Die ganzen rationalen Funktionen 1. Grades sind die linearen Funktionen $x \to ax+b$ mit $a \neq 0$. Ihre Umkehrfunktionen $x \to \dfrac{x-b}{a}$ sind wiederum solche Funktionen, und die Zusammensetzung solcher Funktionen, z. B. $x \to f_1(x) = a_1 x + b_1$ mit $a_1 \neq 0$ und $x \to f_2(x) = a_2 x + b_2$ mit $b_2 \neq 0$, ergibt die Funktion $x \to f_2(f_1(x)) = a_1 a_2 x + a_2 b_1 + b_2$, also wieder eine solche Funktion. Nach Satz 6 von § 2 bilden diese Funktionen also eine Gruppe.

10. $f'(-x)$ ist nicht die Ableitung von $f(-x)$; letztere ist die Ableitung $g'(x)$ der Funktion g mit $g(x) = f(-x)$ [der Schluß, daß $g'(x) = -f'(x)$ gilt, ist richtig].

11. Die Graphen der Funktionen $x \to x^n$ und $x \to \sqrt[n]{x}$ sind symmetrisch zur 45°-Linie, also ergänzen sich die beiden Flächen, deren Inhalte die gegebenen Integrale sind, zum Einheitsquadrat.

12. a) $f'(x) = -\dfrac{11}{6\sqrt[6]{x^{17}}}$, b) $f'(x) = \dfrac{7}{6}\sqrt[6]{\dfrac{x}{a^2}}$, c) $f'(x) = -\dfrac{2x}{(1+2x^2)^{3/2}}$,

d) $f'(x) = \dfrac{1}{(x+1)\sqrt{x^2-1}}$, e) $f'(x) = \dfrac{2x}{(1-x^2)\sqrt{1-x^4}}$,

f) $f'(x) = \dfrac{1}{2(1-\sqrt{x})\sqrt{x(1-x)}}$, g) $f'(x) = \dfrac{6x(1+x^2)^2(1+x)}{(1-x^3)^3}$, h) $f'(x) = -\dfrac{a^2}{(x^2-a^2)^{3/2}}$,

i) $f'(x) = \frac{15}{2}x\sqrt{1+x}$, k) $f'(x) = \dfrac{15}{16\sqrt[16]{x}}$, l) $f'(x) = \dfrac{1}{8\sqrt{x(1+\sqrt{x})(1+\sqrt{1+\sqrt{x}})}}$,

m) $f'(x) = -\dfrac{2x+7}{\sqrt[3]{(x^2+7x+2)^4}}$, n) $f'(x) = \operatorname{sgn} x$ für $x \neq 0$.

13. 90°.

14. Minimum $P_1\left(\sqrt[3]{4} / \frac{3}{2}\sqrt[3]{2}\right) = P_1(1{,}587/1{,}890)$, Wendepunkt $P_2(4/\frac{9}{4})$.

15. a) $x^4y^3 - 1 = 0$, b) $y^2 - x^4 = 0$, c) $y^2 - x = 0$.

16. a) $y^2 - x - 1 = 0$, b) $y^2 - 2xy + 1 = 0$.

17. a) Fall 2 in $[4, \infty)$, b) Fall 2 in $(-\infty, 4]$, c) Fall 2 in $(-\infty, -2]$, Fall 2 in $[4, \infty)$, d) Fall 1 in $[-2, 4]$, e) Fall 1 in $[-3, 3]$, f) Fall 3 in $(-\infty, \infty)$, g) Fall 2 in $(-\infty, -5]$ und in $[5, \infty)$, Fall 1 in $[-3, 3]$, h) Fall 1 in $[-2, 0]$, Fall 2 in $[2, \infty)$, i) Fall 1 in $[0, 1]$, Fall 2 in $[1, \infty)$, beide Teile berühren sich in einem Punkt.

18. Fig. 18.

19. 90°.

20. $V = \dfrac{\pi}{4}$.

21. $P_{1,2}(1/\pm\frac{2}{3})$.

22. $v = \sqrt[3]{\dfrac{k\cot^2\alpha}{9\pi}}\, t^{-2/3}$.

23. a) und b) nach Produkt- und Quotientenregel.

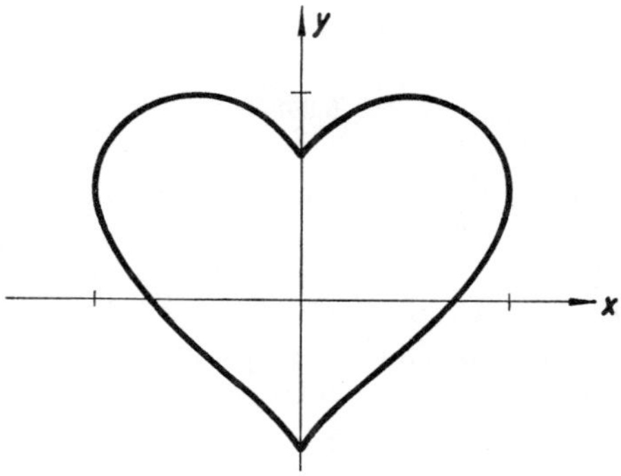

Fig. 18

c) $F_{\mathrm{E}}(x) = \dfrac{xF'(x)}{F(x)} = \dfrac{x}{\bar{f}(x)f'(\bar{f}(x))} = \dfrac{f(\bar{f}(x))}{\bar{f}(x)f'(\bar{f}(x))} = \dfrac{1}{f_{\mathrm{E}}(\bar{f}(x))}$.

24. $\dfrac{r}{\sqrt{5}} = 0{,}4472\, r$.

25. $\dfrac{r}{2}\sqrt{2-\sqrt{2}} = 0{,}3827\, r$.

26. $\frac{2}{3}\sqrt{2}\, r = 0{,}9428\, r$.

27. $\sqrt{\dfrac{5+\sqrt{5}}{10}} = 0{,}8507$.

28. $\frac{1}{16}(23-\sqrt{17}) = 1{,}180$.

29. 1.

30. $2\sqrt{2} = 2{,}828$ cm.

31. $\frac{2}{3}\sqrt{3}\, r = 1{,}1547\, r$.

32. $\sqrt{1+\dfrac{\sqrt{3}}{3}} = 1{,}2559$.

33. 1 cm.

34. 30 m (in Richtung gegen A).

35. a) $\sqrt[6]{\frac{9}{2}} = 1{,}285$, b) $\sqrt[6]{\frac{2}{9}} = 0{,}7783$.

36. $x = 1 - \dfrac{\sqrt{3}}{3} = 0{,}4226$.

37. a) $4\sqrt{5} = 8{,}944$, b) $5\sqrt{3} = 8{,}660$.

38. $\frac{2}{5}\sqrt{5} = \sqrt{0{,}8} = 0{,}8944$.

39. a) $\frac{1}{4}(3+\sqrt{5}) = 1{,}309$, b) 11.

40. $\dfrac{1+\sqrt{2}}{2}\, c = 1{,}2071\, c$.

41. $\frac{1}{2}$.

42. $\sqrt{2-\sqrt{3}} = 0{,}5176$.

43. a) $\dfrac{1}{\sqrt{5}} = 0{,}4472$, b) $\dfrac{1}{\sqrt{37}} = 0{,}1644$, c) $\frac{1}{2}$.

44. a) $x = \dfrac{2a^2h}{a^2+4h^2}$, b) $x = 0{,}6$, c) $b < 2h$.

45. $\dfrac{2Rr}{\sqrt{R^2+r^2}}$.

46. a) $x = \dfrac{Ra}{R+r}$, b) $x = 9$.

47. $x = \dfrac{2a^2+\sqrt{2ab}\,(a-b)}{2a-b}$.

48. $x = 2$.

49. $x = 3$, $d = \frac{1}{8}$.

50. a) $x_0 = \sqrt[3]{\frac{9+\sqrt{17}}{4}} = 1{,}486$, b) $\frac{1}{\sqrt[6]{2}} = 0{,}8909$.

51. Breite $\frac{2a^2}{\sqrt{a^2+b^2}}$, Höhe $\frac{2b^2}{\sqrt{a^2+b^2}}$, Umfang $4\sqrt{a^2+b^2}$.

52. $\frac{a^2}{\sqrt{a^2-b^2}}$.

53. $x_0 = 3$.

54. Schwach ausgeprägte Maxima bei $y=1$ mit $\gamma=45°$, und bei $y=-1$ mit $\tan\gamma=\frac{9}{13}$, $\gamma=34{,}7°$; Minimum mit Ecke bei $y=0$ mit $\gamma=30°$.

§ 16. Der Zusammenhang zwischen Differentiation und Integration

1. Weitere Sätze über das bestimmte Integral

a) Zunächst müssen wir den Integralbegriff etwas verallgemeinern.

Definition 1: Für beliebige Funktionen f setzen wir

$$\int_a^a f(x)\,\mathrm{d}x = 0\,;$$

ist $a < b$ und existiert $\int_a^b f(x)\,\mathrm{d}x$, so definieren wir

$$\int_b^a f(x)\,\mathrm{d}x = -\int_a^b f(x)\,\mathrm{d}x.$$

Als unmittelbare *Folgerung* ergibt sich: Sind a und b *beliebige* Zahlen, und setzen wir

$$\Delta x = \frac{b-a}{n} \quad \text{und} \quad x_k = a + k\Delta x,$$

so gilt

$$\int_a^b f(x)\,\mathrm{d}x = \lim_{n\to\infty} \sum_{k=1}^{n} f(x_k)\,\Delta x, \tag{1}$$

wenn f im Intervall $[a, b]$ bzw. $[b, a]$ stetig ist.

Nun kann Satz 8 von § 10 verallgemeinert werden:

Satz 1: Ist f in einem Intervall I stetig und sind a, b und c drei beliebige Zahlen von I, so gilt

$$\int_a^b f(x)\,\mathrm{d}x + \int_b^c f(x)\,\mathrm{d}x = \int_a^c f(x)\,\mathrm{d}x.$$

Beweis: x_1, x_2, x_3 seien drei Zahlen von I mit $x_1 \leqq x_2 \leqq x_3$. Dann gilt nach Satz 8 von § 10 und nach Definition 1

$$\int_{x_1}^{x_2} f(x)\,\mathrm{d}x + \int_{x_2}^{x_3} f(x)\,\mathrm{d}x + \int_{x_3}^{x_1} f(x)\,\mathrm{d}x = 0.$$

An dieser Beziehung ändert sich nichts, wenn die drei Zahlen x_1, x_2, x_3 zyklisch permutiert werden. Vertauscht man zwei der Zahlen, z.B. x_1 und x_3, so wird

$$\int_{x_3}^{x_2} f(x)\,dx + \int_{x_2}^{x_1} f(x)\,dx + \int_{x_1}^{x_3} f(x)\,dx = -\int_{x_2}^{x_3} f(x)\,dx - \int_{x_1}^{x_2} f(x)\,dx - \int_{x_3}^{x_1} f(x)\,dx = 0,$$

d.h. auch bei antizyklischer Permutation der drei Zahlen x_1, x_2, x_3 bleibt die Beziehung erhalten. Somit gilt Satz 1 auch, wenn die Zahlen a, b, c in beliebiger Anordnung stehen (oder teilweise zusammenfallen).

b) Als weitere Vorbereitung brauchen wir den sogenannten «Mittelwertsatz der Integralrechnung». Ein bestimmtes Integral kann anschaulich nicht nur als ein Flächeninhalt, sondern auch als «Mittelwert» interpretiert werden: Unter dem Mittelwert aller Funktionswerte einer Funktion f in einem Intervall $[a, b]$ kann man den Grenzwert

$$h = \lim_{n \to \infty} \frac{1}{n} \sum_{k=1}^{n} f(x_k)$$

verstehen, wobei dieselben Bezeichnungen wie in Formel (1) verwendet werden; daraus folgt nämlich nach (1)

$$h = \lim_{n \to \infty} \frac{1}{n \Delta x} \sum_{k=1}^{n} f(x_k) \Delta x = \frac{1}{b-a} \int_a^b f(x)\,dx.$$

Nun ist es anschaulich klar, daß dieser Mittelwert gleich einem Funktionswert $f(x_0)$ mit einem x_0 mit $x_0 \in [a, b]$ ist (Fig. 1); die letzte Gleichung bedeutet, daß der Flächeninhalt zwischen dem Graphen von f, der x-Achse und den Vertikalen bei $x=a$ und $x=b$ gleich dem Flächeninhalt des Rechtecks mit der Breite $b-a$ und der Höhe $h=f(x_0)$ ist. Somit gilt:

Satz 2 (Mittelwertsatz der Integralrechnung): Ist f auf $[a, b]$ stetig, so gibt es eine Zahl x_0 mit $x_0 \in [a, b]$, so daß gilt

$$\int_a^b f(x)\,dx = (b-a) f(x_0). \tag{2}$$

Beweis: Nach Satz 9 von § 9 existieren $m = \inf f([a, b])$ und $M = \sup f([a, b])$. Nach Satz 4 von § 10 und wegen $m \leqq f(x) \leqq M$ für $x \in [a, b]$ ist also

$$\int_a^b m\,dx = m(b-a) \leqq \int_a^b f(x)\,dx \leqq \int_a^b M\,dx = M(b-a).$$

Ist $m = M$, so ist f eine konstante Funktion, also gilt Satz 2 trivialerweise. Ist $m < M$, so ist

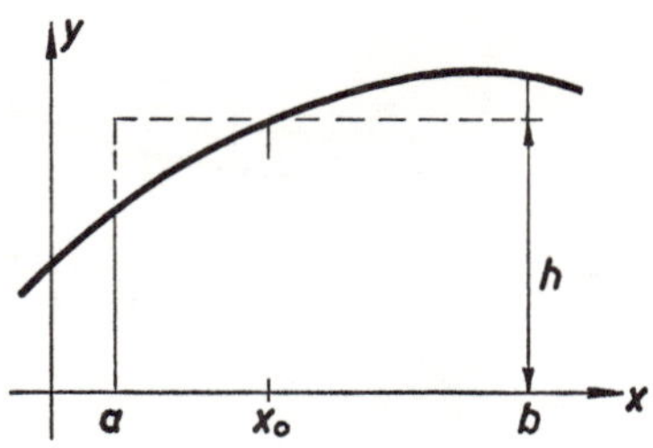

Fig. 1

$$m \leqq \frac{1}{b-a}\int_a^b f(x)\,\mathrm{d}x \leqq M;$$

nach dem Zwischenwertsatz (Satz 8 von § 9) gibt es also eine Zahl x_0 mit $x_0 \in [a, b]$ und

$$\frac{1}{b-a}\int_a^b f(x)\,\mathrm{d}x = f(x_0).$$

Bemerkung: Gleichung (2) gilt auch im Fall $b < a$ (wobei x_0 zwischen a und b liegt) und im Fall $b = a$ (wobei $x_0 = a = b$).

2. Integralfunktionen und der Hauptsatz der Infinitesimalrechnung

Auf Grund der obigen Vorbereitungen können wir uns dem zentralen Thema dieses § zuwenden.

Lassen wir die untere Grenze a eines bestimmten Integrals über eine gegebene Funktion f konstant, während wir die obere Grenze variabel machen und mit x_0 bezeichnen, so ist das Integral $\int_a^{x_0} f(x)\,\mathrm{d}x$ von x_0 abhängig; es bedeutet anschaulich den Flächeninhalt der in Fig. 2 schraffierten Fläche.

Definition 2: Ist f eine auf einem Intervall I stetige Funktion, und ist $a \in I$, so heißt die Funktion

$$x_0 \to F(x_0) = \int_a^{x_0} f(x)\,\mathrm{d}x, \quad x_0 \in I \tag{3}$$

eine *Integralfunktion* (auch Flächenfunktion) der gegebenen Funktion f.

Beispiel 1: Die Funktionen $x_0 \to \int_a^{x_0} x^2\,\mathrm{d}x = \frac{x_0^3}{3} - \frac{a^3}{3}$ und $x_0 \to \int_3^{x_0} x^2\,\mathrm{d}x = \frac{x_0^3}{3} - 9$ sind Integralfunktionen der Funktion $x \to x^2$; die Funktion $x_0 \to \int_0^{x_0} 2x^5\,\mathrm{d}x = \frac{1}{3}x_0^6$ ist eine Integralfunktion der Funktion $x \to 2x^5$.

In Beispiel 1 fällt auf, daß man durch Ableitung der Integralfunktion die Funktion $x_0 \to x_0^2$ bzw. $x_0 \to 2x_0^5$, also die gegebenen Funktionen erhält. Diese Beziehung kann nun allgemein bewiesen werden:

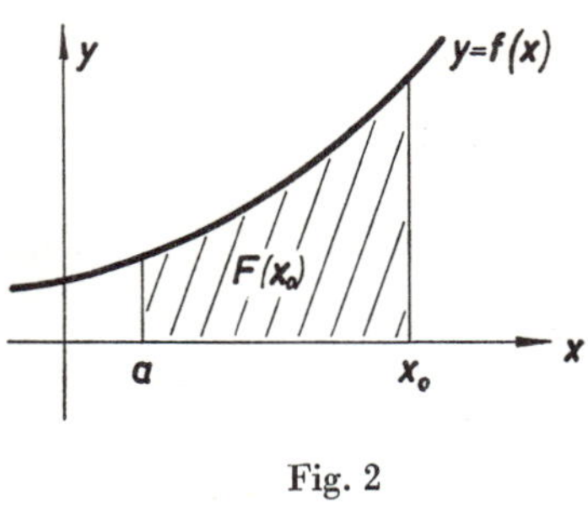

Fig. 2

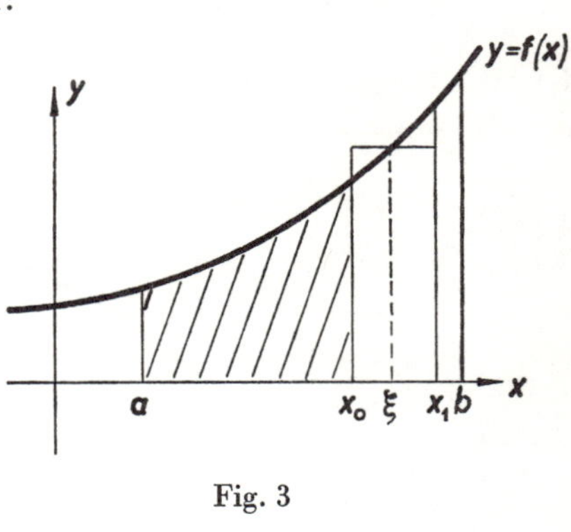

Fig. 3

Satz 3 (Hauptsatz der Infinitesimalrechnung): Ist f eine auf einem Intervall I stetige Funktion und ist $a \in I$, so gilt für die nach (3) definierte Integralfunktion

$$F'(x_0) = f(x_0) \quad \text{für } x_0 \in I, \tag{4}$$

d.h. die Ableitungsfunktion der Integralfunktion ist gleich der gegebenen Funktion.

Beweis (Fig. 3): Ist $x_0 \in I$, $x_1 \in I$ und $x_0 \neq x_1$, so ist nach Satz 1

$$\frac{F(x_1) - F(x_0)}{x_1 - x_0} = \frac{1}{x_1 - x_0}\left(\int_a^{x_1} f(x)\,\mathrm{d}x - \int_a^{x_0} f(x)\,\mathrm{d}x\right) = \frac{1}{x_1 - x_0}\int_{x_0}^{x_1} f(x)\,\mathrm{d}x,$$

also gibt es nach Satz 2 ein ξ zwischen x_0 und x_1 mit

$$\frac{F(x_1) - F(x_0)}{x_1 - x_0} = f(\xi).$$

Wegen der Stetigkeit von f ist also

$$F'(x_0) = \lim_{x_1 \to x_0} \frac{F(x_1) - F(x_0)}{x_1 - x_0} = \lim_{x_1 \to x_0} f(\xi) = f(x_0).$$

Bemerkungen: 1. Der durch den Hauptsatz gegebene Zusammenhang zwischen Differentiation und Integration (die beiden Operationen sind in einem gewissen Sinne invers zueinander) wurde schon von Fermat[1] entdeckt bei der Integration der Potenzfunktionen $x \to x^n$, ferner wurde er für die Funktion $x \to \frac{1}{x}$ von Gregory[2] erkannt, in voller Allgemeinheit aber erst von Barrow[3].

2. Setzt man f auf I nur als beschränkt und monoton voraus (wobei f also unstetig sein kann), so existiert die Integralfunktion F zwar, aber man kann nur zeigen, daß sie stetig ist: Es wird nämlich $F(x_1) - F(x_0) = (x_1 - x_0) f(\xi)$ für ein ξ zwischen x_0 und x_1, also $\lim\limits_{x_1 \to x_0} [F(x_1) - F(x_0)] = 0$.

3. Da in Definition 2 x bereits als gebundene Variable vorkommt, sollte man nicht schreiben $F(x) = \int_a^x f(x)\,\mathrm{d}x$, sondern z.B. $F(x) = \int_a^x f(t)\,\mathrm{d}t$.

3. Stammfunktionen und unbestimmtes Integral

Definition 3: Sind f und F zwei Funktionen mit demselben Definitionsbereich D und gilt

$$F'(x) = f(x) \quad \text{für } x \in D,$$

so heißt F eine *Stammfunktion* von f auf der Menge D.

Nach dem Hauptsatz ist also jede Integralfunktion einer in einem Intervall I stetigen Funktion eine Stammfunktion dieser Funktion auf I. Umgekehrt ist nicht immer jede Stammfunktion einer gegebenen Funktion eine Integralfunktion die-

[1] Pierre Fermat 1601–1655.
[2] James Gregory 1638–1675.
[3] Isaac Barrow 1630–1677.

ser Funktion, z.B. ist die Funktion $x \to \frac{x^2}{2} + 3$ eine Stammfunktion, aber keine Integralfunktion der Funktion $x \to x$. Der Name «Stammfunktion» deutet an, daß die gegebene Funktion von der Stammfunktion «abstammt» (nämlich durch Differentiation). Während zu jeder Funktion höchstens eine Ableitungsfunktion existiert, gibt es zu jeder Funktion f, die überhaupt eine Stammfunktion S hat, unendlich viele Stammfunktionen, denn für jede Konstante c ist dann auch

$$x \to S(x) + c$$

eine Stammfunktion von f. Wir zeigen nun, daß man auf diese Weise alle Stammfunktionen erhält, sofern der Definitionsbereich ein Intervall ist:

Satz 4: Ist f eine auf einem Intervall I definierte Funktion, so unterscheiden sich zwei verschiedene Stammfunktionen von f auf I höchstens durch eine additive Konstante.

Beweis: Sind S_1 und S_2 zwei Stammfunktionen von f auf I, so gilt für die Differenzfunktion d mit $d(x) = S_2(x) - S_1(x)$

$$d'(x) = S_2'(x) - S_1'(x) = f(x) - f(x) = 0 \quad \text{für alle } x \text{ mit } x \in I.$$

Nach Satz 2 von § 13 gilt also für alle x mit $x \in I$

$$d(x) = c, \quad \text{also} \quad S_2(x) = S_1(x) + c.$$

Bemerkung: Die Voraussetzung, daß der Definitionsbereich I ein Intervall ist, ist wesentlich; denn die Funktion $x \to \frac{1}{x^2}$, $x \in \mathbb{R} - \{0\}$ hat z.B. auf $\mathbb{R} - \{0\}$ die Stammfunktionen S_1 und S_2 mit

$$S_1(x) = -\frac{1}{x} \quad \text{für } x \neq 0$$

und

$$S_2(x) = \begin{cases} -\frac{1}{x} & \text{für } x < 0, \\ -\frac{1}{x} + 1 & \text{für } x > 0. \end{cases}$$

Definition 4: Ist f eine auf einem Intervall I definierte Funktion, so heißt die Menge aller Stammfunktionen von f auf I das *unbestimmte Integral* von f auf I.

Ist S eine Stammfunktion von f, so erhält man alle Stammfunktionen von f nach Satz 4 in der Form

$$x \to S(x) + c, \quad x \in I.$$

Für den allgemeinen Funktionsterm $S(x) + c$ schreibt man auch $\int f(x)\,\mathrm{d}x$ (in Anlehnung an die Tatsache, daß die Integralfunktionen von f spezielle Stammfunktionen sind):

$$\int f(x)\,\mathrm{d}x = S(x) + c \quad \text{auf } I. \tag{5}$$

Der Graph eines unbestimmten Integrals ist eine Kurvenschar, die eine Teilmenge der Ebene (nämlich die Menge aller Punkte $P(x/y)$ mit $x \in I$) völlig überdeckt (Fig. 4). Gleichung (5) gilt natürlich auch auf jedem Teilintervall von I.

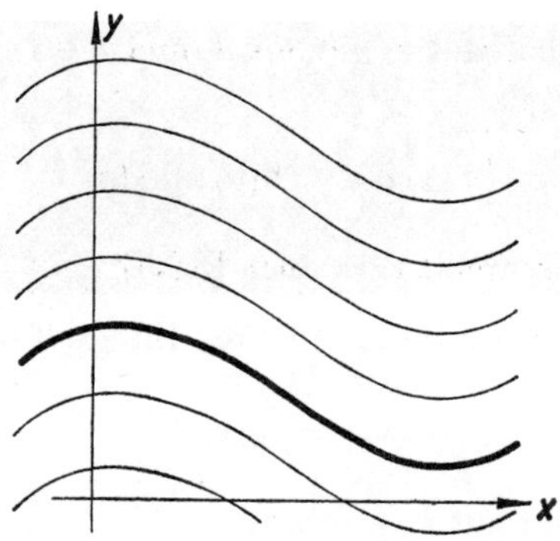

Fig. 4

Beispiel 2: Da $x \to x^3$ eine Stammfunktion von $x \to 3x^2$ ist, gilt

$$\int 3x^2 \,\mathrm{d}x = x^3 + c \quad \text{auf } \mathbb{R}.$$

Ist nun allgemein die Funktion f in einem Intervall I differenzierbar, so gilt

$$\int f'(x)\,\mathrm{d}x = f(x) + c \quad \text{auf } I.$$

Somit erhalten wir aus allen Ableitungsregeln auch Integralformeln, die sogenannten *Grundintegrale.* Z.B. folgt aus Satz 9 von § 15, daß für jede von -1 verschiedene rationale Zahl a gilt

$$\int x^a \,\mathrm{d}x = \frac{x^{a+1}}{a+1} + c, \tag{6}$$

und zwar auf $\mathbb{R}$, wenn $a \in \mathbb{N}_0$, aber nur auf $(0, \infty)$ und auf $(-\infty, 0)$, wenn $a \in \mathbb{Z} - \mathbb{N}_0$, und nur auf $(0, \infty)$, wenn $a \in \mathbb{Q} - \mathbb{Z}$. Für $a = -1$ versagt diese Formel; diese Lücke wird im folgenden § ausgefüllt.

Beispiel 3: Auf $(0, \infty)$ gilt

$$\int \frac{3}{\sqrt[4]{2x^3}}\,\mathrm{d}x = \int \frac{3}{\sqrt[4]{2}}\, x^{-3/4}\,\mathrm{d}x = \frac{3}{\sqrt[4]{2}} \cdot \frac{x^{1/4}}{\frac{1}{4}} + c = \frac{12}{\sqrt[4]{2}} \cdot \sqrt[4]{x} + c = 12\sqrt[4]{\frac{x}{2}} + c.$$

Man kann die Probe machen durch Ableiten: Für

$$S(x) = 12\sqrt[4]{\frac{x}{2}} + c = \frac{12}{\sqrt[4]{2}}\, x^{1/4} + c$$

wird

$$S'(x) = \frac{12}{\sqrt[4]{2}} \cdot \frac{1}{4}\, x^{-3/4} = \frac{3}{\sqrt[4]{2}} \cdot \frac{1}{\sqrt[4]{x^3}} = \frac{3}{\sqrt[4]{2x^3}},$$

also erhält man den Integranden.

4. Berechnung bestimmter Integrale mittels Stammfunktionen

Die wichtigste Anwendung der Stammfunktionen besteht in der *Berechnung bestimmter Integrale mittels Stammfunktionen.*

Satz 5: **Ist f im Intervall I stetig, gilt $a \in I$ und $b \in I$, und ist S eine Stammfunktion von f auf I, so gilt**

$$\int_a^b f(x)\,\mathrm{d}x = S(b) - S(a).$$

Für die letzte Differenz schreibt man auch $[S(x)]_a^b$.

Beweis: Nach dem Hauptsatz (Satz 3) ist die Integralfunktion F mit

$$F(x_0) = \int_a^{x_0} f(x)\,\mathrm{d}x$$

eine Stammfunktion von f auf I, wobei gilt

$$F(a) = 0, \quad F(b) = \int_a^b f(x)\,\mathrm{d}x.$$

Ist nun S irgendeine Stammfunktion von f auf I, so gilt nach Satz 4 für $x \in I$

$$F(x) = S(x) + c.$$

Also ist

$$\int_a^b f(x)\,\mathrm{d}x = F(b) = F(b) - F(a) = [S(b) + c] - [S(a) + c] = S(b) - S(a).$$

Somit gilt die *Regel:* Um ein bestimmtes Integral zu berechnen, hat man zuerst eine Stammfunktion der gegebenen Funktion zu suchen, dann in ihrem Funktionsterm die Grenzen einzusetzen und schließlich die Differenz der erhaltenen Funktionswerte zu bestimmen.

Beispiel 4: Somit wird z. B.

$$\int_{-2}^{4} x^3\,\mathrm{d}x = \left[\frac{x^4}{4}\right]_{-2}^{4} = \frac{4^4}{4} - \frac{(-2)^4}{4} = 60;$$

hätten wir eine andere Stammfunktion genommen, z. B. $x \to \frac{x^4}{4} + 3$, so hätten wir dasselbe erhalten.

Beispiel 5: Während Beispiel 4 schon nach der Theorie der Integration der Potenzfunktionen (§ 10) bewältigt werden könnte, gestattet nun die Theorie dieses § die Integration weiterer Funktionen. Z. B. ergibt sich in Anlehnung an Beispiel 3

$$\int_2^{32} \frac{3}{\sqrt[4]{2x^3}}\,\mathrm{d}x = \left[12\sqrt[4]{\frac{x}{2}}\right]_2^{32} = 12\sqrt[4]{\frac{32}{2}} - 12\sqrt[4]{\frac{2}{2}} = 12.$$

Bemerkung: Satz 9 von § 10 ist nun für beliebige a und b bewiesen, denn nach (6) und Satz 5 ist für $n \in \mathbb{N}_0$

$$\int_a^b x^n\,\mathrm{d}x = \left[\frac{x^{n+1}}{n+1}\right]_a^b = \frac{b^{n+1} - a^{n+1}}{n+1}.$$

Aufgaben zu § 16

1. Man prüfe durch Ableiten:

a) $\int \frac{7}{\sqrt{x^9}}\, dx = -\frac{2}{x^3\sqrt{x}} + c$, b) $\int \frac{6x}{(2-x^2)^2}\, dx = \frac{2x^2-1}{2-x^2} + c$,

c) $\int \frac{x+2}{\sqrt{(x+1)^3}}\, dx = \frac{2x}{\sqrt{x+1}} + c$, d) $\int \frac{\sqrt{1-x} - \sqrt{1+x}}{2\sqrt{1-x^2}}\, dx = \sqrt{1+x} + \sqrt{1-x} + c$.

2. Gegeben ist $f(x)$, gesucht $f'(x)$:

a) $f(x) = \int\limits_2^x \left(\frac{1}{t} - \sqrt{t}\right) dt$, b) $f(x) = \int\limits_1^x \left(\sqrt[4]{u} + \frac{2}{\sqrt[3]{u}}\right) du$, c) $f(x) = \int\limits_0^x \frac{t^3}{t^2+1}\, dt$.

3. Man bestimme die Extrema folgender Funktionen:

a) $x_0 \to \int\limits_0^{x_0} (3x^2 - 3)\, dx$, b) $x \to \int\limits_{-2}^{x} (u^3 - 4u)\, du$.

4. Gegeben ist eine Funktion $x \to f(x)$. Man bestimme diejenige stetige Stammfunktion $x \to F(x)$ mit der angegebenen Eigenschaft:

a) $f(x) = 3x^2 - 6x$, $F(2) = 3$, b) $f(x) = \frac{18}{x^2} + \sqrt{x}$, $F(9) = 16$,

c) $f(x) = \begin{cases} x & \text{für } x < 2, \\ 2 & \text{für } 2 \leqq x < 4, \\ 6-x & \text{für } x \geqq 4, \end{cases}$ $F(0) = 1$.

5. Gegeben ist $f''(x)$, gesucht $f(x)$, wobei noch zwei Bedingungen zu erfüllen sind:

a) $f''(x) = x^2 - 3x + 1$, $f(0) = 2$, $f'(0) = 3$,

b) $f''(x) = \frac{10}{\sqrt[3]{x}}$, $f(0) = -1$, $f(1) = 8$,

c) $f''(x) = \begin{cases} 1 & \text{für } x < 2, \\ \frac{1}{2}x & \text{für } x \geqq 2, \end{cases}$ $f(6) = 19$, $f'(0) = 0$ (f und f' stetig).

6. Man beweise: Zwei auf einem Intervall definierte Funktionen, deren zweite Ableitungsfunktionen übereinstimmen, unterscheiden sich höchstens um eine lineare Funktion.

7. Für welche gebrochene rationale Funktion f hat der Graph die Asymptote mit der Gleichung $y = \frac{1}{2}x + 4$ und gilt $f''(x) = -\frac{8}{x^3}$?

8. Man berechne die folgenden bestimmten Integrale:

a) $\int\limits_1^3 \left(\frac{9}{x^3} - \frac{3}{x^2}\right) dx$, b) $\int\limits_1^{16} \frac{2}{\sqrt[4]{x^3}}\, dx$, c) $\int\limits_1^8 \frac{2}{\sqrt[3]{x^4}}\, dx$.

9. Man berechne die folgenden unbestimmten Integrale:

a) $\int \left(\sqrt{x} + \sqrt[3]{x}\right) dx$, b) $\int \left(\frac{1}{x^2} - \frac{2}{x^3}\right) dx$, c) $\int \frac{5\sqrt[3]{x^2} - 3}{\sqrt{x^3}}\, dx$.

10. Man berechne den Mittelwert der Funktion f im Intervall $[a, b]$ mit $a \neq 0$:

a) $f(x) = x^2$, b) $f(x) = \frac{1}{x^2}$, c) $f(x) = \frac{1}{\sqrt{x}}$, d) $f(x) = 3\sqrt{\frac{x}{a}} - \sqrt{\frac{a}{x}}$.

11. Wie groß ist das von den Kurven mit den Gleichungen $y = x\sqrt{2x}$ und $y = 2\sqrt{2x}$ eingeschlossene Flächenstück?

12. Das oberhalb der x-Achse liegende Segment der Parabel mit der Gleichung $y = 2x - x^2$ wird durch die Gerade mit der Gleichung $y = x$ in zwei Flächenstücke zerlegt. Wie verhalten sich a) ihre Flächeninhalte, b) die Volumina der Rotationskörper, die sie bei Rotation um die x-Achse bilden?

13. Das Flächenstück zwischen der Kurve mit der Gleichung $y = \frac{4-x^2}{x^2}$, den Koordinatenachsen und der Geraden mit der Gleichung $y = 8$ soll durch eine horizontale Gerade halbiert werden. Wie lautet ihre Gleichung?

14. Man berechne den Inhalt des von den Parabeln mit den Gleichungen $y = 16 - x^2$, $y = (x-4)^2$ und $y = -x^2 + 3x + 7$ umschlossenen Flächenstücks.

15. a) Für welchen Wert von a schneiden sich die Kurven mit den Gleichungen $y = \frac{x^2}{a}$ und $y = \frac{a}{x^2}$ rechtwinklig?
b) Wie groß ist die Fläche, die von diesen Kurven der x-Achse und der Vertikalen bei $x = 4$ begrenzt ist?
c) Wie groß ist das Volumen des Rotationskörpers, der durch Rotation dieser Fläche um die x-Achse entsteht?

16. Die Kurve mit der Gleichung $y^2 = \left(1 - \frac{x}{3}\right)^2 x$ hat eine Schleife. Wie groß ist a) die Fläche, die sie umschließt, b) das Volumen des Rotationskörpers, den sie durch Rotation um die x-Achse bildet?

17. Durch Rotation der Kurve mit der Gleichung $y^2 = \frac{1}{36}(x+4)^2(1-x^2)$ entsteht ein schönes Ei. Wieviel % des Volumens des ihm umbeschriebenen Zylinders macht sein Volumen aus?

18. Das im ersten Quadranten zwischen den Kurven mit den Gleichungen $y = \frac{4}{x}$ und $y = 5x - x^3$ liegende Flächenstück rotiert um die x-Achse. Wie groß ist das Volumen des dabei überstrichenen Rotationskörpers?

19. Eine im Intervall $[a, b]$ monoton steigende stetige Funktion f sei gegeben. In welchem Punkt $P_0(x_0/y_0)$ ihres Graphen muß die Parallele zur x-Achse gezogen werden, damit die Summe der Flächeninhalte der beiden innerhalb der Vertikalen bei $x = a$ und $x = b$ liegenden Flächenstücke zwischen dem Graphen von f und dieser Parallelen minimal ist?

Ergebnisse

1. Durch Ableiten der rechten Seite erhält man den Integranden.
2. a) $f'(x) = \frac{1}{x} - \sqrt{x}$, b) $f'(x) = \sqrt[4]{x} + \frac{2}{\sqrt[3]{x}}$, c) $f'(x) = \frac{x^3}{x^2+1}$.
3. a) Maximum $P_1(-1/2)$, Minimum $P_2(1/-2)$,
b) Minima $P_{1,2}(\pm 2/0)$, Maximum $P_3(0/4)$.
4. a) $F(x) = x^3 - 3x^2 + 7$, b) $F(x) = -\frac{18}{x} + \frac{2}{3}x\sqrt{x}$,
c) $F(x) = \begin{cases} \frac{1}{2}x^2 + 1 & \text{für } x < 2, \\ 2x - 1 & \text{für } 2 \leqq x < 4, \\ 6x - \frac{1}{2}x^2 - 9 & \text{für } x \geqq 4. \end{cases}$
5. a) $f(x) = \frac{1}{6}x^4 - \frac{1}{2}x^3 + \frac{1}{2}x^2 + 3x + 2$, b) $f(x) = 9\sqrt[3]{x^5} - 1$,
c) $f(x) = \begin{cases} \frac{1}{2}x^2 - \frac{13}{3} & \text{für } x < 2, \\ \frac{1}{12}x^3 + x - 5 & \text{für } x \geqq 2. \end{cases}$
6. Aus $f''(x) = g''(x)$ folgt nach Satz 3 $f'(x) = g'(x) + c$, also ebenfalls nach Satz 3 $f(x) = g(x) + cx + d$.
7. $f(x) = \frac{x^2 + 8x - 8}{2x}$.
8. a) 2, b) 8, c) 3.

9. a) $\frac{2}{3}\sqrt{x^3} + \frac{3}{4}\sqrt[3]{x^4} + c$, b) $-\frac{1}{x} + \frac{1}{x^2} + c$, c) $30\sqrt[6]{x} + \frac{6}{\sqrt{x}} + c$.
10. a) $\frac{1}{3}(a^2 + ab + b^2)$, b) $\frac{1}{ab}$, c) $\frac{2}{\sqrt{a} + \sqrt{b}}$, d) $2\sqrt{\frac{b}{a}}$.
11. $\frac{32}{15}$.
12. a) $1:7$, b) $3:13$.
13. $y = 3$.
14. $F = 12$; Schnittpunkte: 1. und 2. Parabel $P_1(4/0)$, $P_2(0/16)$; 1. und 3. Parabel $P_3(3/7)$, 2. und 3. Parabel $P_4(1/9)$.
15. a) $a = 4$, b) $F = \frac{5}{3}$, c) $V = \frac{59}{60}\pi = 3{,}0892$.
16. a) $F = \frac{8}{5}\sqrt{3} = 2{,}7713$, b) $V = \frac{3}{4}\pi = 2{,}3562$.
17. Volumen des Zylinders $(\frac{1}{8} + \frac{1}{3}\sqrt{6})\pi$, Volumen des Eies $0{,}6\,\pi = 63{,}728\,\%$.
18. $\frac{136}{21}\pi = 20{,}346$.
19. Die Summe der Flächeninhalte ist

$$F(x_0) = \int_a^{x_0} [f(x_0) - f(x)]\,dx + \int_{x_0}^b [f(x) - f(x_0)]\,dx$$

$$= (x_0 - a)f(x_0) - \int_a^{x_0} f(x)\,dx + \int_{x_0}^b f(x)\,dx - (b - x_0)f(x_0)$$

$$= (2x_0 - a - b)f(x_0) - \int_a^{x_0} f(x)\,dx + \int_{x_0}^b f(x)\,dx;$$

setzen wir $S(x_0) = \int_a^{x_0} f(x)\,dx$, so wird $S'(x_0) = f(x_0)$ und

$$F(x_0) = (2x_0 - a - b)f(x_0) - S(x_0) + S(a) + S(b) - S(x_0),$$

also

$$F'(x_0) = (2x_0 - a - b)f'(x_0) + 2f(x_0) - 2\,S'(x_0) = (2x_0 - a - b)f'(x_0).$$

Also wird

$$F'(x_0) = 0 \text{ für } x_0 = \tfrac{1}{2}(a + b).$$

§ 17. Exponential- und Logarithmusfunktionen

1. Die Integraldefinition der natürlichen Logarithmusfunktion

Um das Integral $\int x^a\,dx$ auch im noch unerledigten Fall $a = -1$ zu berechnen, haben wir eine Integralfunktion der Funktion $x \to x^{-1} = \frac{1}{x}$ aufzustellen. Da das Integral $\int_0^{x_0} \frac{1}{x}\,dx$ aber nicht existiert (weil der entsprechende Flächeninhalt «unendlich groß» wird, vgl. § 19, Abschnitt 4), wählen wir die untere Grenze 1 statt 0 und nehmen als Definition:

Definition 1: Die Funktion

$$x_0 \to \ln x_0 = \int_1^{x_0} \frac{1}{x}\,dx, \quad x_0 > 0$$

heißt die *natürliche Logarithmusfunktion* (ln ist die Abkürzung von lat. «logarithmus naturalis»); ln x heißt der *natürliche Logarithmus* von x.

Im Fall $x_0 > 1$ bedeutet $\ln x_0$ geometrisch den Flächeninhalt des in Fig. 1 schraffierten Flächenstücks.

Satz 1: Die Funktion $x \to \ln x$, $x > 0$ hat die Ableitungsfunktion $x \to \frac{1}{x}$, $x > 0$.

Beweis direkt aus Definition 1 und aus Satz 3 von § 16.

Folgerung: Die Funktion $x \to \ln(-x)$, $x < 0$ hat nach der Kettenregel mit $u = -x$ die Ableitungsfunktion

$$x \to \frac{1}{-x} \cdot (-1) = \frac{1}{x},$$

also hat die Funktion $x \to \ln|x|$, $x \neq 0$ die Ableitungsfunktion $x \to \frac{1}{x}$, $x \neq 0$. Somit haben wir ein neues *Grundintegral*

$$\int \frac{1}{x}\,\mathrm{d}x = \ln|x| + c \quad \text{auf } (0, \infty) \text{ und } (-\infty, 0).$$

Damit ist die Lücke ausgefüllt, die dadurch entstand, daß $\int x^a\,\mathrm{d}x$ für $a = -1$ nicht nach der Potenzregel berechnet werden kann.

Weitere Eigenschaften der natürlichen Logarithmusfunktion

(1) $\ln 1 = 0$ (nach Definition 1).

(2) Die natürliche Logarithmusfunktion ist überall differenzierbar (also auch stetig) und überall monoton steigend (weil $\frac{1}{x} > 0$ für $x > 0$).

(3) $\ln(x_1 x_2) = \ln x_1 + \ln x_2$ für $x_1 > 0$ und $x_2 > 0$.

Erster Beweis: Nach Formel (1) von § 16 ist

$$\ln(x_1 x_2) - \ln x_1 = \int_{x_1}^{x_1 x_2} \frac{1}{x}\,\mathrm{d}x = \lim_{n\to\infty} \sum_{k=1}^{n} \frac{1}{x_1 + k \cdot \frac{x_1 x_2 - x_1}{n}} \cdot \frac{x_1 x_2 - x_1}{n}$$

$$= \lim_{n\to\infty} \sum_{k=1}^{n} \frac{1}{1 + k \cdot \frac{x_2 - 1}{n}} \cdot \frac{x_2 - 1}{n} = \int_1^{x_2} \frac{1}{x}\,\mathrm{d}x = \ln x_2,$$

also folgt (3). Geometrisch bedeutet dies, daß die Flächeninhalte der zu einer Einteilung des Intervalls $[1, x_2]$ in n gleiche Teile gehörenden einbeschriebenen Rechtecke gleich bleiben, wenn man alle x-Werte mit x_1 multipliziert (in Fig. 2 ist z. B.

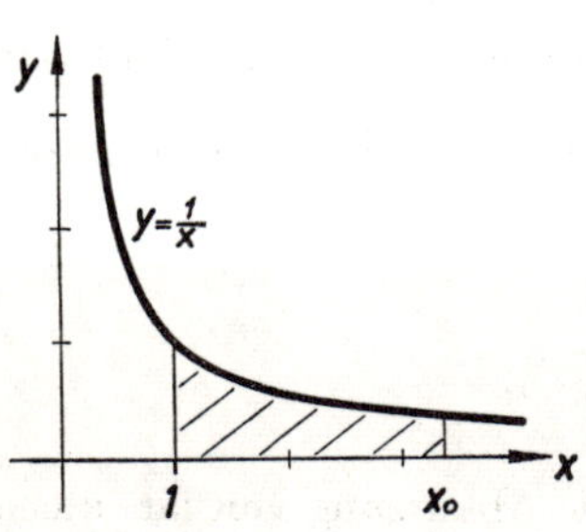

Fig. 1

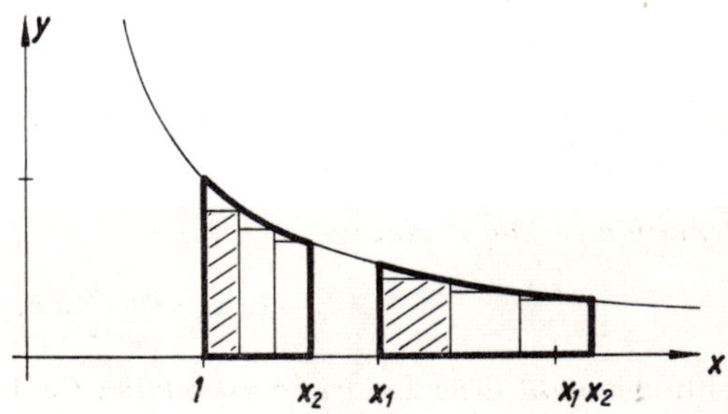

Fig. 2

$x_2 = 1{,}6$, $x_1 = 2$, $n = 3$; die schraffierten Rechtecke sind also flächengleich), und damit haben die Flächen unter der Kurve mit der Gleichung $y = \frac{1}{x}$ in den Intervallen $[1, x_2]$ und $[x_1, x_1 x_2]$ gleichen Flächeninhalt.

Zweiter Beweis: Für die Funktion $x \to f(x) = \ln(x_1 x)$ erhält man nach der Kettenregel und nach Satz 1

$$f'(x) = \frac{1}{x_1 x} \cdot x_1 = \frac{1}{x},$$

also ist nach Satz 4 von § 16

$$\ln(x_1 x) = \ln x + c.$$

Für $x = 1$ erhält man nach (1) $\ln x_1 = \ln 1 + c = 0 + c = c$, also ist

$$\ln(x_1 x) = \ln x + \ln x_1.$$

Für $x = x_2$ erhält man (3).

(4) $\ln \frac{x_1}{x_2} = \ln x_1 - \ln x_2$ für $x_1 > 0$ und $x_2 > 0$.

Beweis: Nach (3) ist

$$\ln x_1 = \ln\left(\frac{x_1}{x_2} \cdot x_2\right) = \ln \frac{x_1}{x_2} + \ln x_2,$$

woraus (4) folgt.

(5) Der Wertbereich der natürlichen Logarithmusfunktion ist $\mathbb{R}$.

Beweis: a) Der Wertbereich ist nach oben unbeschränkt: Sonst hätte er nämlich eine obere Grenze y_1, und es gäbe ein x mit $x > 0$ und

$$\ln x > y_1 - \ln 2,$$

also wäre nach (3)

$$\ln 2x = \ln 2 + \ln x > y_1$$

im Widerspruch zur Definition von y_1.

b) Der Wertbereich ist nach unten unbeschränkt: Sonst hätte er eine untere Grenze y_2, und es gäbe ein x mit $x > 0$ und

$$\ln x < y_2 + \ln 2,$$

also wäre nach (4)

$$\ln \frac{x}{2} = \ln x - \ln 2 < y_2$$

im Widerspruch zur Definition von y_2.

c) Aus dem Zwischenwertsatz folgt, daß jede reelle Zahl als Wert angenommen wird.

Beispiel 1: Für $f(x) = \ln(4x - x^2)$ wird nach Satz 1 und nach der Kettenregel

$$f'(x) = \frac{4 - 2x}{4x - x^2} \text{ für } x \in (0, 4);$$

für $f(x) = \ln |4x - x^2|$ wird

$$f'(x) = \frac{4 - 2x}{4x - x^2} \text{ für } x \neq 0 \text{ und } x \neq 4.$$

Beispiel 2: Für $f(x) = (\ln x)^2$ wird ebenso

$$f'(x) = 2 \ln x \cdot \frac{1}{x} = \frac{2}{x} \ln x \quad \text{für } x > 0.$$

Beispiel 3: Für $f(x) = \ln(\ln x)$ wird ebenso

$$f'(x) = \frac{1}{\ln x} \cdot \frac{1}{x} = \frac{1}{x \ln x} \quad \text{für } x > 1.$$

Beispiel 4: Es gilt

$$\int_1^2 \frac{1}{x}\, dx = [\ln |x|]_1^2 = \ln 2 - \ln 1 = \ln 2$$

und

$$\int_{-4}^{-2} \frac{1}{x}\, dx = [\ln |x|]_{-4}^{-2} = \ln 2 - \ln 4 = -\ln 2,$$

während z. B. $\int_{-1}^{2} \frac{1}{x}\, dx$ nicht existiert.

2. Die allgemeinen Logarithmusfunktionen

Definition 2: Ist $a > 0$ und $a \neq 1$, so sei für $x > 0$

$$\log_a x = \frac{\ln x}{\ln a}.$$

Die Eigenschaften der natürlichen Logarithmusfunktion übertragen sich auf die allgemeinen Logarithmusfunktionen $x \to \log_a x$, teilweise mit leichten Modifikationen:

Satz 2: Die Ableitungsfunktion der Funktion $x \to \log_a x$, $x > 0$ ist die Funktion

$$x \to \frac{1}{(\ln a)\, x}, \quad x > 0.$$

Weitere Eigenschaften:

(6) $\log_a 1 = 0$, $\log_a a = 1$.

(7) Die allgemeinen Logarithmusfunktionen sind überall differenzierbar, ferner überall monoton steigend für $a > 1$ (weil dann $\ln a > 0$ ist), aber überall monoton fallend für $0 < a < 1$ (weil dann $\ln a < 0$ ist).

(8) $\log_a(x_1 x_2) = \log_a x_1 + \log_a x_2$ für $x_1 > 0$ und $x_2 > 0$.

Beweis: Es ist

$$\log_a(x_1 x_2) \underset{\text{Def. 2}}{=} \frac{\ln(x_1 x_2)}{\ln a} \underset{(3)}{=} \frac{\ln x_1 + \ln x_2}{\ln a} = \frac{\ln x_1}{\ln a} + \frac{\ln x_2}{\ln a} \underset{\text{Def. 2}}{=} \log_a x_1 + \log_a x_2.$$

(9) $\log_a \frac{x_1}{x_2} = \log_a x_1 - \log_a x_2$ für $x_1 > 0$ und $x_2 > 0$.

Beweis nach Definition 2 und (4).

(10) $\log_b x = \frac{\log_a x}{\log_a b}$ für $x > 0$, wenn a und b positiv und von 1 verschieden sind.

Beweis: Es ist
$$\frac{\log_a x}{\log_a b} \underset{\text{Def. 2}}{=} \frac{\ln x}{\ln a} : \frac{\ln b}{\ln a} \underset{\text{Def. 2}}{=} \log_b x.$$

(11) $\log_b(a^x) = x \cdot \log_b a$ für $a > 0$ und $x \in \mathbb{Q}$.

Beweis: a) Ist $x \in \mathbb{N}_0$, so kann (11) mit vollständiger Induktion bewiesen werden:
Es ist
$$\log_b(a^0) = \log_b 1 \underset{(6)}{=} 0 = 0 \cdot \log_b a,$$
ferner gilt
$$\log_b(a^x) = x \cdot \log_b a \Rightarrow \log_b(a^{x+1}) = \log_b(a^x a) \underset{(8)}{=} \log_b(a^x) + \log_b a$$
$$\underset{\text{Vor.}}{=} x \cdot \log_b a + \log_b a = (x+1)\log_b a.$$
b) Ist $x \in \mathbb{Z}$, so gibt es natürliche Zahlen m und n mit $x = m - n$, also ist
$$m \log_b a \underset{\text{a)}}{=} \log_b(a^m) = \log_b(a^x a^n) \underset{(8)}{=} \log_b(a^x) + \log_b(a^n) \underset{\text{a)}}{=} \log_b(a^x) + n \log_b a,$$
also
$$\log_b(a^x) = m \log_b a - n \log_b a = x \cdot \log_b a.$$
c) Ist $x \in \mathbb{Q}$, so ist $x = \frac{m}{n}$ für eine ganze Zahl m und eine natürliche Zahl n, also ist
$$n \log_b(a^x) \underset{\text{a)}}{=} \log_b[(a^x)^n] = \log_b(a^m) \underset{\text{b)}}{=} m \cdot \log_b a,$$
also
$$\log_b(a^x) = \frac{m}{n} \cdot \log_b a = x \cdot \log_b a.$$

Zweite Definition der Eulerschen Zahl

Wir beweisen nun, daß für die in § 8 definierte Eulersche Zahl $e = \lim\limits_{n\to\infty}\left(1 + \frac{1}{n}\right)^n$ gilt:

(12) $\ln e = 1$.

Erster Beweis (Fig. 3): Es sei $n \in \mathbb{N}$. Das der Fläche zwischen der Kurve mit der Gleichung $y = \frac{1}{x}$ und der x-Achse im Intervall $\left[1, 1+\frac{1}{n}\right]$ einbeschriebene Rechteck hat die Höhe $\frac{1}{1+\frac{1}{n}}$, also den Flächeninhalt $\frac{n}{n+1} \cdot \frac{1}{n}$; das umbeschriebene Rechteck hat den Flächeninhalt $\frac{1}{n}$. Also gilt

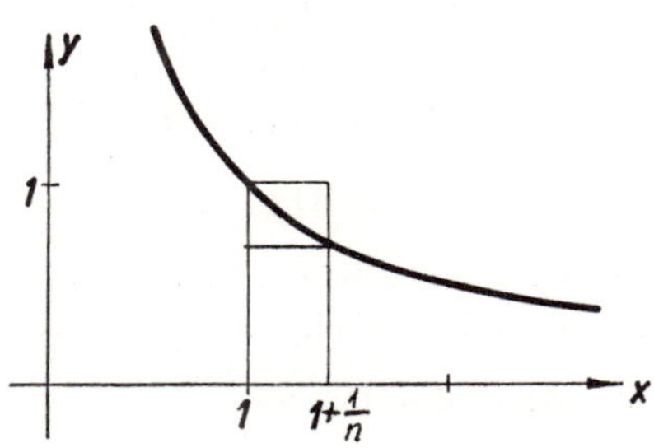

Fig. 3

$$\frac{n}{n+1}\cdot\frac{1}{n} < \int_1^{1+\frac{1}{n}} \frac{1}{x}\,\mathrm{d}x = \ln\left(1+\frac{1}{n}\right) < \frac{1}{n}.$$

Durch Multiplikation mit n ergibt sich

$$\frac{n}{n+1} < n\cdot\ln\left(1+\frac{1}{n}\right) < 1,$$

also nach (11)

$$\frac{n}{n+1} < \ln\left(1+\frac{1}{n}\right)^n < 1.$$

Wegen der Stetigkeit der natürlichen Logarithmusfunktion ist also

$$\ln e = \ln\left[\lim_{n\to\infty}\left(1+\frac{1}{n}\right)^n\right] = \lim_{n\to\infty}\left[\ln\left(1+\frac{1}{n}\right)^n\right] = 1.$$

Zweiter Beweis: Für $f(x) = \ln x$ ist nach Satz 1 $f'(x) = \frac{1}{x}$, also

$$1 = f'(1) = \lim_{n\to\infty}\frac{\ln\left(1+\frac{1}{n}\right) - \ln 1}{\frac{1}{n}} = \lim_{n\to\infty}\left[n\cdot\ln\left(1+\frac{1}{n}\right)\right]$$

$$= \lim_{n\to\infty}\left[\ln\left(1+\frac{1}{n}\right)^n\right] = \ln\left[\lim_{n\to\infty}\left(1+\frac{1}{n}\right)^n\right] = \ln e.$$

Formel (12) kann auch als Definition von e verwendet werden:

Definition 3 (zweite Definition der Eulerschen Zahl): Die Eulersche Zahl e ist definiert durch $\ln e = 1$.

Als unmittelbare Folgerung von (12) ergibt sich

(13) $\ln x = \log_e x$.

Der dekadische Logarithmus

Definition 4: Unter dem *dekadischen Logarithmus* von x versteht man die Zahl $\lg x = \log_{10} x$.

(14) Setzt man $M = \lg e$, so ist auch $M = \frac{1}{\ln 10}$ und $\lg x = M \ln x$.

Beweis: Nach (10) wird für $a = e$, $b = 10$

$$\lg x = \log_{10} x = \frac{\log_e x}{\log_e 10} = \frac{\ln x}{\ln 10},$$

also speziell für $x = e$

$$M = \lg e = \frac{\ln e}{\ln 10} = \frac{1}{\ln 10},$$

also wird

$$\lg x = M \ln x.$$

In Fig. 4 sind die Graphen der natürlichen und der dekadischen Logarithmusfunktion dargestellt. Sie haben die y-Achse als Asymptote. Die Funktion $x \to \lg x$ hat nach Satz 2 die Ableitungsfunktion $x \to \frac{M}{x}$.

3. Die Exponentialfunktionen

Definition 5: Die Umkehrfunktion der Funktion $x \to \log_a x$ heißt eine *Exponentialfunktion* und wird mit $x \to E_a(x)$ bezeichnet; $x \to E_e(x)$ heißt die natürliche *Exponentialfunktion*.

Eigenschaften der Exponentialfunktion

(15) $\log_a[E_a(x)] = x$ für $x \in \mathbb{R}$; $E_a(\log_a x) = x$ für $x > 0$; $E_a(0) = 1$, $E_a(1) = a$.

(16) Der Definitionsbereich jeder Exponentialfunktion $x \to E_a(x)$ ist $\mathbb{R}$, der Wertbereich $\mathbb{R}^+$; für $a > 1$ ist sie überall monoton steigend, für $0 < a < 1$ überall monoton fallend.

(17) Die Ableitungsfunktion der Funktion $x \to E_a(x)$ ist $x \to \ln a \cdot E_a(x)$.

Beweis: Nach der Inversenregel ist

$$E_a'(x) = \frac{1}{\dfrac{1}{\ln a \cdot E_a(x)}} = \ln a \cdot E_a(x).$$

(18) $\log_b[E_a(x)] = x \cdot \log_b a$, wenn a und b positiv und von 1 verschieden sind.

Beweis: Es ist

$$\log_b[E_a(x)] \underset{\text{Def. 2}}{=} \frac{\ln[E_a(x)]}{\ln b} = \frac{\ln[E_a(x)]}{\ln a} \cdot \frac{\ln a}{\ln b} \underset{\text{Def. 2}}{=} \log_a[E_a(x)] \cdot \frac{\ln a}{\ln b}$$

$$\underset{(15)}{=} x \cdot \frac{\ln a}{\ln b} \underset{\text{Def. 2}}{=} x \cdot \log_b a.$$

(19) $E_a(x) = a^x$ für $a > 0$ und $a \neq 1$ und für $x \in \mathbb{Q}$.

Beweis: Es ist $\log_a(a^x) \underset{(11)}{=} x \cdot \log_a a \underset{(6)}{=} x \underset{(15)}{=} \log_a[E_a(x)]$, also folgt (19) wegen der Eineindeutigkeit der Logarithmusfunktionen.

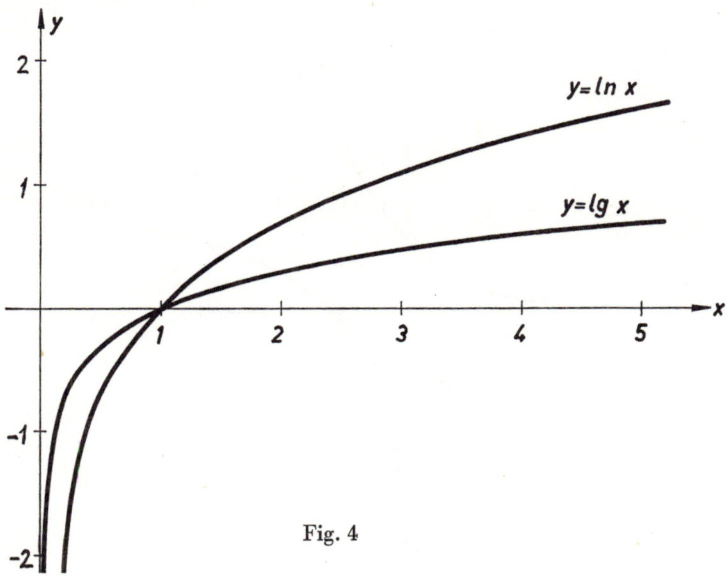

Fig. 4

4. Potenzen mit beliebigen reellen Exponenten

Wir sind nun in der Lage, Potenzen mit positiven Basen und beliebigen reellen Exponenten zu definieren und die Potenzgesetze allgemein zu beweisen.

Definition 6: **Für $a > 0$ und $a \neq 1$ und für irrationales x sei**

$$a^x = E_a(x) \text{ und } 1^x = 1.$$

Bemerkung: Man definiert ferner $0^x = 0$ für $x > 0$.

Folgerung: Nach (19) gilt also $E_a(x) = a^x$ für $a > 0$ und $a \neq 1$ und für beliebige reelle Zahlen x. Die Exponentialfunktion $x \to a^x$ und die Logarithmusfunktion $x \to \log_a x$ sind invers zueinander (Graphen von $x \to e^x$ und $x \to \ln x$ in Fig. 5). Somit ist für $a > 0$ und $a \neq 1$ und für $x > 0$ $\log_a x$ *die Zahl y, für die gilt* $a^y = x$ (deshalb wird $\log_a x$ auch gelesen: «Logarithmus von x zur Basis a»). Aus (18) folgt ferner für $a > 0$ und $a \neq 1$ und für beliebige reelle x das allgemeine Logarithmengesetz:

(20) $\log_b(a^x) = x \cdot \log_b a$.

Als weitere Folgerung ergibt sich (für $a > 0$):

Satz 3: **Die Funktion $x \to a^x$ hat die Ableitungsfunktion $x \to (\ln a)\, a^x$, d. h. die Exponentialfunktionen haben die Eigenschaft, daß man ihre Ableitungsfunktionen aus ihnen selbst durch Multiplikation mit einer konstanten Zahl erhält.**

Aus (12) und (17) folgt speziell:

Satz 4: **Die natürliche Exponentialfunktion $x \to e^x$ hat die Ableitungsfunktion $x \to e^x$, d. h. sie stimmt mit ihr sogar überein.**

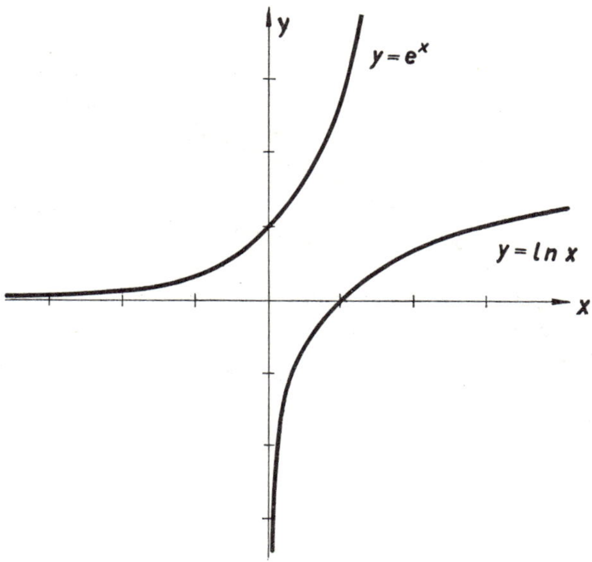

Fig. 5

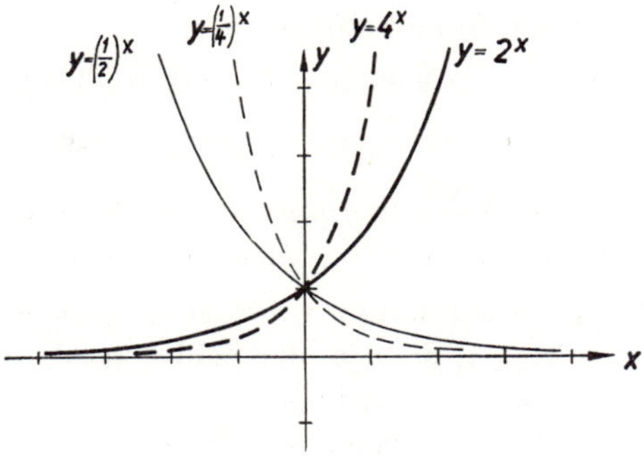

Fig. 6

Diese letztere Eigenschaft haben allein die Funktionen, die aus der Funktion $x \to e^x$ durch Multiplikation mit einer konstanten Zahl hervorgehen (vgl. § 25). Damit offenbart sich die wichtige Bedeutung der Eulerschen Zahl.

Die Graphen der Exponentialfunktionen $x \to a^x$ sind in Fig. 6 für $a=2$, $a=4$, $a=\frac{1}{2}$ und $a=\frac{1}{4}$ dargestellt. Für e^x schreibt man oft auch $\exp x$.

Somit können wir den *Grundintegralen* zwei neue hinzufügen:

$$\int e^x \, dx = e^x + c \quad \text{auf } \mathbb{R},$$
$$\int a^x \, dx = \frac{a^x}{\ln a} + c \text{ auf } \mathbb{R} \text{ (für } a > 0 \wedge a \neq 1).$$

Beispiel 5: Für $f(x) = e^{-x}$ erhält man nach der Kettenregel für $x \in \mathbb{R}$

$$f'(x) = -e^{-x}.$$

Beispiel 6: Für $f(x) = xe^{x^2}$ erhält man nach der Produktregel und der Kettenregel für $x \in \mathbb{R}$

$$f'(x) = xe^{x^2} \cdot 2x + e^{x^2} \cdot 1 = e^{x^2}(2x^2+1).$$

Satz 5: Die Potenzgesetze gelten für beliebige positive Basen und reelle Exponenten, d.h. die Gesetze (P 1) bis (P 4) gelten für positive Zahlen a, b und für beliebige x (vgl. § 4).[1]

Beweis: Wir haben nur die Gesetze (P 1a), (P 2), (P 3a) und (P 4a) zu beweisen.

Beweis von (P 1a): Nach (8) ist

$$\log_a(a^{x_1}a^{x_2}) = \log_a(a^{x_1}) + \log_a(a^{x_2}) = x_1 + x_2,$$

also

$$a^{x_1}a^{x_2} = a^{x_1+x_2}.$$

Beweis von (P 2): Nach (20) ist

$$\log_a[(a^{x_1})^{x_2}] = x_2 \cdot \log_a(a^{x_1}) = x_2 x_1,$$

also

$$(a^{x_1})^{x_2} = a^{x_1 x_2}.$$

[1] Verwendet man Def. 6 auch zur Def. von Potenzen mit rationalen Exponenten, so werden nach dem Beweis von Satz 5 die früheren Beweise für die Potenzgesetze für rationale Exponenten unnötig! Z.B. folgt der Satz von der Existenz der Wurzel unmittelbar aus Satz 5: Für $n \in \mathbb{N}$ hat die Gleichung $x^n = a$ (mit $a > 0$) die Lösung $x = a^{1/n}$.

Beweis von (P 3a): Nach (8) und (20) ist

$$\ln(a^x b^x) = \ln(a^x) + \ln(b^x) = x \cdot \ln a + x \cdot \ln b = x(\ln a + \ln b) = x \ln(ab) = \ln(ab)^x,$$

also

$$a^x b^x = (ab)^x.$$

Beweis von (P 4a): Nach Definition 6 ist $a^x > 0$. Nach (16) ist $a^x > a^0 = 1$ für $a > 1$ und $x > 0$. Schließlich ist $1^x = 1$ nach Definition 6.

Bemerkung: Die Exponentialfunktion $x \to a^x$ ist ein *Isomorphismus* zwischen den Gruppen $(\mathbb{R}, +)$ und $(\mathbb{R}^+, \cdot)$, bei dem der Zahl 1 von $\mathbb{R}$ die Zahl a von $\mathbb{R}^+$ zugeordnet ist, und bei dem die Anordnung im Fall $a > 1$ erhalten bleibt und im Fall $0 < a < 1$ umgekehrt wird. Dabei versteht man unter einem Isomorphismus zwischen zwei Gruppen $(A, *)$ und $(B, \bullet)$ eine eineindeutige Abbildung f von A auf B, die jedem Element x von A genau ein Element $f(x)$ von B zuordnet, wobei gilt $f(x * y) = f(x) \bullet f(y)$. Die beiden Gruppen heißen zueinander *isomorph*, wenn es einen solchen Isomorphismus gibt. Dann gilt:

a) Ist n_A das neutrale Element von $(A, *)$ und n_B dasjenige von $(B, \bullet)$, so gilt $f(n_A) = n_B$.

b) Ist a' das inverse Element von a bezüglich $*$ und b^+ das inverse Element von b bezüglich $\bullet$, so gilt $f(a') = \big(f(a)\big)^+$.

c) Ist $\circledast$ die Umkehrverknüpfung von $*$ und $\odot$ diejenige von $\bullet$, so gilt $f(x \circledast y) = f(x) \odot f(y)$.

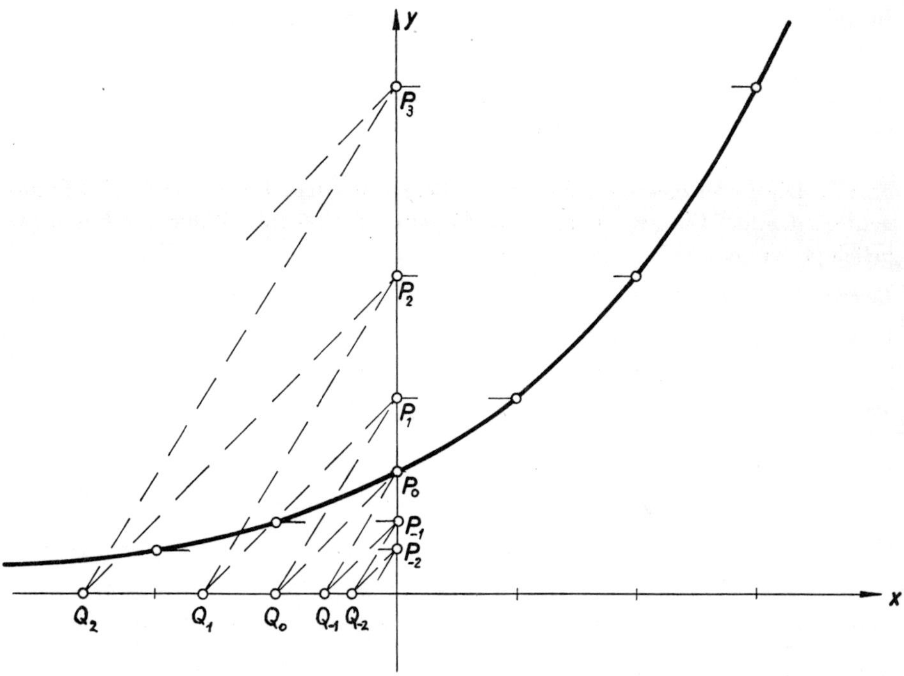

Fig. 7

Satz 6: Durchläuft x die Glieder einer A.F., so durchlaufen die Werte a^x einer Exponentialfunktion die Glieder einer G.F.

Beweis: Für $x_n = a_1 + (n-1)\,d$ erhalten wir

$$a^{x_n} = a^{a_1 + (n-1)d} = a^{a_1}\, a^{(n-1)d} = a^{a_1}\,(a^d)^{n-1}.$$

Konstruktion der Graphen von Exponential- und Logarithmusfunktionen

Um den Graphen der Exponentialfunktion $x \to a^x$ zu zeichnen, konstruieren wir zuerst auf der y-Achse (Fig. 7) die Punkte P_k mit den Ordinaten $a^k (k \in \mathbb{Z})$, indem wir von den gegebenen Punkten $P_0(0/1)$ und $P_1(0/a)$ ausgehen. Von P_k aus erhält man Q_k auf der x-Achse durch Ziehen der durch P_n gehenden 45°-Geraden; von Q_k aus erhalten wir P_{k+1} durch Ziehen der Parallelen durch Q_k zu $P_1 Q_0$. So erhalten wir $P_2, P_3, P_4, \ldots$. Durch Rückwärtskonstruktion erhalten wir $P_{-1}, P_{-2}, \ldots$. An der Stelle $x = k$ liegt dann der gesuchte Kurvenpunkt in gleicher Höhe wie P_k. Durch Spiegelung dieser Konstruktion an der 45°-Linie durch den Ursprung erhält man eine Konstruktion des Graphen der Logarithmusfunktion $x \to \log_a x$.

5. Weitere Anwendungen der Exponential- und Logarithmusfunktionen

1. Ableitung der Potenzfunktionen mit beliebigen reellen Exponenten

Satz 7: Die Funktion $x \to f(x) = x^a$, $x > 0$ (mit beliebigem reellem, aber konstantem Exponenten a) hat die Ableitungsfunktion $x \to f'(x) = a\,x^{a-1}$, $x > 0$.

Beweis: Es ist $f(x) = x^a = (e^{\ln x})^a = e^{a \ln x}$, also nach der Kettenregel

$$f'(x) = e^{a \ln x} \cdot \frac{a}{x} = (e^{\ln x})^a \cdot \frac{a}{x} = x^a \cdot \frac{a}{x} = a\,x^{a-1}.$$

Folgerung: Somit haben wir als weiteres *Grundintegral:* Für $a \in \mathbb{R}$ und $a \neq -1$ gilt

$$\int x^a \,\mathrm{d}x = \frac{x^{a+1}}{a+1} + c \quad \text{auf } (0, \infty).$$

Satz 8: Für die Funktion $x \to f(x) = x^a$ gilt für $x > 0$ und für alle k mit $k \in \mathbb{N}_0$ $f^{(k)}(x) = k!\binom{a}{k} x^{a-k}$.

Beweis mit vollständiger Induktion nach dem obigen Satz 7 und Formeln (3) und (4) von §4.

2. Logarithmische Differentiation

Ist $x \to f(x)$, $x \in D$ eine beliebige Funktion, so gilt für $F(x) = \ln |f(x)|$ nach der Kettenregel

$$F'(x) = \frac{f'(x)}{f(x)} \quad \text{für } x \in D \wedge f(x) \neq 0.$$

Daraus erhält man

$$f'(x) = F'(x) f(x) \quad \text{für } x \in D \wedge f(x) \neq 0.$$

Diese Art der Bestimmung der Ableitungsfunktion heißt *logarithmische Differentiation.*

Beispiel 7: Die Funktion $x \to f(x) = x^x$, $x > 0$ ist weder eine Potenz- noch eine Exponentialfunktion. Ihre Ableitung kann mit logarithmischer Differentiation gefunden werden: Es ist für $x > 0$

$$F(x) = \ln|f(x)| = x \ln x,$$

also

$$F'(x) = x \cdot \frac{1}{x} + \ln x \cdot 1 = 1 + \ln x = \frac{f'(x)}{f(x)},$$

also

$$f'(x) = x^x(1 + \ln x).$$

Beispiel 8: Verallgemeinerung der Produktregel. Für die Funktion $x \to p(x) = f(x)\,g(x)\,h(x)$ erhält man

$$F(x) = \ln|p(x)| = \ln\big(|f(x)| \cdot |g(x)| \cdot |h(x)|\big)$$
$$= \ln|f(x)| + \ln|g(x)| + \ln|h(x)|,$$

also

$$F'(x) = \frac{f'(x)}{f(x)} + \frac{g'(x)}{g(x)} + \frac{h'(x)}{h(x)} = \frac{p'(x)}{p(x)},$$

also

$$p'(x) = f'(x)\,g(x)\,h(x) + f(x)\,g'(x)\,h(x) + f(x)\,g(x)\,h'(x).$$

Diese Formel läßt sich leicht auf beliebig viele Faktoren verallgemeinern.

Aufgaben zu § 17

I

1. Man forme um:
   a) $\lg \frac{a^5 \cdot \sqrt[3]{b} \cdot c}{\sqrt{d} \cdot e}$, b) $\lg a \sqrt{b^2 \sqrt[3]{c^7 d \sqrt{d}}}$, c) $2 \lg a - \frac{1}{2} \lg b + 3 \lg c$.
2. Man bestimme x aus
   a) $2^{3x-4} \cdot 4^{2x-3} = 8^{x+2}$, b) $2^{x+2} + 3 \cdot 2^{x+1} + 2 \cdot 2^x = 3 \cdot 3^x + 2 \cdot 3^{x+1} + 2 \cdot 3^{x+2}$,
   c) $3^x = 30$, d) $2{,}3^x = 0{,}92534$, e) $2^{2^x} = 10$, f) $8^{9^x} = 9^{8^x}$.
3. Ebenso:
   a) $\log_a(a^x) = a^2$, b) $\log_a x^a = a^2$, c) $\log_x(a^a) = a^2$, d) $\log_a(\log_a x) = 1$,
   e) $\log_a(\log_x a) = 1$.
4. Ebenso:
   a) $\lg(12x + 40) - \lg(x - 4) = 2$, b) $\lg(x + 5) - \lg(x - 1) = \lg(2x + 4) - \lg x$.
   c) $\lg(99 + \lg(8 + \lg(x - 1))) - 2 = 0$, d) $2 \lg x = \lg(x + 1{,}1) + 1$.
5. Ebenso:
   a) $x^{\lg x} = 10$, b) $x^{\lg x - 3} = 0{,}01$, c) $x^{\lg x} = \frac{x^4}{1000}$, d) $x^{\lg x^2 + \lg x + 1} = 10^{14}$.
6. Ebenso:
   a) $\log_{\sqrt{2}} x \cdot \log_2 x \cdot \log_{2\sqrt{2}} x \cdot \log_4 x = 54$, b) $\log_x 10 + \log_{10x} 10 + \log_{100x} 10 = 0$.
7. Für welche Werte von a haben die folgenden Gleichungen reelle Lösungen?
   a) $x^2 - 2x + 2 \lg a = 0$, b) $x^2 - (2 \lg a)x + 4 = 0$.
8. Man vergleiche die Zahlen 1000^{1000}, 1001^{999} und 999^{1001} der Größe nach.
9. Welche Zahlen haben die Eigenschaft, a) daß der dekadische Logarithmus ihrer 3. Potenz gleich der 3. Potenz ihres dekadischen Logarithmus ist, b) daß der dekadische Logarithmus ihrer Kubikwurzel gleich der Kubikwurzel ihres dekadischen Logarithmus ist?

10. Wieviele Stellen hat im dekadischen System a) die höchste bisher bekannte Primzahl $2^{11213}-1$, b) die höchste bisher bekannte «vollkommene Zahl» (d. h. die gleich der Summe ihrer echten Teiler ist) $2^{11212}(2^{11213}-1)$, c) die höchste durch 3 Ziffern und die gewöhnlichen arithmetischen Operationen ausdrückbare Zahl 9^{9^9}?

11. Man beweise: a) lg 1973 ist irrational, b) der Zehnerlogarithmus jeder natürlichen Zahl, die keine Zehnerpotenz ist, ist irrational.

12. Man vereinfache: $a^{\frac{\lg(\lg a)}{\lg a}}$.

13. Was ist größer, $\log_2 5$ oder $\log_{1/2}\frac{1}{5}$?

14. Man beweise: Für $(x>0)\wedge(x\neq 1)$ gilt

$$\log_2 x\cdot\log_3 x+\log_3 x\cdot\log_5 x+\log_2 x\cdot\log_5 x=\frac{\log_2 x\cdot\log_3 x\cdot\log_5 x}{\log_{30} x}.$$

15. Man beweise: $\log_2 3\cdot\log_3 4\cdot\log_4 5\cdot\log_5 6=\log_2 6$.

16. Gegeben ist $f(x)$, gesucht $f'(x)$:

a) $f(x)=e^x(x-1)$, b) $f(x)=\dfrac{e^x-1}{e^x+1}$, c) $f(x)=2^{\sqrt{x^2+1}}$,

d) $f(x)=3^x\cdot x^3$, e) $f(x)=\ln\dfrac{a}{a+x}$, f) $f(x)=x^2(2\ln x-1)$,

g) $f(x)=\ln\left(x+\sqrt{1+x^2}\right)$, h) $f(x)=\ln\sqrt{\dfrac{1+x}{1-x}}$, i) $f(x)=\log_x 2$.

17. Gegeben ist $f(x)$. Man bestimme $f'(x)$ durch logarithmische Differentiation:

a) $f(x)=x^{\sqrt{x}}$, b) $f(x)=x^{e^x}$, c) $f(x)=x^{\ln x}$, d) $f(x)=(1+x)^x$,

e) $f(x)=\left(1+\dfrac{1}{x}\right)^x$.

18. Man beweise: a) Die Kurven mit den Gleichungen $y=a^x$ und $y=\dfrac{1}{a^x}$ sind zueinander axialsymmetrisch bezüglich der y-Achse. b) Die Kurven mit den Gleichungen $y=a^x$ und $y=c\cdot a^x$ sind kongruent. c) Die Kurven mit den Gleichungen $y=a^x$ und $y=b^x$ können durch eine Dehnung in horizontaler Richtung ineinander übergeführt werden.

19. Man zeichne den Graphen der Funktion $x\to\log_x 2$.

20. Unter welchem Winkel schneiden sich die Kurven mit den Gleichungen a) $y=e^{x+2}$ und $y=e^{-x}$, b) $y=e^{2x}$ und $y=2e^{3x}$?

21. Vom Ursprung aus werde die Tangente an die Kurve mit der Gleichung $y=\ln x$ gezogen. Gesucht sind die Koordinaten des Berührungspunktes.

22. In welchem Punkt der Kurve mit der Gleichung $y=1-e^{-cx}$ ist die Tangente parallel zur Sehne vom Ursprung zum Kurvenpunkt mit der Abszisse x_0?

23. Wo liegen die Graphen der Funktionen $x\to e^x$ und $x\to\ln x$ am nächsten beieinander?

24. Welcher Punkt der Kurve mit der Gleichung $y=a^x$ hat von der Geraden mit der Gleichung $y=x$ den kleinsten Abstand?

25. Man beweise: Alle Parabeln mit den Gleichungen $y^2=a-2x$ schneiden alle Exponentialkurven mit den Gleichungen $y=e^{x+b}$ rechtwinklig.

26. In welchem Punkt P_0 der Kurve mit der Gleichung $y=\ln x$ oberhalb der x-Achse muß man die Tangente ziehen, damit das Dreieck, das sie mit der x-Achse und der Vertikalen durch P_0 bildet, maximalen Flächeninhalt hat?

27. Man bestimme die Nullstellen und das Maximum der Funktion $x\to\sqrt{\ln x}-\ln\sqrt{x}$.

28. Für welche Zahl ist die Differenz zwischen ihrer Quadratwurzel und ihrem natürlichen Logarithmus minimal?

29. Man bestimme a) das Minimum der Funktion $x \to x^x$, b) das Maximum der Funktion $x \to x^{1/x}$.

30. Man bestimme das Minimum und den Wendepunkt der Funktion $x \to \ln x - \ln(\ln x)$.

31. Man bestimme das in der Nähe des Punktes $P(5/5)$ liegende Extremum der Funktion $x \to \dfrac{(\ln x)^2}{\ln(\ln x)}$.

32. Man untersuche die Funktion mit der Gleichung $y = \ln(x^2+4)$, d.h. man bestimme die Nullstellen, Extrema und Wendepunkte und skizziere ihren Graphen.

33. Ebenso: $y = e^x(x-1)^2$.

34. Ebenso: $y = 5x\,e^{(-1/2)x}$.

35. Ebenso: $y = 2x\,e^{(-1/8)x^2}$.

36. Für welche x-Werte ist die Ordinatendifferenz zwischen den Kurven mit den Gleichungen $y = e^{-x}$ und $y = e^{-x+a}$ (mit $a > 0$) kleiner als ε (mit $\varepsilon > 0$)?

37. Man bestimme a und b so, daß die Kurve mit der Gleichung $y = a e^{-x^2/b}$ in $P\left(-\sqrt{2}\Big/\dfrac{5}{\sqrt{e}}\right)$ einen Wendepunkt hat.

38. Man bestimme a und b so, daß die Kurve mit der Gleichung $y = a\ln(bx)$ die Gerade mit der Gleichung $y = x$ an der Stelle $x = 2$ berührt.

39. Man bestimme a so, daß sich die Kurven mit den Gleichungen a) $y = e^x$ und $y = ax^3$, b) $y = a^x$ und $y = x$, berühren, und bestimme den Berührungspunkt.

40. Man beweise: Die Länge der Subtangente (d.h. der Projektion des Tangentenabschnitts vom Berührungspunkt bis zur x-Achse auf die x-Achse) der Kurve mit der Gleichung $y = a^x$ ist konstant.

41. Es sei $f(x) = xe^x$. Man stelle eine Formel für $f^{(n)}(x)$ auf.

42. a) Man beweise aus der Definition der Ableitungsfunktion von $x \to a^x$: Für $a > 0$ gilt $\lim\limits_{x \to 0} \dfrac{a^x - 1}{x} = \ln a$.
 b) Man beweise daraus: Für $a > 0$ gilt $\lim\limits_{n \to \infty} n\left(\sqrt[n]{a} - 1\right) = \ln a$.
 c) Man beweise daraus: Für $a > 0$ gilt $\lim\limits_{n \to \infty} \sqrt[n]{a} = 1$.

43. a) Man beweise aus der Definition der Ableitungsfunktion von $x \to \ln(1+ux)$, daß für $u > 0$ gilt $\lim\limits_{x \to 0} (1+ux)^{1/x} = e^u$.
 b) Man beweise auf ähnliche Weise, daß für jede reelle Zahl u gilt $\lim\limits_{x \to 0} (1+x)^{u/x} = e^u$.
 c) Man beweise daraus: $\lim\limits_{n \to \infty} \left(1 + \dfrac{x}{n}\right)^n = \lim\limits_{n \to \infty} \left(1 + \dfrac{1}{n}\right)^{xn} = e^x$.

44. Man beweise:
 a) Für $x \neq 0$ gilt $e^x > 1 + x$.
 b) Für $x > 0$ und $x \neq 1$ gilt $\ln x < x - 1$.
 c) Für $x > 0$ gilt $\ln x < \sqrt{x}$.
 Man veranschauliche sich diese Ungleichungen durch Zeichnung der Graphen der entsprechenden Funktionen.

45. Man berechne den Grenzwert
$$\lim_{n \to \infty} \left(\frac{1}{n} + \frac{1}{n+1} + \dots + \frac{1}{2n}\right).$$
 Wink: Man beweise zuerst unter Verwendung von Aufgabe 44b), daß für jede natürliche Zahl k mit $k \geqq 2$ gilt $\ln \dfrac{k+1}{k} < \dfrac{1}{k} < \ln \dfrac{k}{k-1}$.

46. Man beweise allein aus Aufgabe 42b (d.h. ohne Def. 1 vorauszusetzen), daß gilt $\int\limits_1^{x_0} \frac{1}{x}\,\mathrm{d}x = \ln x_0$, durch Einteilung des Intervalls $[1, x_0]$ in n ungleiche Teilintervalle mit den Teilpunkten $x_k = x^{k/n}$ $(k = 0, 1, \ldots, n)$ und Berechnung der zugehörigen Obersumme.

47.* Man beweise: Die Folge $n \to \left(1 + \frac{1}{n}\right)^{n+\frac{1}{2}}$ ist monoton fallend (aber äußerst langsam).

II

48. Man prüfe durch Ableiten:

a) $\int \frac{1+\sqrt{x}}{1-\sqrt{x}}\,\mathrm{d}x = -x - 4\sqrt{x} - 4\ln(1-\sqrt{x}) + c$,

b) $\int \frac{\sqrt{x+1}}{x}\,\mathrm{d}x = 2\sqrt{1+x} + \ln\frac{\sqrt{1+x}-1}{\sqrt{1+x}+1} + c$.

49. Man berechne die folgenden bestimmten Integrale:

a) $\int\limits_1^3 \left(x^2 + 3x - 6 + \frac{2}{x}\right)\mathrm{d}x$, b) $\int\limits_1^2 \left(3x^2 - 2x + 9 - \frac{3}{x} + \frac{2}{x^2}\right)\mathrm{d}x$, c) $\int\limits_1^2 \left(e^x - \frac{3}{x}\right)\mathrm{d}x$.

50. Man berechne die folgenden unbestimmten Integrale:

a) $\int \left(\frac{1}{x} + \frac{1}{x^2} + \frac{1}{x^3}\right)\mathrm{d}x$, b) $\int (e^x + x^e)\,\mathrm{d}x$, c) $\int \frac{(x^2+1)^3}{x}\,\mathrm{d}x$.

51. Man berechne den Flächeninhalt des unterhalb der Kurve mit der Gleichung $y = e^x$ liegenden Teils des Rechteckes, das durch die Ungleichungen $0 \leqq x \leqq 1$ und $0 \leqq y \leqq 2$ gegeben ist.

52. An welcher Stelle muß die Fläche zwischen der Kurve mit der Gleichung $y = \frac{2}{x}$, der Horizontalen mit der Gleichung $y = 1{,}5$ und den Koordinatenachsen vertikal abgeschnitten werden, damit der Flächeninhalt des abgeschnittenen Teils 3 beträgt?

53. Von der Fläche zwischen den Kurven mit den Gleichungen $y = \frac{1}{x}$ und $y = \sqrt{x}$ und der x-Achse wird durch einen vertikalen Schnitt ein Stück mit dem Flächeninhalt $\frac{5}{3}$ abgeschnitten. An welcher Stelle hat dies zu geschehen?

54. Man beweise, daß der Grenzwert $\lim\limits_{n\to\infty}\left(1 + \frac{1}{2} + \frac{1}{3} + \ldots + \frac{1}{n} - \ln n\right)$ existiert (er heißt «Eulersche Konstante», vgl. § 7).

Ergebnisse

1. a) $5\lg a + \frac{1}{3}\lg b + \lg c - \frac{1}{2}\lg d - 2\lg e$,
   b) $\lg a + \frac{1}{2}[2\lg b + \frac{1}{3}(7\lg c + \frac{3}{2}\lg d)] = \lg a + \lg b + \frac{7}{6}\lg c + \frac{1}{4}\lg d$,
   c) $\lg\frac{a^2c^3}{\sqrt{b}}$.
2. a) $x = 4$, b) $x = -2$, c) $x = 3{,}0958$, d) $x = -0{,}093160$, e) $x = 1{,}73202$, f) $x = 0{,}46777$.
3. a) $x = a^2$, b) $x = a^a$, c) $x = a^{1/a}$, d) $x = a^a$, e) $x = a^{1/a}$.
4. a) $x = 5$, b) $x = 4$, c) $x = 101$, d) $x = 11$.
5. a) $x_1 = 10$, $x_2 = 0{,}1$, b) $x_1 = 10$, $x_2 = 100$, c) $x_1 = 10$, $x_2 = 1000$, d) $x_1 = 100$, $x_2 = 0{,}0046416$.
6. a) $x = 8$, b) $x_1 = 0{,}37788$, $x_2 = 0{,}026464$.
7. a) $0 < a \leqq \sqrt{10}$, b) $(0 < a \leqq 0{,}01) \vee (a \geqq 100)$.

8. $1001^{999} < 1000^{1000} < 999^{1001}$.

9. a) $x_1 = 1$, $x_2 = 53{,}9574$, $x_3 = 0{,}0185331$,
b) $x_1 = 1$, $x_2 = 1{,}570914 \cdot 10^5$, $x_3 = 6{,}36572 \cdot 10^{-6}$.

10. a) 3376 Stellen, b) 6751 Stellen, c) $3{,}6969 \cdot 10^8$ Stellen.

11. a) Spezialfall von b).
b) Wäre n keine Zehnerpotenz und wäre $\lg n = \frac{p}{q}$ (wobei n, p, q natürliche Zahlen seien), so wäre $10^{p/q} = n$, also $10^p = n^q$, also wäre n^q eine Zehnerpotenz, was falsch ist.

12. $\lg a$.

13. Beide sind gleich, nämlich $\frac{\lg 5}{\lg 2}$.

14. Nach dem Logarithmengesetz (10) wird die linke Seite
$$\frac{\lg x \cdot \lg x}{\lg 2 \cdot \lg 3} + \frac{\lg x \cdot \lg x}{\lg 3 \cdot \lg 5} + \frac{\lg x \cdot \lg x}{\lg 2 \cdot \lg 5} = \frac{\lg 5 + \lg 2 + \lg 3}{\lg 2 \cdot \lg 3 \cdot \lg 5} (\lg x)^2 = \frac{\lg 30 \cdot (\lg x)^2}{\lg 2 \cdot \lg 3 \cdot \lg 5},$$
die rechte Seite ebenso
$$\frac{\lg x \cdot \lg x \cdot \lg x}{\lg 2 \cdot \lg 3 \cdot \lg 5} : \frac{\lg x}{\lg 30} = \frac{\lg 30 \cdot (\lg x)^2}{\lg 2 \cdot \lg 3 \cdot \lg 5}.$$

15. Nach dem Logarithmengesetz (10) wird die linke Seite
$$\frac{\lg 3}{\lg 2} \cdot \frac{\lg 4}{\lg 3} \cdot \frac{\lg 5}{\lg 4} \cdot \frac{\lg 6}{\lg 5} = \frac{\lg 6}{\lg 2} = \log_2 6.$$

16. a) $f'(x) = x e^x$, b) $f'(x) = \frac{2 e^x}{(e^x + 1)^2}$, c) $f'(x) = \frac{x\, 2^{\sqrt{x^2+1}} \ln 2}{\sqrt{x^2+1}}$,
d) $f'(x) = 3^x x^2 (x \ln 3 + 3)$, e) $f'(x) = -\frac{1}{a+x}$, f) $f'(x) = 4x \ln x$,
g) $f'(x) = \frac{1}{\sqrt{1+x^2}}$, h) $f'(x) = \frac{1}{1-x^2}$, i) $f'(x) = -\frac{\ln 2}{x (\ln x)^2}$.

17. a) $f'(x) = x^{\sqrt{x} - 1/2} (1 + \ln\sqrt{x})$, b) $f'(x) = x^{e^x} e^x \left(\frac{1}{x} + \ln x\right)$,
c) $f'(x) = 2 x^{\ln x - 1} \ln x$, d) $f'(x) = (1+x)^x \left[\frac{x}{1+x} + \ln(1+x)\right]$,
e) $f'(x) = \left(1 + \frac{1}{x}\right)^x \left[-\frac{1}{1+x} + \ln\left(1 + \frac{1}{x}\right)\right]$.

18. a) $\frac{1}{a^x} = a^{-x}$, b) $c \cdot a^x = a^{x + \log_a c}$, c) $b^x = a^{x \log_a b}$.

19. Fig. 8.

20. a) $\tan\gamma = \frac{2e}{e^2 - 1}$, $\gamma = 40{,}4°$, b) $\tan\gamma = \frac{2}{11}$, $\gamma = 10{,}3°$.

21. $P(e/1)$.

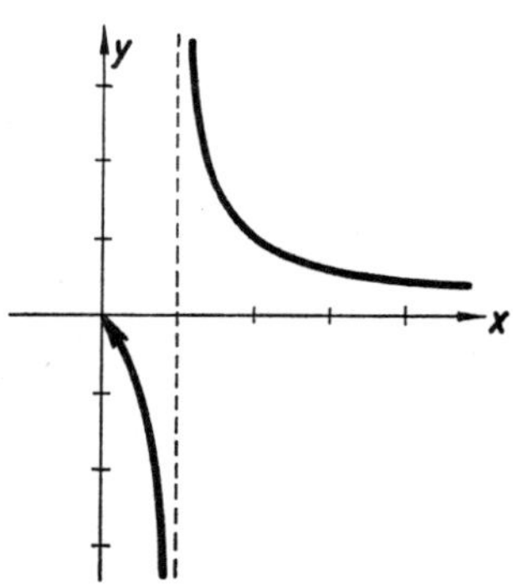

Fig. 8

22. In $P_1(x_1/y_1)$ mit $x_1 = \frac{1}{c} \ln \frac{c x_0}{1 - e^{-c x_0}}$, $y_1 = 1 - \frac{1 - e^{-c x_0}}{c x_0}$.
23. Bei den Punkten $P(1/0)$ und $Q(0/1)$.
24. $P_0(x/a^x)$ mit $x = -\frac{\ln(\ln a)}{\ln a}$.
25. Für den Schnittpunkt $P_0(x_0/y_0)$ gilt $e^{x_0+b} = \sqrt{a - 2x_0}$. Die Steigungen der Tangenten in P_0 sind $m_1 = -\frac{1}{\sqrt{a - 2x_0}}$ und $m_2 = e^{x_0+b}$, also gilt $m_1 m_2 = -1$.
26. $P_0(e^2/2)$.
27. Nullstellen $P_1(1/0)$, $P_2(e^4/0)$, Maximum $P_3(e/\frac{1}{2})$.
28. $x = 4$.
29. a) $P(0{,}36788/0{,}69220)$, b) $P(2{,}71828/1{,}44467)$.
30. Minimum $P_1(2{,}71828/1)$, Wendepunkt $P_2(5{,}04317/1{,}13682)$.
31. $P(5{,}20033/5{,}43656)$.
32. Minimum $P_1(2/1{,}39)$, Wendepunkte $P_{2,3}(\pm 2/2{,}08)$.
33. Nullstelle $P_1(1/0)$, Maximum $P_2(-1/1{,}47)$, Minimum $P_3(1/0)$, Wendepunkte $P_4(0{,}414/0{,}519)$, $P_5(-2{,}41/1{,}043)$.
34. Nullstelle $P_1(0/0$, Maximum $P_2(2/3{,}68)$, Wendepunkt $P_3(4/2{,}71)$.
35. Nullstelle $P_1(0/0)$, Maximum $P_2(2/2{,}43)$, Minimum $P_3(-2/-2{,}43)$, Wendepunkte $P_{4,5}(\pm 3{,}46/1{,}55)$.
36. $x > \ln \frac{e^a - 1}{\varepsilon}$.
37. $a = 5$, $b = 4$.
38. $a = 2$, $b = \frac{e}{2} = 1{,}359$.
39. a) $a = \frac{e^3}{27} = 0{,}74391$, $P(3/20{,}086)$, b) $a = e^{1/e} = 1{,}44467$, $P(e/e)$.
40. Sie hat die Länge $\frac{1}{\ln a}$.
41. $f^{(n)}(x) = (x+n)\,e^x$. Beweis: $f^{(0)}(x) = f(x) = (x+0) = e^x$, $f^{(n)}(x) = (x+n)\,e^x \Rightarrow f^{(n+1)}(x) = (x+n)\,e^x + e^x \cdot 1 = (x+n+1)\,e^x$.
42. a) Für $f(x) = a^x$ wird $f'(x) = \ln a \cdot a^x$, also

$$\lim_{x \to 0} \frac{a^x - 1}{x} = \lim_{x \to 0} \frac{f(x) - f(0)}{x - 0} = f'(0) = \ln a.$$

b) Spezialfall von 42a).

c) Nach 42b) ist für $a > 0$

$$\lim_{n \to \infty} \left(\sqrt[n]{a} - 1\right) = \lim_{n \to \infty} \frac{n\left(\sqrt[n]{a} - 1\right)}{n} = 0,$$

also $\lim\limits_{n \to \infty} \sqrt[n]{a} = 1$.

43. a) Für $f(x) = \ln(1 + ux)$ ist $f'(x) = \frac{u}{1 + ux}$ für $ux > -1$, also

$$\lim_{x \to 0} \ln(1 + ux)^{1/x} = \lim_{x \to 0} \frac{f(x) - f(0)}{x - 0} = f'(0) = u,$$

also $\lim\limits_{x \to 0} (1 + ux)^{1/x} = e^u$.

b) Erster Beweis: Für $f(x) = u \ln(1 + x)$ ist $f'(x) = \frac{u}{1 + x}$ für $x > -1$, also

$$\lim_{x \to 0} \ln(1 + x)^{u/x} = \lim_{x \to 0} \frac{f(x) - f(0)}{x - 0} = f'(0) = u,$$

also $\lim\limits_{x\to 0}(1+x)^{u/x}=e^u$. – Zweiter Beweis: Nach 43a) wird $\lim\limits_{x\to 0}(1+x)^{1/x}=e$, also

$$\lim_{x\to 0}(1+x)^{u/x}=\lim_{x\to 0}[(1+x)^{1/x}]^u=e^u.$$

c) Direkt aus 43a) und 43b) mit $1/n$ statt x und x statt u.

44. a) Für $f(x)=e^x$ gilt nach dem Mittelwertsatz $f(x)=e^x=f(0)+xf'(x_1)=1+xe^{x_1}$, wobei x_1 zwischen 0 und x liegt; also gilt für $x>0$ wegen $e^{x_1}>1$ und für $x<0$ wegen $e^{x_1}<1$
$$e^x>1+x.$$
b) Aus a) folgt für $x>-1$ und $x\neq 0$ zunächst $x>\ln(1+x)$, also für $x>0$ und $x\neq 1$
$$x-1>\ln x.$$
c) Die Funktion $x\to\sqrt{x}-\ln x$ hat das Minimum $P(4/0{,}61371)$, ferner ist sie fallend in $(0,4)$ und steigend in $(4,\infty)$.

45. Aus Aufgabe 44b) folgt für $x=\frac{k+1}{k}$ zunächst $\ln\frac{k+1}{k}<\frac{1}{k}$, sodann für $x=\frac{k-1}{k}$ $\ln\frac{k-1}{k}<-\frac{1}{k}$, also $\ln\frac{k}{k-1}>\frac{1}{k}$, also zusammengefaßt $\ln\frac{k+1}{k}<\frac{1}{k}<\ln\frac{k}{k-1}$.

Daraus erhält man
$$\sum_{k=n}^{2n}\ln\frac{k+1}{k}<\sum_{k=n}^{2n}\frac{1}{k}<\sum_{k=n}^{2n}\ln\frac{k}{k-1},$$
also
$$\ln\frac{(n+1)\,(n+2)\,\ldots\,(2n+1)}{n(n+1)\,\ldots\,2n}<\sum_{k=n}^{2n}\frac{1}{k}<\ln\frac{n(n+1)\ldots 2n}{(n-1)\,n\,\ldots\,(2n-1)},$$
also
$$\ln\frac{2n+1}{n}<\sum_{k=n}^{2n}\frac{1}{k}<\ln\frac{2n}{n-1},$$
und daraus unmittelbar
$$\lim_{n\to\infty}\sum_{k=n}^{2n}\frac{1}{k}=\ln 2.$$

46. Es wird $\Delta x_k=x_k-x_{k-1}=x_{k-1}(x_0^{1/n}-1)$, also (da $x\to\frac{1}{x}$ monoton fallend ist)
$$O_n=\sum_{k=1}^{n}\frac{1}{x_{k-1}}\,\Delta x_k=\sum_{k=1}^{n}(x_0^{1/n}-1)=n\left(\sqrt[n]{x_0}-1\right),$$
also nach Aufgabe 42b
$$\int_1^{x_0}\frac{1}{x}\,\mathrm{d}x=\lim_{n\to\infty}O_n=\ln x_0.$$

47. Wir zeigen, daß die Funktion F mit $F(x)=\left(1+\frac{1}{x}\right)^{x+\frac{1}{2}}$ für $x\geqq 1$ monoton fallend ist: Setzen wir $f(x)=\ln F(x)=(x+\frac{1}{2})\cdot\ln\left(1+\frac{1}{x}\right)$, so wird für $x\geqq 1$
$$f'(x)=\ln\left(1+\frac{1}{x}\right)-\frac{2x+1}{2x(x+1)},\quad f''(x)=\frac{1}{2x^2(x+1)^2}.$$
f' ist monoton steigend für $x\geqq 1$, weil $f''(x)>0$ für $x\geqq 1$. Ferner ist $f'(1)=\ln 2-\frac{3}{4}<0$ und $\lim\limits_{x\to\infty}f'(x)=0$. Also ist $f'(x)<0$ für $x\geqq 1$. Also ist f, also auch F monoton fallend für $x\geqq 1$. – Die Langsamkeit des Fallens von f geht hervor aus
$$f(1)=2^{3/2}=2{,}82843,\quad \lim_{x\to\infty}f(x)=e=2{,}71828.$$

48. Durch Ableiten der rechten Seite erhält man den Integranden.

49. a) $8\frac{2}{3}+2\ln 3=10{,}8639$, b) $14-3\ln 2=11{,}9206$, c) $e^2-e-3\ln 2=2{,}59133$.

50. a) $\ln|x| - \frac{1}{x} - \frac{1}{2x^2} + c$, b) $e^x + \frac{x^{e+1}}{e+1} + c$, c) $\frac{1}{6}x^6 + \frac{3}{4}x^4 - \frac{3}{2}x^2 + \ln|x| + c$.
51. $3 - 2\ln 2 = 1{,}6137$.
52. $x = 2\ln 3 = 2{,}1972$.
53. $x = e = 2{,}7183$.
54. Wir verwenden die Abkürzung $x_n = 1 + \frac{1}{2} + \frac{1}{3} + \ldots + \frac{1}{n} - \ln n$. Die Folge $n \to x_n$ ist monoton fallend, denn

$$x_{n+1} - x_n = \frac{1}{n+1} - \ln(n+1) + \ln n = \frac{1}{n+1} + \ln\frac{n}{n+1},$$

und nach Aufgabe 44 b) ist $\ln\frac{n}{n+1} < -\frac{1}{n+1}$, also $x_{n+1} - x_n < 0$. Die Folge ist ferner nach unten beschränkt, denn die Betrachtung der der Kurve mit der Gleichung $y = \frac{1}{x}$ in den Intervallen $[k, k+1]$ mit $k \in \mathbb{N}$ umbeschriebenen Rechtecke zeigt, daß gilt

$$\int_1^n \frac{1}{x}\,dx = \ln n > 1 + \frac{1}{2} + \frac{1}{3} + \ldots + \frac{1}{n-1},$$

also $x_n > 0$. Damit ist die Existenz von $\lim\limits_{n \to \infty} x_n$ bewiesen.

§ 18. Trigonometrische und hyperbolische Funktionen und ihre Umkehrfunktionen

1. Ableitung der trigonometrischen Funktionen auf Grund ihrer geometrischen Eigenschaften

a) Geometrische Definition der trigonometrischen Funktionen

Wir wollen kurz daran erinnern, wie man die trigonometrischen Funktionen *geometrisch* einführt: Ist x das *Bogenmaß* irgendeiner Drehbewegung in der Grundebene, die den Grundvektor $\vec{e_1} = \overrightarrow{OE} = \binom{1}{0}$ in den Vektor $\vec{a} = \overrightarrow{OP} = \binom{a_1}{a_2}$ überführt, so definiert man sin x als die Ordinate a_2 und cos x als die Abszisse a_1 des Punktes P. Die *trigonometrischen Funktionen*

$$x \to \sin x \quad \text{und} \quad x \to \cos x$$

haben den Definitionsbereich $\mathbb{R}$; ihre Graphen sind in Fig. 1 dargestellt. Nach der Definition der Zahl π (§ 10) ist $\frac{\pi}{2}$ die kleinste positive Zahl x mit $\sin x = 1$.

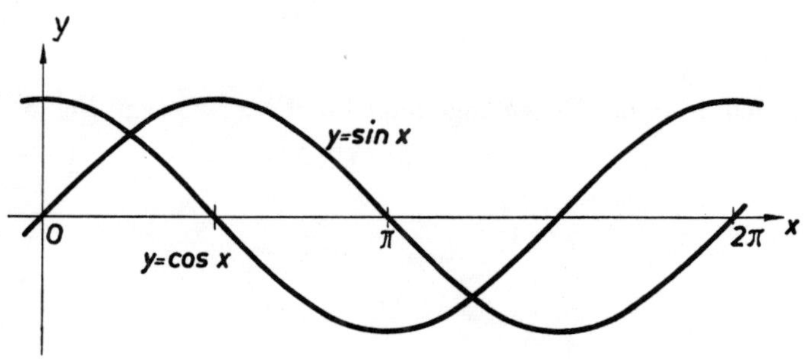

Fig. 1

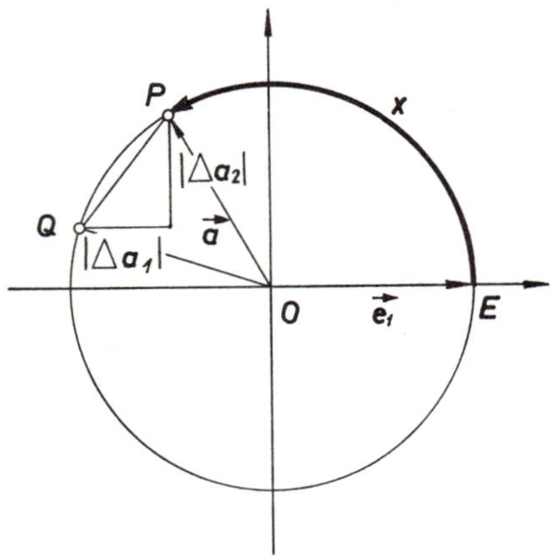

Fig. 2

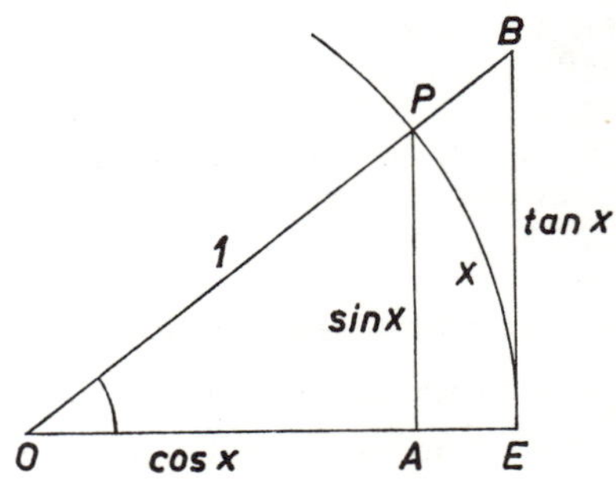

Fig. 3

Die *geometrischen Eigenschaften* der trigonometrischen Funktionen, also ihre Eigenschaften, die sich auf Grund der geometrischen Axiome (die auf der Anschauung beruhen) ergeben, werden hier vorausgesetzt; wir brauchen besonders die folgenden Eigenschaften:

(1) $\sin 0 = 0, \; \cos 0 = 1.$

(2) Es gelten die «Additionstheoreme»

$$\sin(x_1 \pm x_2) = \sin x_1 \cos x_2 \pm \cos x_1 \sin x_2,$$
$$\cos(x_1 \pm x_2) = \cos x_1 \cos x_2 \mp \sin x_1 \sin x_2.$$

(3) $x \to \sin x$ und $x \to \cos x$ sind überall stetige Funktionen.

(4) $\lim\limits_{x \to 0} \dfrac{\sin x}{x} = 1.$

Da die Eigenschaften (3) und (4) im Geometrieunterricht meist nicht behandelt werden, sollen diese hier zunächst geometrisch-anschaulich hergeleitet werden:

a) Entspricht dem Bogenmaß x der Punkt $P(a_1/a_2)$ und dem Bogenmaß $x + \Delta x$ der Punkt $Q(a_1 + \Delta a_1/a_2 + \Delta a_2)$, so ist (Fig. 2)

$$\Delta a_2 = \sin(x + \Delta x) - \sin x, \quad \Delta a_1 = \cos(x + \Delta x) - \cos x,$$

und wegen

$$|\Delta a_2| \leqq \overline{PQ} < |\Delta x|, \quad |\Delta a_1| \leqq \overline{PQ} < |\Delta x|$$

folgt

$$\lim_{\Delta x \to 0} \Delta a_2 = 0, \quad \lim_{\Delta x \to 0} \Delta a_1 = 0,$$

also folgt (3).

b) Aus der Definition der Bogenlänge folgt für $0 < x < \dfrac{\pi}{2}$ (vgl. Fig. 3)

$$\sin x = \overline{PA} < x < \overline{EB} = \tan x,$$

also

$$1 < \frac{x}{\sin x} < \frac{1}{\cos x},$$

also

$$\cos x < \frac{\sin x}{x} < 1.$$

Aus (1) und (3) folgt $\lim\limits_{x \to 0} \cos x = 1$, also folgt $\lim\limits_{x \downarrow 0} \dfrac{\sin x}{x} = 1$. Ferner folgt aus (1) und (2)

$$\sin(-x) = \sin(0-x) = \sin 0 \;\cos x - \cos 0 \;\sin x = -\sin x,$$

also gilt (4). –

Wir zeigen später (§ 22), daß man die Existenz zweier Funktionen $x \to \sin x$ und $x \to \cos x$ mit den Eigenschaften (1) bis (4) aus den Axiomen I bis III beweisen kann, ohne sich auf die Anschauung zu berufen (d.h. daß man die trigonometrischen Funktionen «geometriefrei» definieren kann). Da wir dazu noch nicht in der Lage sind, führen wir ihre Existenz vorläufig als neues Axiom ein:

Axiom der trigonometrischen Funktionen: Es gibt Funktionen $x \to \sin x$ und $x \to \cos x$ mit den Eigenschaften (1) bis (4).

Diese Funktionen werden durch (1) bis (4) eindeutig definiert (vgl. auch § 22).

Aus den Eigenschaften (1) bis (4) der trigonometrischen Funktionen folgt ferner unmittelbar:

(5) $\sin^2 x + \cos^2 x = 1$.

Beweis: Unter $\sin^2 x$ versteht man den Ausdruck $(\sin x)^2$. Aus (1) und (2) folgt

$$1 = \cos 0 = \cos(x - x) = \cos^2 x + \sin^2 x.$$

(6) $\lim\limits_{x \to 0} \dfrac{1 - \cos x}{x} = 0$.

Beweis: Nach (2) und (5) ist

$$\cos x = \cos\left(\frac{x}{2} + \frac{x}{2}\right) = \cos^2 \frac{x}{2} - \sin^2 \frac{x}{2} = 1 - 2\sin^2 \frac{x}{2},$$

also

$$\frac{1 - \cos x}{x} = \frac{2\sin^2 \frac{x}{2}}{x} = \frac{\sin \frac{x}{2}}{\frac{x}{2}} \cdot \sin \frac{x}{2};$$

nach (1) und (3) ist $\lim\limits_{x \to 0} \sin \dfrac{x}{2} = 0$, also folgt nach (4) $\lim\limits_{x \to 0} \dfrac{1 - \cos x}{x} = 1 \cdot 0 = 0$.

b) Die Ableitungen der trigonometrischen Funktionen

Nun ergibt sich als weitere Folgerung aus (1) bis (6):

Satz 1: Die Funktion $x \to \sin x$ hat die Ableitungsfunktion $x \to \cos x$.

Beweis: Für $f(x) = \sin x$ wird nach (2)

$$f'(x) = \lim_{\Delta x \to 0} \frac{\sin(x + \Delta x) - \sin x}{\Delta x} = \lim_{\Delta x \to 0} \frac{\sin x \cos \Delta x + \cos x \sin \Delta x - \sin x}{\Delta x}$$

$$= \lim_{\Delta x \to 0} \left(- \frac{1 - \cos \Delta x}{\Delta x} \cdot \sin x + \frac{\sin \Delta x}{\Delta x} \cdot \cos x \right),$$

also nach (4), (6) und den Grenzwertsätzen

$$f'(x) = 0 \cdot \sin x + 1 \cdot \cos x = \cos x.$$

Satz 2: Die Funktion $x \to \cos x$ hat die Ableitungsfunktion $x \to -\sin x$.

Beweis: Für $f(x) = \cos x$ wird nach (2)

$$f'(x) = \lim_{\Delta x \to 0} \frac{\cos(x + \Delta x) - \cos x}{\Delta x} = \lim_{\Delta x \to 0} \frac{\cos x \cos \Delta x - \sin x \sin \Delta x - \cos x}{\Delta x}$$

$$= \lim_{\Delta x \to 0} \left(-\frac{1 - \cos \Delta x}{\Delta x} \cdot \cos x - \frac{\sin \Delta x}{\Delta x} \cdot \sin x \right),$$

also wie oben

$$f'(x) = 0 \cdot \cos x - 1 \cdot \sin x = -\sin x.$$

Definition 1: Es sei (mit $k \in \mathbb{Z}$)

$$\tan x = \frac{\sin x}{\cos x} \text{ für } x \neq (k + \tfrac{1}{2})\pi, \quad \cot x = \frac{\cos x}{\sin x} \text{ für } x \neq k\pi.$$

Die Graphen der Funktionen $x \to \tan x$ und $x \to \cot x$ sind in Fig. 4 dargestellt.

Satz 3: Die Funktion $x \to \tan x$ hat die Ableitungsfunktion $x \to \dfrac{1}{\cos^2 x} = 1 + \tan^2 x$.

Beweis: Für $f(x) = \tan x = \dfrac{\sin x}{\cos x}$ erhalten wir nach der Quotientenregel für $x \neq (k + \frac{1}{2})\pi$ mit $k \in \mathbb{Z}$

$$f'(x) = \frac{\cos x \cos x - \sin x(-\sin x)}{\cos^2 x} = \frac{\cos^2 x + \sin^2 x}{\cos^2 x} = 1 + \tan^2 x = \frac{1}{\cos^2 x}.$$

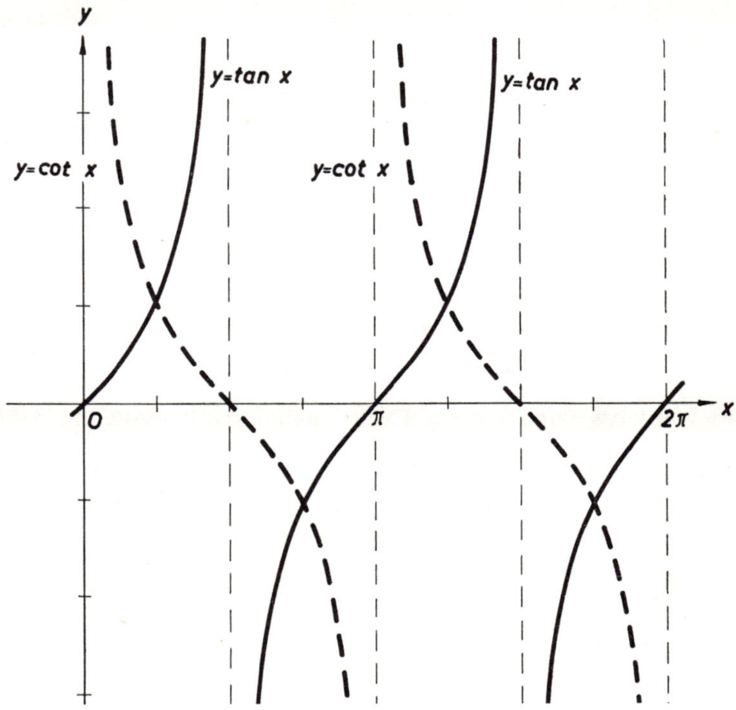

Fig. 4

Satz 4: Die Funktion $x \to \cot x$ hat die Ableitungsfunktion $x \to -\frac{1}{\sin^2 x} = -(1+\cot^2 x)$.

Beweis: Für $f(x) = \cot x = \frac{\cos x}{\sin x}$ wird in gleicher Weise wie oben für $x \neq k\pi$ mit $k \in \mathbb{Z}$

$$f'(x) = \frac{\sin x(-\sin x) - \cos x \cos x}{\sin^2 x} = \frac{-\sin^2 x - \cos^2 x}{\sin^2 x}$$
$$= -(1+\cot^2 x) = -\frac{1}{\sin^2 x}.$$

Beispiel 1: Für die Funktion $x \to f(x) = \sin 2x$ wird nach der Kettenregel mit $u = 2x$

$$f'(x) = \cos u \cdot 2 = 2\cos 2x,$$

für die Funktion $x \to f(x) = \sin^2 x$ mit $u = \sin x$

$$f'(x) = 2u \cos x = 2 \sin x \cos x = \sin 2x.$$

Beispiel 2: Wie groß muß der halbe Öffnungswinkel α eines Kegels mit der Mantellinie 1 sein, damit sein Volumen maximal ist? Für das Volumen y erhalten wir

$$y = \tfrac{1}{3}\pi r^2 h;$$

wegen $r = \sin\alpha$ und $h = \cos\alpha$ (Fig. 5) wird also

$$y = \tfrac{1}{3}\pi \sin^2\alpha \cos\alpha, \quad 0 < \alpha < \frac{\pi}{2}.$$

Für die vereinfachte Funktion $\alpha \to g(\alpha) = \sin^2\alpha \cos\alpha$ erhalten wir nach der Produkt- und Kettenregel

$$g'(x) = \sin^2\alpha(-\sin\alpha) + \cos\alpha \cdot 2\sin\alpha \cos\alpha.$$

Aus $g'(\alpha) = 0$ folgt

$$\sin\alpha(-\sin^2\alpha + 2\cos^2\alpha) = 0;$$

aus $\sin\alpha = 0$ erhalten wir keine brauchbare Lösung; aus

$$-\sin^2\alpha + 2\cos^2\alpha = 0$$

wird

$$-(1-\cos^2\alpha) + 2\cos^2\alpha = 0,$$
$$3\cos^2\alpha = 1,$$
$$\cos\alpha = \pm\frac{\sqrt{3}}{3}.$$

Dem positiven Wert entspricht die Lösung $\alpha = 54{,}7°$.

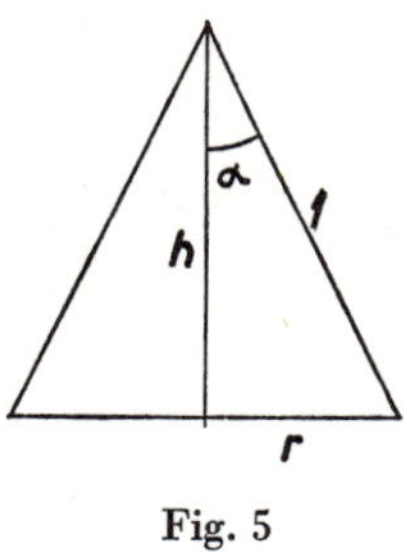

Fig. 5

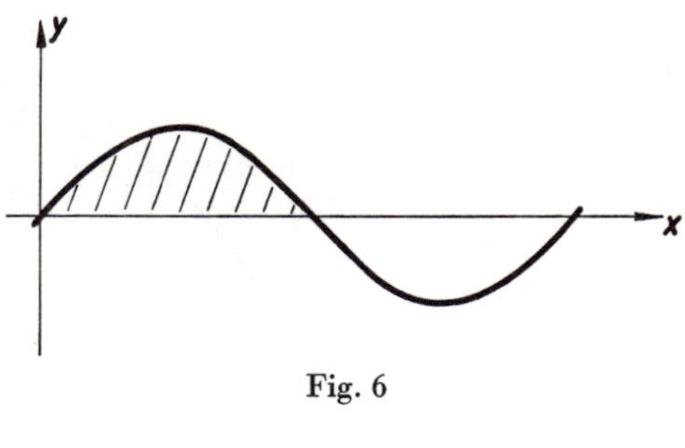

Fig. 6

Folgerung: Aus den oben bewiesenen Ableitungsregeln ergeben sich folgende *Grundintegrale:*

$$\int \sin x \, \mathrm{d}x = -\cos x + c \quad \text{auf } \mathbb{R},$$

$$\int \cos x \, \mathrm{d}x = \sin x + c \quad \text{auf } \mathbb{R},$$

$$\int \frac{1}{\cos^2 x} \, \mathrm{d}x = \tan x + c \quad \text{auf } \left((k-\tfrac{1}{2})\pi,\, (k+\tfrac{1}{2})\pi\right) \text{ für } k \in \mathbb{Z},$$

$$\int \frac{1}{\sin^2 x} \, \mathrm{d}x = -\cot x + c \quad \text{auf } \left(k\pi,\, (k+1)\pi\right) \text{ für } k \in \mathbb{Z}.$$

Beispiel 3: Die Flächenstücke zwischen der Sinuskurve und der x-Achse (eines ist schraffiert in Fig. 6) haben den Flächeninhalt

$$F = \int_0^\pi \sin x \, \mathrm{d}x = [-\cos x]_0^\pi = -\cos\pi - (-\cos 0) = 2.$$

2. Die zyklometrischen Funktionen

Die Umkehrfunktionen der trigonometrischen Funktionen (oder gewisser Einschränkungen von ihnen) heißen die *zyklometrischen Funktionen.*

Definition 2: Die Umkehrfunktion der Funktion $x \to \sin x$, $x \in \left[-\frac{\pi}{2}, \frac{\pi}{2}\right]$ ist die Funktion

$$x \to \arcsin x, \quad x \in [-1, 1]$$

(gelesen: «Arcussinus von x», Graph Fig. 7); man schreibt auch $\arcsin x = \sin^{-1} x$. Somit ist $\arcsin x$ das Bogenmaß des Winkels, dessen Sinus gleich x ist, und der zwischen $-90°$ und $90°$ liegt.

Definition 3: Die Umkehrfunktion der Funktion $x \to \cos x$, $x \in [0, \pi]$ ist die Funktion

$$x \to \arccos x, \quad x \in [-1, 1]$$

(gelesen: «Arcuscosinus von x», Graph Fig. 7); man schreibt auch $\arccos x = \cos^{-1} x$.

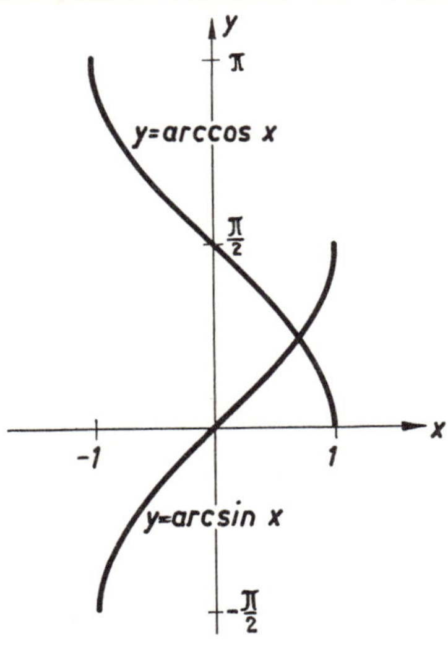

Fig. 7

Definition 4: Die Umkehrfunktion der Funktion $x \to \tan x$, $x \in \left(-\frac{\pi}{2}, \frac{\pi}{2}\right)$ ist die Funktion

$$x \to \arctan x, \quad x \in \mathbb{R}$$

(gelesen: «Arcustangens von x», Graph Fig. 8); man schreibt auch $\arctan x = \tan^{-1} x$.

Definition 5: Die Umkehrfunktion der Funktion $x \to \cot x$, $x \in (0, \pi)$ ist die Funktion

$$x \to \operatorname{arccot} x, \quad x \in \mathbb{R}$$

(gelesen: «Arcuscotangens von x», Graph Fig. 8); man schreibt auch $\operatorname{arccot} x = \cot^{-1} x$.

Satz 5: Die Ableitungsfunktion der Funktion $x \to \arcsin x$ ist die Funktion $x \to \frac{1}{\sqrt{1-x^2}}$, $x \in (-1, 1)$.

Beweis: Für $f(x) = \sin x$, $x \in \left(-\frac{\pi}{2}, \frac{\pi}{2}\right)$ wird $\bar{f}(x) = \arcsin x$, also erhält man nach der Inversenregel und nach Satz 1 für $x \in (-1, 1)$

$$\bar{f}'(x) = \frac{1}{f'(u)} = \frac{1}{\cos u},$$

wobei $u = \bar{f}(x) = \arcsin x$, also $\sin u = x$, also $\cos u = \sqrt{1 - \sin^2 u} = \sqrt{1 - x^2}$; also wird

$$\bar{f}'(x) = \frac{1}{\sqrt{1-x^2}}.$$

Satz 6: Die Ableitungsfunktion der Funktion $x \to \arccos x$ ist die Funktion $x \to -\frac{1}{\sqrt{1-x^2}}$, $x \in (-1, 1)$.

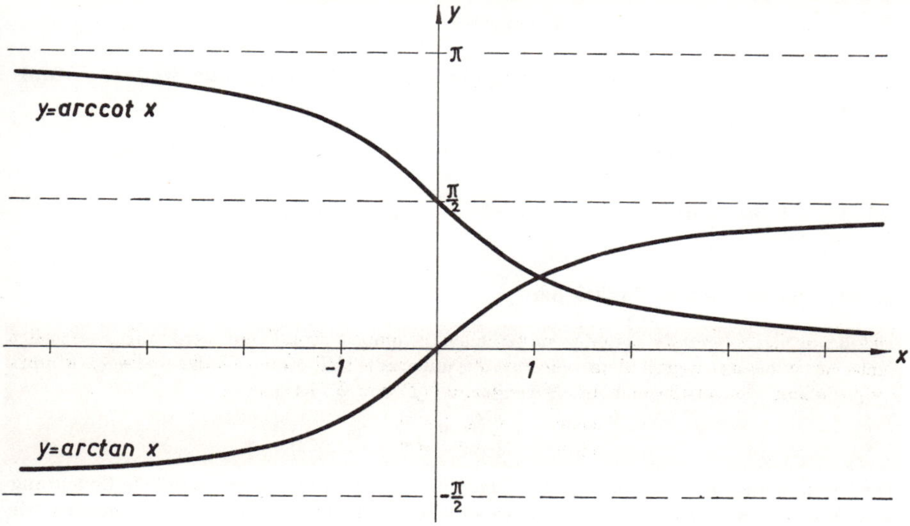

Fig. 8

Beweis: Für $f(x) = \cos x,\ x \in [0, \pi]$ wird $\bar{f}(x) = \arccos x$, also wird nach der Inversenregel und nach Satz 2 für $x \in (-1, 1)$

$$\bar{f}'(x) = \frac{1}{f'(u)} = -\frac{1}{\sin u},$$

wobei $u = \bar{f}(x) = \arccos x$, also $\cos u = x$, also $\sin u = \sqrt{1-\cos^2 u} = \sqrt{1-x^2}$; also wird

$$\bar{f}'(x) = -\frac{1}{\sqrt{1-x^2}}.$$

Satz 7: Die Funktion $x \to \arctan x$ hat die Ableitungsfunktion $x \to \frac{1}{1+x^2},\ x \in \mathbb{R}$.

Beweis: Für $f(x) = \tan x,\ x \in \left(-\frac{\pi}{2}, \frac{\pi}{2}\right)$ wird $\bar{f}(x) = \arctan x$, also wird nach der Inversenregel und nach Satz 3 für $x \in \mathbb{R}$

$$\bar{f}'(x) = \frac{1}{f'(u)} = \frac{1}{1+\tan^2 u},$$

wobei $u = \bar{f}(x) = \arctan x$, also $\tan u = x$; also wird

$$\bar{f}'(x) = \frac{1}{1+x^2}.$$

Satz 8: Die Funktion $x \to \operatorname{arccot} x$ hat die Ableitungsfunktion $x \to -\frac{1}{1+x^2}$, $x \in \mathbb{R}$.

Beweis: Für $f(x) = \cot x,\ x \in (0, \pi)$ wird $\bar{f}(x) = \operatorname{arccot} x$, also wird nach der Inversenregel und nach Satz 4 für $x \in \mathbb{R}$

$$\bar{f}'(x) = \frac{1}{f'(u)} = -\frac{1}{1+\cot^2 u},$$

wobei $u = \bar{f}(x) = \operatorname{arccot} x$, also $\cot u = x$; also wird

$$\bar{f}'(x) = -\frac{1}{1+x^2}.$$

Folgerung: Aus diesen Ableitungsregeln ergeben sich folgende weitere *Grundintegrale:*

$$\int \frac{1}{\sqrt{1-x^2}}\,dx = \arcsin x + c_1 = -\arccos x + c_2 \text{ auf } (-1, 1),$$

$$\int \frac{1}{1+x^2}\,dx = \arctan x + c_1 = -\operatorname{arccot} x + c_2 \text{ auf } \mathbb{R}.$$

3. Die hyperbolischen Funktionen

Definition 6: Der gerade Teil der natürlichen Exponentialfunktion wird mit $x \to \cosh x$ (gelesen: «Cosinus hyperbolicus von x»), der ungerade Teil mit $x \to \sinh x$ (gelesen: «Sinus hyperbolicus von x») bezeichnet. Nach Formel (2) von § 5 ist also

$$\cosh x = \tfrac{1}{2}(e^x + e^{-x}),$$
$$\sinh x = \tfrac{1}{2}(e^x - e^{-x}).$$

Die Graphen dieser Funktionen sind in Fig. 9 dargestellt. Um ihre anschauliche Bedeutung und ihre Verwandtschaft mit der Sinus- bzw. Cosinusfunktion zu erkennen, machen wir folgende Betrachtung:

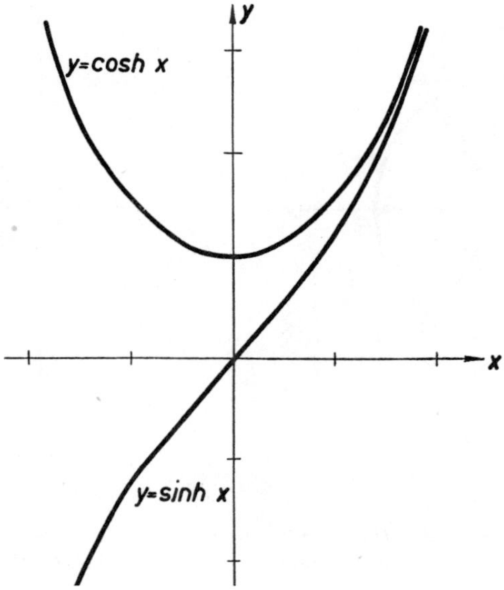

Fig. 9

Liegt $P(x/y)$ auf dem Einheitskreis mit der Gleichung

$$x^2 + y^2 = 1$$

im ersten Quadranten (Fig. 10) und ist t die Länge des Bogens EP, so ist

$$\left.\begin{aligned} x &= \cos t \\ y &= \sin t \end{aligned}\right\}$$

Diese Gleichungen bilden eine Parameterdarstellung des Kreises. Der Parameter t kann auch als Flächeninhalt des Sektors $OP\overline{P}$ aufgefaßt werden, wobei $\overline{P}$ der Spiegelpunkt von P bezüglich der x-Achse ist. Es ist

$$t = \arccos x = \arcsin y.$$

Dieselbe Betrachtung läßt sich für die Hyperbel mit der Gleichung

$$x^2 - y^2 = 1$$

anstellen: Es sei $P(x/y)$ ein Punkt auf der Hyperbel im ersten Quadranten, t der Flächeninhalt des Hyperbelsektors $OP\overline{P}$ (dick ausgezogen in Fig. 11). Zur Berechnung von t wählen wir die Asymptoten (mit den Gleichungen $y = \pm x$) als neue Koordinatenachsen. Die Koordinaten von P bezüglich des neuen Systems sind

$$\xi = \overline{PR}, \quad \eta = \overline{PQ},$$

wobei gilt

$$x = \overline{OS} + \overline{TP} = \frac{\eta}{\sqrt{2}} + \frac{\xi}{\sqrt{2}},$$

$$y = \overline{SR} - \overline{RT} = \frac{\eta}{\sqrt{2}} - \frac{\xi}{\sqrt{2}}.$$

Die Gleichung der Hyperbel lautet also im neuen System

$$\left(\frac{\eta}{\sqrt{2}} + \frac{\xi}{\sqrt{2}}\right)^2 - \left(\frac{\eta}{\sqrt{2}} - \frac{\xi}{\sqrt{2}}\right)^2 = 1,$$

vereinfacht

$$\eta = \frac{1}{2\xi}.$$

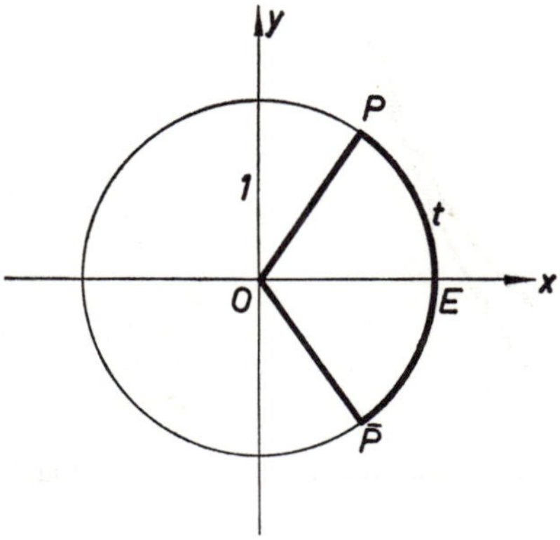

Fig. 10

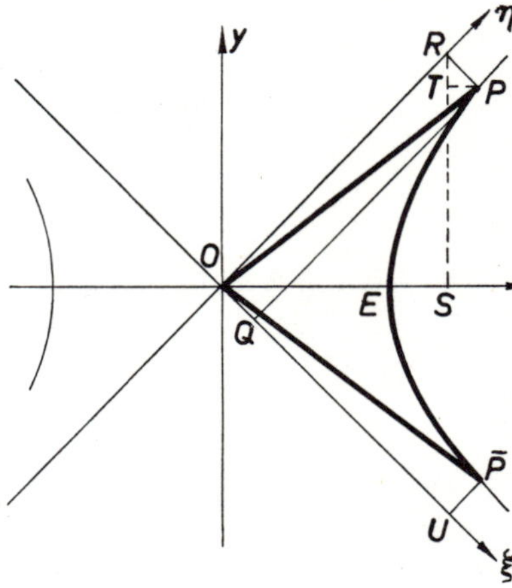

Fig. 11

Da der Sektor aus der Fläche $ORPE\overline{P}U$ durch Subtraktion der Dreiecke ORP und $OU\overline{P}$ erhalten wird, hat er denselben Flächeninhalt wie die Fläche $QPE\overline{P}U$, also ist

$$t = \int_{\xi}^{\eta} \frac{1}{2u}\,\mathrm{d}u.$$

wobei gilt

$$\xi = \frac{x-y}{\sqrt{2}}, \qquad \eta = \frac{x+y}{\sqrt{2}}.$$

Somit wird nach § 17

$$t = \tfrac{1}{2}(\ln\eta - \ln\xi) = \ln\sqrt{\frac{\eta}{\xi}},$$

also

$$e^t = \sqrt{\frac{\eta}{\xi}} = \sqrt{\frac{x+y}{x-y}} = \sqrt{\frac{x+\sqrt{x^2-1}}{x-\sqrt{x^2-1}}} = \sqrt{\frac{(x+\sqrt{x^2-1})^2}{(x-\sqrt{x^2-1})(x+\sqrt{x^2-1})}}$$

$$= \sqrt{\frac{(x+\sqrt{x^2-1})^2}{x^2-(x^2-1)}} = x+\sqrt{x^2-1} = x+y,$$

also

$$e^{-t} = \frac{1}{x+y} = \frac{1}{x+\sqrt{x^2-1}} = \frac{x-\sqrt{x^2-1}}{(x+\sqrt{x^2-1})(x-\sqrt{x^2-1})}$$

$$= \frac{x-\sqrt{x^2-1}}{x^2-(x^2-1)} = x-\sqrt{x^2-1} = x-y.$$

Daraus folgt

$$\left.\begin{aligned} x &= \tfrac{1}{2}(e^t+e^{-t}) = \cosh t \\ y &= \tfrac{1}{2}(e^t-e^{-t}) = \sinh t \end{aligned}\right\}$$

Diese Gleichungen sind eine Parameterdarstellung der Hyperbel, womit die Namen der Funktionen von Definition 6 erklärt sind.

Definition 7: Analog zu den trigonometrischen Funktionen definiert man die Funktionen

$$x \to \tanh x = \frac{\sinh x}{\cosh x}, \quad x \in \mathbb{R}$$

(gelesen: «Tangens hyperbolicus von x») und

$$x \to \coth x = \frac{\cosh x}{\sinh x}, \quad x \neq 0$$

(gelesen: «Cotangens hyperbolicus von x»); ihre Graphen sind in Fig. 12 dargestellt.

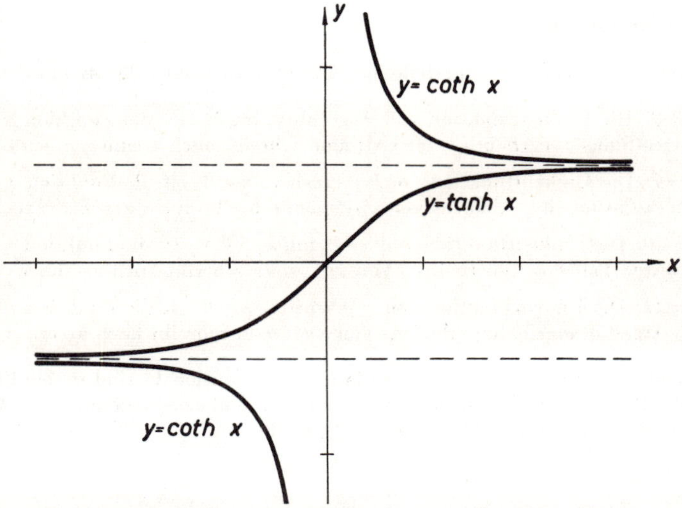

Fig. 12

Die Funktionen von Definition 6 und Definition 7 heißen die *hyperbolischen Funktionen.* Man kann zeigen, daß zwischen ihnen sehr ähnliche Beziehungen bestehen wie zwischen den trigonometrischen Funktionen, z. B. gilt

$$\cosh^2 x - \sinh^2 x = 1.$$

Satz 9: Die Funktion $x \to \sinh x$ hat die Ableitungsfunktion $x \to \cosh x$.

Beweis: Für $f(x) = \sinh x = \frac{1}{2}(e^x - e^{-x})$ ist

$$f'(x) = \tfrac{1}{2}(e^x + e^{-x}) = \cosh x.$$

Satz 10: Die Funktion $x \to \cosh x$ hat die Ableitungsfunktion $x \to \sinh x$.

Beweis analog zu Satz 9.

Satz 11: Die Funktion $x \to \tanh x$ hat die Ableitungsfunktion $x \to \dfrac{1}{\cosh^2 x} = 1 - \tanh^2 x$.

Beweis: Für $f(x) = \tanh x = \dfrac{e^x - e^{-x}}{e^x + e^{-x}} = \dfrac{e^{2x} - 1}{e^{2x} + 1}$ wird

$$f'(x) = \frac{(e^{2x}+1)\,2e^{2x} - (e^{2x}-1)\,2e^{2x}}{(e^{2x}+1)^2} = \frac{4e^{2x}}{(e^{2x}+1)^2} = \frac{4}{(e^x + e^{-x})^2} = \frac{1}{\cosh^2 x} = 1 - \tanh^2 x.$$

Satz 12: Die Funktion $x \to \coth x$ hat die Ableitungsfunktion $x \to -\dfrac{1}{\sinh^2 x} = 1 - \coth^2 x$, $x \neq 0$.

Beweis analog zu Satz 11.

Folgerung: Aus den obigen Sätzen ergeben sich folgende weitere *Grundintegrale:*

$$\int \sinh x \, dx = \cosh x + c \quad \text{auf } \mathbb{R},$$

$$\int \cosh x \, dx = \sinh x + c \quad \text{auf } \mathbb{R},$$

$$\int \frac{1}{\cosh^2 x} \, dx = \tanh x + c \quad \text{auf } \mathbb{R},$$

$$\int \frac{1}{\sinh^2 x} \, dx = -\coth x + c \quad \text{auf } (0, \infty) \text{ und } (-\infty, 0).$$

4. Die Areafunktionen

Die Umkehrfunktionen der hyperbolischen Funktionen heißen die *Areafunktionen.*

Definition 8: Die Umkehrfunktion von $x \to \sinh x$, $x \in \mathbb{R}$ ist die Funktion $x \to \operatorname{arsinh} x$, $x \in \mathbb{R}$ («Area-Sinus hyperbolicus von x»); man schreibt auch $\operatorname{arsinh} x = \sinh^{-1} x$.

Definition 9: Die Umkehrfunktion von $x \to \cosh x$, $x \geqq 0$ ist die Funktion $x \to \operatorname{arcosh} x$, $x \geqq 1$ («Area-Cosinus hyperbolicus von x»); man schreibt auch $\operatorname{arcosh} x = \cosh^{-1} x$.

Definition 10: Die Umkehrfunktion von $x \to \tanh x$, $x \in \mathbb{R}$ ist die Funktion $x \to \operatorname{artanh} x$, $|x| < 1$ («Area-Tangens hyperbolicus von x»); man schreibt auch $\operatorname{artanh} x = \tanh^{-1} x$.

Definition 11: Die Unkehrfunktion von $x \to \coth x$, $x \neq 0$ ist die Funktion $x \to \operatorname{arcoth} x$, $|x| > 1$ («Area-Cotangens hyperbolicus von x»); man schreibt auch $\operatorname{arcoth} x = \coth^{-1} x$.

Die Graphen der Funktionen von Definition 8 bis Definition 11 sind in den Fig. 13 und 14 dargestellt. Ihre Namen kommen von lat. «area» = Fläche, weil man für den Flächeninhalt des Hyperbelsektors $O P \overline{P}$ von Fig. 11 erhält

$$t = \operatorname{arcosh} x = \operatorname{arsinh} y.$$

Satz 13: Es gilt $\operatorname{arsinh} x = \ln(x + \sqrt{x^2+1})$, und die Funktion $x \to \operatorname{arsinh} x$ hat die Ableitungsfunktion $x \to \dfrac{1}{\sqrt{x^2+1}}$.

Beweis: Aus der Funktionsgleichung $y = f(x) = \sinh x = \frac{1}{2}(e^x - e^{-x})$ erhält man

$$e^{2x} - 2y\,e^x - 1 = 0\,;$$

um sie nach x aufzulösen, substituieren wir $u = e^x$ und erhalten

$$u^2 - 2y\,u - 1 = 0,$$

also

$$u = y \pm \sqrt{y^2+1}.$$

Wegen $u > 0$ ist also

$$u = y + \sqrt{y^2+1},$$

also

$$x = \ln(y + \sqrt{y^2+1}).$$

Daraus folgt

$$\bar{f}(x) = \operatorname{arsinh} x = \ln(x + \sqrt{x^2+1}).$$

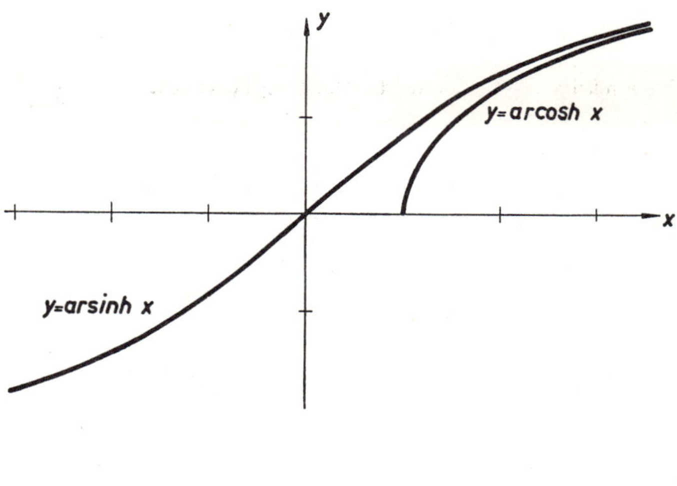

Fig. 13

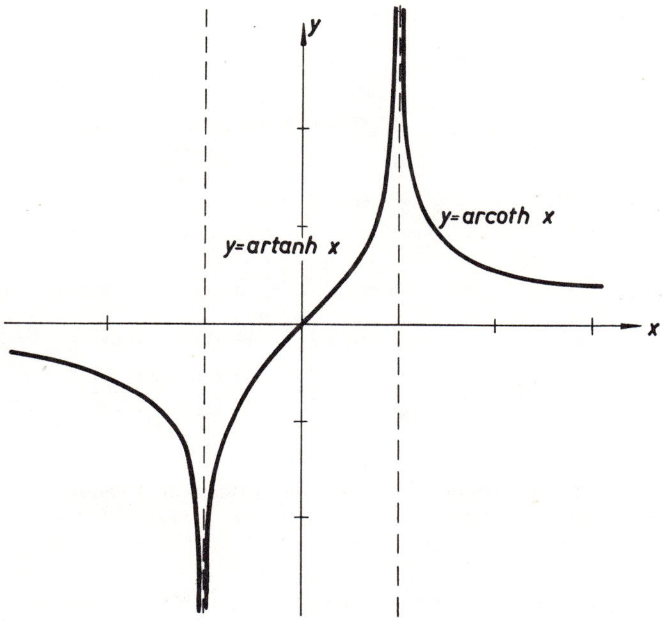

Fig. 14

Für die Ableitung dieser Funktion erhält man

$$\bar{f}'(x) = \frac{1 + \dfrac{2x}{2\sqrt{x^2+1}}}{x + \sqrt{x^2+1}} = \frac{\sqrt{x^2+1} + x}{(x + \sqrt{x^2+1})\sqrt{x^2+1}} = \frac{1}{\sqrt{x^2+1}}.$$

In gleicher Weise lassen sich auch die folgenden Sätze beweisen:

Satz 14: Es gilt $\operatorname{arcosh} x = \ln(x + \sqrt{x^2-1})$ für $x \geqq 1$, und die Funktion $x \to \operatorname{arcosh} x$ hat die Ableitungsfunktion $x \to \dfrac{1}{\sqrt{x^2-1}}$, $x > 1$.

Satz 15: Es gilt $\operatorname{artanh} x = \ln \sqrt{\dfrac{1+x}{1-x}}$ für $|x| < 1$, und die Funktion $x \to \operatorname{artanh} x$ hat die Ableitungsfunktion $x \to \dfrac{1}{1-x^2}$, $|x| < 1$.

Satz 16: Es gilt $\operatorname{arcoth} x = \ln \sqrt{\dfrac{x+1}{x-1}}$ für $|x| > 1$, und die Funktion $x \to \operatorname{arcoth} x$ hat die Ableitungsfunktion $x \to \dfrac{1}{1-x^2}$, $|x| > 1$.

Folgerung: Aus diesen Ableitungsregeln ergeben sich schließlich die *Grundintegrale:*

$$\int \frac{1}{\sqrt{x^2+1}}\,\mathrm{d}x = \operatorname{arsinh} x + c = \ln(x + \sqrt{x^2+1}) + c \quad \text{auf } \mathbb{R},$$

$$\int \frac{1}{\sqrt{x^2-1}}\,\mathrm{d}x = \operatorname{arcosh} x + c = \ln(x + \sqrt{x^2-1}) + c \quad \text{auf } (1, \infty),$$

$$\int \frac{1}{1-x^2}\,\mathrm{d}x = \operatorname{artanh} x + c_1 = \ln \sqrt{\frac{1+x}{1-x}} + c_1 \quad \text{auf } (-1, 1),$$

$$\int \frac{1}{1-x^2}\,\mathrm{d}x = \operatorname{arcoth} x + c_2 = \ln \sqrt{\frac{x+1}{x-1}} + c_2 \quad \text{auf } (1, \infty) \text{ und } (-\infty, -1).$$

Aufgaben zu § 18

I

1. Gegeben ist $f(x)$, gesucht $f'(x)$:
a) $f(x) = 3\sin x\cos^2 x + \sin^3 x$, b) $f(x) = 2x\sin x + (2 - x^2)\cos x$,
c) $f(x) = (2 + \sin^2 x)\cos x$, d) $f(x) = \dfrac{a\sin x + b\cos x}{a\sin x - b\cos x}$,
e) $f(x) = \ln\dfrac{1+\tan x}{1-\tan x}$, f) $f(x) = e^{\sin^2 x}$.

2. Ebenso:
a) $f(x) = \dfrac{\arctan x}{x}$, b) $f(x) = \arctan\dfrac{1}{x}$, c) $f(x) = x\arcsin x$,
d) $f(x) = \arctan\sqrt{x}$, e) $f(x) = \sqrt{\arctan x}$, f) $f(x) = \arctan\sqrt{\dfrac{1-x}{1+x}}$,
g) $f(x) = \arcsin\dfrac{a\cos x + b}{a + b\cos x}$, h) $f(x) = \arctan\dfrac{\sqrt{1+x^2}+\sqrt{1-x^2}}{\sqrt{1+x^2}-\sqrt{1-x^2}}$,
i) $f(x) = \arcsin\dfrac{x}{\sqrt{x^2+4}}$.

3. Gegeben ist $f(x)$. Man bestimme $f'(x)$ durch logarithmische Ableitung:
a) $f(x) = (\sin x)^{\cos x}$, b) $f(x) = (\arctan x)^x$, c) $f(x) = x^{\arcsin x}$.

4. Man vereinfache $\left(\text{für } 0 < x < \dfrac{\pi}{2}\right)$:
a) $\arcsin(\sin x)$, b) $\arcsin(\cos x)$, c) $\cos(\arccos x)$,
d) $\cos(\arcsin x)$, e) $\tan(\arccos x)$, f) $\arcsin x + \arccos x$,
g) $\arccos x + \arccos(-x)$, h) $\arctan x + \operatorname{arccot} x$, i) $\cos\bigl(\arccos(\sin(\arcsin x))\bigr)$.

5. Ebenso:
a) $\arctan 2 + \arctan 3$, b) $\arctan 3 - \arctan\frac{1}{2}$, c) $\arccos\frac{4}{5} + \arctan\frac{1}{7}$,
d) $\tan(2\arctan x)$, e) $\sin(2\arcsin x)$, f) $\arccos x + \arccos y$.

6. Man gebe den Definitionsbereich D und den Wertbereich W folgender Funktionen an:
a) $x \to \arcsin\sqrt{1-x^2}$, b) $x \to \arccos\dfrac{x-1}{x+1}$,
c) $x \to \arcsin(2x-1) + 2\arccos\sqrt{x}$, d) $x \to \arctan\sqrt{\dfrac{1-x}{1+x}} + \dfrac{1}{2}\arcsin x$.

7. Welche gemeinsamen Eigenschaften haben die Graphen der Funktionen $x \to 1 - e^{-x}$, $x \to \dfrac{2}{\pi}\arctan\dfrac{\pi x}{2}$ und $x \to \tanh x$, alle mit dem Definitionsbereich $[0, \infty)$?

8. Man beweise:
a) $\cosh^2 x - \sinh^2 x = 1$, b) $\sinh(x+y) = \sinh x\cosh y + \cosh x\sinh y$,
c) $\cosh 2x = \cosh^2 x + \sinh^2 x$, d) $\tanh 2x = \dfrac{2\tanh x}{1+\tanh^2 x}$.

9. Man stelle eine Formel für alle Ableitungen $f^{(2n)}(x)$ für $f(x) = \sin x\cos x$ auf und beweise sie mit vollständiger Induktion.

10. Man beweise, daß sich die Kurven mit den Gleichungen $y = \cos x$ und $y = \tan x$ rechtwinklig schneiden.

11. Man berechne die Steigung der Kurve mit der Gleichung $y = (2\cos 2x + 2\sin^2 x)^5$ an der Stelle $\dfrac{\pi}{4}$.

12. Die Spitze eines Turmes erscheint aus 76,47 m Entfernung unter dem Elevationswinkel $\alpha = 58{,}72° \pm 0{,}04°$. Mit welcher Genauigkeit kann man die Turmhöhe h über dem Beobachter berechnen?

13. Man berechne das Minimum der Funktion $x \to \tan 3x + \cot 2x$ im Intervall $\left(0, \frac{\pi}{6}\right)$.

14. Man stelle den Abstand der Tangenten der Kurve mit der Gleichung $y = \sin x$ an den Stellen x_0 und $x_0 + 2\pi$ als Funktion von x_0 dar.

15. Man bestimme a und b so, daß die Kurve mit der Gleichung $y = a \cos x - b \cos 2x$ in $P\left(\frac{\pi}{2}/1\right)$ die Steigung -2 hat.

16. Man beweise, daß die Funktion $x \to \frac{\cos x}{1 + \sin x}$ kein Extremum hat.

17. Man bestimme a und b so, daß die Kurve mit der Gleichung $y = a \cos x + b \sin x$ die x-Achse an der Stelle $\frac{\pi}{4}$ schneidet und an der Stelle $\frac{5\pi}{6}$ die Steigung $\frac{1}{2}(\sqrt{3} - 1)$ hat. Unter welchem Neigungswinkel schneidet sie die x-Achse an der Stelle $\frac{\pi}{4}$?

18. Man untersuche die Funktion mit der Gleichung $y = \cos x - \cos 2x$ (d. h. man bestimme die Nullstellen, Extrema, Wendepunkte und skizziere den Graphen).

19. Ebenso: $y = \sin x - \sin^3 x$.

20. Ebenso: $y = \sin 2x + 2 \cos x$.

21. Ebenso: $y = \sin x + \frac{1}{3} \sin 3x$.

22. Ebenso: $y = \frac{2 \sin x + 1}{\sin x + 2}$.

23. Man untersuche die Funktion mit der Gleichung $y = 4 \sin x + \frac{1}{\sin x}$ (d. h. man bestimme die Nullstellen, Extrema, Wendepunkte und Asymptoten und skizziere den Graphen).

24. Ebenso: $y = \frac{2 \cos x - 1}{\sqrt{2} \cos x + 1}$,

25. Man beweise: Die Funktion $x \to f(x)$ mit

$$f(x) = \begin{cases} x^2 \sin \frac{1}{x} & \text{für } x \neq 0, \\ 0 & \text{für } x = 0 \end{cases}$$

ist an der Stelle $x = 0$ differenzierbar, aber nicht stetig differenzierbar (vgl. S. 141).

II

26. In einem rechtwinkligen Dreieck mit den Katheten a und b werden die Kreise mit den Katheten als Durchmesser gezeichnet. Unter welchem Winkel φ muß eine durch die Ecke mit dem rechten Winkel gehende Gerade gegenüber der Kathete a geneigt sein, damit die gesamte Strecke, die von den beiden Kreisen aus ihr ausgeschnitten wird, maximale Länge hat? Man interpretiere das Resultat geometrisch!

27. In welchem Punkt P_0 der Kurve mit der Gleichung $y = \tan x$ muß die Tangente gezogen werden, damit die Projektion ihres Abschnitts von P_0 bis zu ihrem Schnitt mit der x-Achse auf die x-Achse (sogenannte «Subtangente») maximale Länge hat?

28. Wie groß muß der Basiswinkel α eines gleichschenkligen Trapezes mit der Basislänge a und der Schenkellänge b sein, damit sein Flächeninhalt maximal ist?

29. Außerhalb eines Kreises mit dem Zentrum M und dem Radius r liegt ein Punkt A mit $\overline{MA} = 2{,}5\, r$. Durch den Schnittpunkt von MA mit dem Kreis wird eine Gerade gezogen; ihr zweiter Schnittpunkt mit dem Kreis sei P, ihr Schnittpunkt mit der Normalen in A zu MA sei Q. Unter welchem Winkel α muß sie gegenüber MA geneigt sein, damit die Strecke PQ minimale Länge hat?

30. Gegeben ist ein Viertelskreis mit den begrenzenden Radien MA und MB. In einen Punkt P seines Bogens wird die Tangente gezogen; sie schneidet die Parallele durch A zu MB in U und die Gerade MB in V. Wie groß muß der Winkel zwischen MA und MP sein, damit das Trapez $MAUV$ minimalen Flächeninhalt hat?

31. Unter welchem Winkel α muß die Achse eines Zylinders mit dem Grundkreisradius r und der Höhe h gegen die Projektionsebene geneigt sein, damit der Flächeninhalt seiner Normalprojektion maximal wird, a) allgemein, b) für einen gleichseitigen Zylinder?

32. Wie groß muß der Neigungswinkel α einer fallenden Geraden sein, die durch den Punkt $P(a/b)$ im ersten Quadranten geht, und bei der a) die Summe der Achsenabschnitte, b) der von den Koordinatenachsen abgeschnittene Abschnitt minimal ist?

33. Ein rundes Zelt besteht aus einem Zylindermantel mit der Höhe h und einem aufgesetzten Kegelmantel mit der Mantellinie s. Wie groß muß der halbe Öffnungswinkel des Kegels sein, damit das Zelt ein möglichst großes Volumen hat, a) für $h=1$, $s=3$, b) für $h=2$, $s=2$?

34. Wie groß ist der halbe Öffnungswinkel eines Kegels, der einer Kugel einbeschrieben ist und a) dessen Volumen, b) dessen Mantelfläche maximal ist?

35. Einer Kugel wird ein Kegel umbeschrieben. Wie groß muß sein halber Öffnungswinkel α sein, damit a) seine Mantelfläche, b) seine Oberfläche minimal ist? Wink: Man drücke M bzw. O durch $\sin\alpha$ allein aus und kürze den Funktionsterm mit $1+\sin\alpha$.

36. Wie groß ist der halbe Öffnungswinkel eines Kegels, der einer Halbkugel umbeschrieben ist, a) dessen Volumen, b) dessen Mantelfläche minimal ist?

37. Ein gleichschenkliges Dreieck rotiert a) um die Basis, b) um die Parallele durch die Spitze zur Basis, c) um seine Basishöhe (Symmetrieachse). Wie groß muß sein Basiswinkel sein, damit der entstehende Rotationskörper maximales Volumen hat?

38. Ein gleichschenkliges Trapez, dessen Schenkel die gleiche (feste) Länge haben wie die Decklinie, rotiert a) um die Grundlinie, b) um die Decklinie. Wie groß muß der Winkel zwischen Grundlinie und Schenkel sein, damit das Volumen des entstehenden Rotationskörpers maximal ist?

39. Einem Kreissektor mit dem spitzen Zentriwinkel α soll ein Rechteck mit maximalem Flächeninhalt einbeschrieben werden, von dem zwei Ecken auf einem begrenzenden Radius des Sektors liegen. Wie groß ist der Winkel zwischen diesem Radius und dem Radius, der zur auf dem Bogen liegenden Ecke weist?

40. Einem Kreissektor mit dem spitzen Zentriwinkel α soll ein Rechteck mit maximalem Flächeninhalt einbeschrieben werden, von dem zwei Ecken auf dem Bogen des Sektors liegen. Wie groß ist der Winkel zwischen dem Radius, der in einer dieser Ecken endigt, und der Winkelhalbierenden des Sektors?

41. In einem Viertelskreis werden symmetrisch zur Winkelhalbierenden zwei Radien gezogen (je im Winkel α zu ihr). Wie groß muß α sein, damit das Trapez, dessen Ecken die von diesen Radien aus der Sehne und aus dem Bogen des Viertelskreises herausgeschnittenen Punkte sind, maximalen Flächeninhalt hat?

42. Von einer Kreisfläche wird ein Segment abgeschnitten, und über der Sehne dieses Segments wird das Quadrat nach außen errichtet. Wie groß muß der Zentriwinkel des Segments sein, damit a) der Umfang, b) der Flächeninhalt der entstehenden Figur maximal ist?

43. Einer Kugel mit dem Radius r ist ein Doppelkegel einbeschrieben, dessen Spitze den Abstand a vom Kugelzentrum hat, und dessen Achse durch das Kugelzentrum geht. Bei welchem halben Öffnungswinkel α ist seine Mantelfläche maximal, a) allgemein, b) für $a = \frac{1}{2}r$?

44. Wie groß muß der halbe Öffnungswinkel α eines Kegels sein, a) damit das Volumen seiner Inkugel einen möglichst großen Teil seines Volumens ausmacht, b) damit sein Volumen einen möglichst großen Teil des Volumens seiner Umkugel ausmacht?

45. Wie groß ist der halbe Öffnungswinkel eines Kegels, wenn das Verhältnis der Radien von In- und Umkugel extremal ist?

46. In eine halbkugelförmige Schale mit dem Radius r wird ein Stäbchen von der Länge s gelegt, das über den Rand hinausragt (wobei $2r \leqq s \leqq 4r$ sei). Bei welchem Neigungswinkel des Stäbchens liegt sein Schwerpunkt am tiefsten, a) allgemein, b) für $s = 2r$, $s = 3r$ und $s = 4r$?

47. Ein Gewicht G ruht auf einer horizontalen Unterlage; der Reibungskoeffizient sei ϱ. In welchem Winkel α gegen die Unterlage muß man dieses Gewicht ziehen, damit man bei gleichförmiger Fortbewegung des Gewichtes eine möglichst kleine Zugkraft K braucht, und wie groß ist diese?

48. A wohnt in einer bestimmten Entfernung a von einer geraden Straße. Jeden Morgen fährt zur gleichen Zeit ein Bus mit der Geschwindigkeit v_1 vorbei, auf den A, der mit der Geschwindigkeit v_2 rennt, jeweils aufspringt. In welchem Winkel α zum Lot zur Straße muß A jeweils wegrennen, damit er möglichst spät von zu Hause weggehen kann?

49. Von einem Punkt $P_0(0/y_0)$ der y-Achse wird ein Massenpunkt mit der Anfangsgeschwindigkeit v_0 und dem Elevationswinkel α nach rechts geworfen. Wie groß muß α sein, damit er die x-Achse in möglichst großer Entfernung vom Ursprung trifft?

50. Wie muß man ein Segelboot, das einen Kiel und ein ebenes Segel hat, bei Nordwind stellen, damit man beim Kreuzen gegen den Wind möglichst rasch nach Norden kommt?

51. Wieviel % des Umkreises kann die Fläche eines Dreiecks höchstens ausmachen?

52.* Wie groß ist der minimale Flächeninhalt aller zwischen den Seiten eines Quadrats und einer zu ihm konzentrischen Kreislinie liegenden Flächenstücke zusammen, ausgedrückt in % der Quadratfläche, a) wenn die Quadratseite fest $(=1)$ und der Kreisradius (r) variabel ist, b) wenn der Kreisradius fest $(=1)$ und die Quadratseite (s) variabel ist. Wink: Man wähle den Winkel zwischen einem zu einer Quadratseite parallelen Radius und dem benachbarten zu einem Schnittpunkt der Figuren weisenden Radius als Variable x!

III

53. Man berechne folgende Integrale:

a) $\int (\cos x + \sin x)\,\mathrm{d}x$, b) $\int\limits_{-\pi/6}^{\pi/2} \cos x\,\mathrm{d}x$.

54. Man berechne folgende Integrale durch Umformung des Integranden:

a) $\int \tan^2 x\,\mathrm{d}x$, b) $\int \frac{\cos^2 x}{1+\sin x}\,\mathrm{d}x$.

55. Man prüfe durch Ableiten:

a) $\int \frac{1}{\sin^3 x \cos x}\,\mathrm{d}x = -\frac{1}{2\sin^2 x} + \ln \tan x + c$,

b) $\int \frac{1}{x\sqrt{x^2+x-1}}\,\mathrm{d}x = \arcsin \frac{x-2}{\sqrt{5}\,x} + c$,

c) $\int e^{3x} \sin 2x\,\mathrm{d}x = \frac{1}{13} e^{3x}(3\sin 2x - 2\cos 2x) + c$.

d) $\int \frac{\sin^5 x}{\cos^4 x}\,\mathrm{d}x = \frac{1}{3\cos^3 x} - \frac{2}{\cos x} - \cos x + c$.

56. Die Kurve mit der Gleichung $y = \cos x$ kann durch eine quadratische Parabel approximiert werden, die an den Stellen $x = 0$ und $x = \pm \frac{\pi}{2}$ mit dieser Kurve zusammenfällt. Wie groß ist die Fläche zwischen den Kurven?

57. Man verschiebe die Kurve mit der Gleichung $y = \cos x$ so parallel zur y-Achse, bis sie die Kurve mit der Gleichung $y = \sin x$ berührt. Um wieviel muß man verschieben, und wie groß ist der Flächeninhalt des von den sich berührenden Kurven eingeschlossenen Flächenstückes?

58. Man berechne den Flächeninhalt des zwischen den Kurven mit den Gleichungen $y = x^2$ und $y = \frac{2}{1+x^2}$ liegenden Flächenstücks.

59. Wie groß ist das Flächenstück, das von der Kurve mit der Gleichung $y = \frac{6}{x^2+1}$, ihren Wendetangenten und von der x-Achse begrenzt wird?

Ergebnisse

1. a) $f'(x) = 3\cos x \cos 2x$, b) $f'(x) = x^2 \sin x$, c) $f'(x) = -3\sin^3 x$,
d) $f'(x) = -\frac{2ab}{(a\sin x - b\cos x)^2}$, e) $f'(x) = \frac{2}{\cos 2x}$, f) $e^{\sin^2 x} \sin 2x$.

2. a) $f'(x) = \frac{1}{x+x^3} - \frac{1}{x^2}\arctan x$, b) $f'(x) = -\frac{1}{1+x^2}$,
c) $f'(x) = \frac{x}{\sqrt{1-x^2}} + \arcsin x$, d) $f'(x) = \frac{1}{2\sqrt{x}(1+x)}$,
e) $f'(x) = \frac{1}{2(1+x^2)\sqrt{\arctan x}}$, f) $f'(x) = -\frac{1}{2\sqrt{1-x^2}}$,
g) $f'(x) = -\frac{\sqrt{a^2-b^2}}{a+b\cos x}$, h) $f'(x) = -\frac{x}{\sqrt{1-x^4}}$,
i) $f'(x) = \frac{2}{x^2+4}$.

3. a) $f'(x) = (\sin x)^{\cos x - 1}(\cos^2 x - \sin^2 x \cdot \ln \sin x)$,
b) $f'(x) = (\arctan x)^x \left[\ln \arctan x + \frac{x}{(1+x^2)\arctan x}\right]$,
c) $f'(x) = x^{\arcsin x}\left(\frac{\arcsin x}{x} + \frac{\ln x}{\sqrt{1-x^2}}\right)$.

4. a) x, b) $\frac{\pi}{2} - x$, c) x, d) $\sqrt{1-x^2}$, e) $\frac{\sqrt{1-x^2}}{x}$, f) $\frac{\pi}{2}$, g) π, h) $\frac{\pi}{2}$, i) x.

5. a) $\frac{3\pi}{4}$, b) $\frac{\pi}{4}$, c) $\frac{\pi}{4}$, d) $\frac{2x}{1-x^2}$, e) $2x\sqrt{1-x^2}$, f) $\arccos\left(xy - \sqrt{(1-x^2)(1-y^2)}\right)$.

6. a) $D = [-1, 1]$, $W = \left[-\frac{\pi}{2}, \frac{\pi}{2}\right]$, b) $D = [1, \infty)$, $W = [0, \pi]$,
c) $D = [0, 1]$, $W = \left\{\frac{\pi}{2}\right\}$ (konstante Funktion),
d) $D = (-1, 1]$, $W = \left\{\frac{\pi}{4}\right\}$ (konstante Funktion).

7. Alle beginnen im Ursprung mit der Steigung 1 und nähern sich der Asymptote mit der Gleichung $y = 1$ an.

8. a) $\cosh^2 x - \sinh^2 x = \left(\frac{e^x + e^{-x}}{2}\right)^2 - \left(\frac{e^x - e^{-x}}{2}\right)^2 = \frac{4e^x e^{-x}}{4} = 1$.
b) $\sinh x \cosh y + \cosh x \sinh y = \frac{e^x - e^{-x}}{2} \cdot \frac{e^y + e^{-y}}{2} + \frac{e^x + e^{-x}}{2} \cdot \frac{e^y - e^{-y}}{2}$
$= \frac{1}{4}(2e^x e^y - 2e^{-x}e^{-y}) = \frac{e^{x+y} - e^{-x-y}}{2} = \sinh(x+y)$.

c) $\cosh^2 x + \sinh^2 x = \left(\frac{e^x + e^{-x}}{2}\right)^2 + \left(\frac{e^x - e^{-x}}{2}\right)^2 = \frac{2e^{2x} + 2e^{-2x}}{4} = \cosh 2x.$

d) $\frac{2\tanh x}{1+\tanh^2 x} = \frac{2 \cdot \frac{e^x - e^{-x}}{e^x + e^{-x}}}{1 + \left(\frac{e^x - e^{-x}}{e^x + e^{-x}}\right)^2} = \frac{2(e^x - e^{-x})(e^x + e^{-x})}{(e^x + e^{-x})^2 + (e^x - e^{-x})^2} = \frac{2(e^{2x} - e^{-2x})}{2e^{2x} + 2e^{-2x}} = \tanh 2x.$

9. Für alle n mit $n \in \mathbb{N}_0$ gilt
$$f^{(2n)}(x) = (-1)^n 4^n \sin x \cos x,$$
denn es ist $f^{(0)}(x) = f(x) = \sin x \cos x$, und aus
$$f^{(2n)}(x) = (-1)^n 4^n \sin x \cos x = g(x)$$
folgt
$$f^{(2n+1)}(x) = g'(x) = (-1)^n 4^n (-\sin^2 x + \cos^2 x),$$
also
$$f^{(2n+2)}(x) = g''(x) = (-1)^n 4^n (-4 \sin x \cos x) = (-1)^{n+1} 4^{n+1} \sin x \cos x.$$

10. Es ist nicht nötig, die Abszisse x_0 des Schnittpunktes zu berechnen, denn es ist $\cos x_0 = \tan x_0$, also $\cos^2 x_0 = \sin x_0$, ferner sind die Steigungen in diesem Punkt
$$m_1 = -\sin x_0 \quad \text{und} \quad m_2 = \frac{1}{\cos^2 x_0},$$
also gilt $m_1 m_2 = -1$.

11. -10.

12. Es wird $h = a \tan a = 125{,}87$ und $\Delta h = \frac{a}{\cos^2 \alpha} \Delta a = 0{,}198$, also $h = 125{,}87 \pm 0{,}20$ m.

13. $P(16{,}267°/2{,}7100)$.

14. $\frac{2\pi \cos x_0}{\sqrt{1 + \cos^2 x_0}}$.

15. $a = 2, \quad b = 1$.

16. Für $f(x) = \frac{\cos x}{1 + \sin x}$ wird $f'(x) = \frac{-1}{1 + \sin x}$, also $f'(x) \neq 0$ für $x \in \mathbb{R}$.

17. $a = 1, \quad b = -1, \quad \varphi = 125{,}3°$.

18. Nullstellen $P_1(0°/0)$, $P_2(120°/0)$, $P_3(240°/0)$, Minima $P_4(0°/0)$, $P_5(180°/-2)$, Maxima $P_6(75{,}5°/1{,}125)$, $P_7(284{,}5°/1{,}125)$, Wendepunkte $P_8(28{,}5°/0{,}334)$, $P_9(151{,}5°/-1{,}424)$, $P_{10}(208{,}5°/-1{,}424)$, $P_{11}(331{,}5°/0{,}334)$.

19. Nullstellen $P_1(0°/0)$, $P_2(90°/0)$, $P_3(180°/0)$, $P_4(270°/0)$, Maxima $P_5(35{,}3°/0{,}385)$, $P_9(144{,}7°/0{,}385)$, $P_7(270°/0)$, Minima $P_8(90°/0)$, $P_9(215{,}3°/-0{,}385)$, $P_{10}(324{,}7°-0{,}385)$, Wendepunkte $P_{11}(0°/0)$, $P_{12}(61{,}9°/0{,}196)$, $P_{13}(118{,}1°/0{,}196)$, $P_{14}(180°/0)$, $P_{15}(241{,}9°/-0{,}196)$, $P_{16}(298{,}1°/-0{,}196)$.

20. Nullstellen $P_1(90°/0)$, $P_2(270°/0)$, Maximum $P_3(30°/2{,}598)$, Minimum $P_4(150°/-2{,}598)$, Wendepunkte $P_5(90°/0)$, $P_6(194{,}5°/-1{,}452)$, $P_7(345{,}5°/1{,}452)$, Terrassenpunkt $P_8(270°/0)$.

21. Nullstellen $P_1(0°/0)$, $P_2(180°/0)$, Maxima $P_3(45°/0{,}943)$, $P_4(135°/0{,}943)$, $P_5(270°/-0{,}667)$, Minima $P_6(90°/0{,}667)$, $P_7(225°/-0{,}943)$, $P_8(315°/-0{,}943)$, Wendepunkte $P_9(0°/0)$, $P_{10}(65{,}9°/0{,}811)$, $P_{11}(114{,}1°/0{,}811)$, $P_{12}(245{,}9°/-0{,}811)$, $P_{13}(294{,}1°/-0{,}811)$.

22. Nullstellen $P_1(210°/0)$, $P_2(330°/0)$, Maximum $P_3(90°/1)$, Minimum $P_4(270°/-1)$, Wendepunkte $P_5(227{,}1°/-0{,}366)$, $P_6(312{,}9°/-0{,}366)$.

23. Maxima $P_1(90°/5)$, $P_2(210°/-4)$, $P_3(330°/-4)$, Minima $P_4(30°/4)$, $P_5(150°/4)$, $P_6(270°/-5)$, Wendepunkte $P_7(45°/4{,}243)$, $P_8(135°/4{,}243)$, $P_9(225°/-4{,}243)$, $P_{10}(315°/-4{,}243)$, Asymptoten $x = 0$, $x = \pi$.

24. Nullstellen $P_1(60°/0)$, $P_2(300°/0)$, Maximum $P_3(0°/0{,}414)$, Minimum $P_4(180°/7{,}243)$, Asymptoten $x = \frac{3\pi}{4}$, $x = \frac{5\pi}{4}$.

25. Es ist
$$f'(0) = \lim_{x \to 0} \frac{f(x)}{x} = \lim_{x \to 0} x \sin \frac{1}{x} = 0,$$
aber für $x \neq 0$

$$f'(x) = x^2 \cos\frac{1}{x} \cdot \left(-\frac{1}{x^2}\right) + \sin\frac{1}{x} \cdot 2x = -\cos\frac{1}{x} + 2x \sin\frac{1}{x},$$

also existiert $\lim\limits_{x \to 0} f'(x)$ nicht.

26. $\tan\varphi = \frac{b}{a}$, also liegt die Gerade parallel zur Hypotenuse.

27. $P_0\left(\frac{\pi}{4}/1\right)$.

28. $\cos\alpha = \frac{1}{4b}(a - \sqrt{a^2 + 8b^2})$.

29. $\alpha = 30°$.

30. $60°$.

31. a) $\tan\alpha = \frac{\pi r}{h}$, b) $\alpha = 57{,}5°$.

32. a) $\tan\alpha = -\sqrt{\frac{b}{a}}$, b) $\tan\alpha = -\sqrt[3]{\frac{b}{a}}$.

33. a) $\sin\alpha = \frac{2\sqrt{2}}{3}$, $\alpha = 70{,}5°$, b) $\cos\alpha = \frac{2}{3}\sqrt{3} - 1$, $\alpha = 81{,}1°$.

34. a) und b) $\sin\alpha = \frac{\sqrt{3}}{3}$, $\alpha = 35{,}3°$.

35. a) $\sin\alpha = \sqrt{2} - 1$, $\alpha = 24{,}5°$, b) $\sin\alpha = \frac{1}{3}$, $\alpha = 19{,}5°$.

36. a) und b) $\sin\alpha = \frac{\sqrt{3}}{3}$, $\alpha = 35{,}3°$.

37. a) und b) $\cos\alpha = \frac{\sqrt{3}}{3}$, $\alpha = 54{,}7°$, c) $\sin\alpha = \frac{\sqrt{3}}{3}$, $\alpha = 35{,}3°$.

38. a) $\cos\alpha = \frac{1}{6}(\sqrt{21} - 3)$, $\alpha = 74{,}7°$, b) $\cos\alpha = \frac{1}{12}(\sqrt{57} - 3)$, $\alpha = 67{,}7°$.

39. $\frac{\alpha}{2}$.

40. $\frac{\alpha}{4}$.

41. $\cos\alpha = \frac{1}{2}\sqrt{1 + \sqrt{5}}$, $\alpha = 25{,}9°$.

42. a) $\cos\frac{\alpha}{2} = \frac{1}{3}$, $\alpha = 141{,}1°$, b) $\tan\frac{\alpha}{2} = 4$, $\alpha = 151{,}9°$.

43. a) $\sin\alpha = \sqrt{\frac{r^2 + a^2}{6a^2}}$, b) $\alpha = 65{,}9°$.

44. a) $\sin\alpha = \frac{1}{3}$, $\alpha = 19{,}5°$, b) $\sin\alpha = \frac{\sqrt{3}}{3}$, $\alpha = 35{,}3°$.

45. $\alpha = 30°$.

46. a) $\cos\alpha = \frac{s + \sqrt{s^2 + 128r^2}}{16r}$, b) $32{,}5°$, $23{,}2°$ und $0°$.

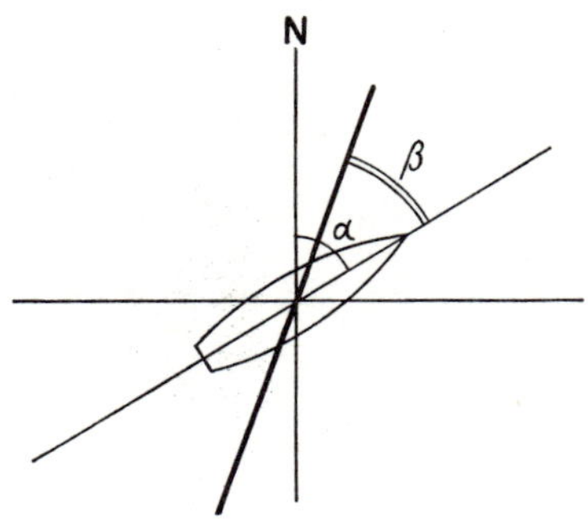

Fig. 15

47. $\tan\alpha = \varrho, \quad K = \frac{G\varrho}{\sqrt{1+\varrho^2}}$.

48. $\sin\alpha = \frac{v_2}{v_1}$.

49. $\sin\alpha = \frac{\sqrt{2}}{2\sqrt{1+\frac{g y_0}{v_0^2}}}$.

50. Ist α die östliche Abweichung der Bootsachse von der Nordrichtung und β die westliche Abweichung der Segelstellung von der Bootsachse nach Fig. 15, so ist der Winddruck auf das Segel proportional zu $\sin(\alpha-\beta)$, seine Komponente in Kielrichtung also proportional zu $\sin(\alpha-\beta)\sin\beta$, und von dieser wirkt nur die nördliche Komponente $\sin(\alpha-\beta)\sin\beta\cos\alpha$. Dieser Ausdruck wird für festes α maximal für $\beta = \frac{\alpha}{2}$ mit dem Wert $\sin^2\frac{\alpha}{2}\cos\alpha$. Der letztere Ausdruck wird für $\alpha = 60°$ maximal. Also muß man $\alpha = 60°$, $\beta = 30°$ einstellen.

51. Der Flächeninhalt des Dreiecks ist $2\,r^2 \sin\alpha \sin\beta \sin(\alpha+\beta)$. Dieser Ausdruck wird für festes α maximal für $\beta = 90° - \frac{\alpha}{2}$ mit dem Wert $2r^2 \sin\alpha \cos^2\frac{\alpha}{2}$. Der letztere Ausdruck wird für $\alpha = 60°$ maximal. Somit wird $\alpha = 60°$, $\beta = 60°$ (gleichseitiges Dreieck), und der Prozentsatz wird $\frac{3\sqrt{3}}{4\pi} = 41{,}35\,\%$.

52. a) $r = \sqrt{1-\frac{\sqrt{2}}{2}} = 0{,}541196,\ 17{,}1573\%$, b) $s = \frac{4}{5}\sqrt{5} = 1{,}788854,\ 17{,}7371\,\%$; daß die Resultate von a) und b) ungleich sind, erscheint paradox. Bei b) ist nämlich der Prozentsatz der minimalen Fläche nicht minimal.

53. a) $\sin x - \cos x + c$, b) $\frac{3}{2}$.

54. a) $\int \tan^2 x\,dx = \int\left(\frac{1}{\cos^2 x} - 1\right)dx = \tan x - x + c$,

b) $\int \frac{\cos^2 x}{1+\sin x}\,dx = \int \frac{1-\sin^2 x}{1+\sin x}\,dx = \int (1-\sin x)\,dx = x + \cos x + c$.

55. Durch Ableiten der rechten Seite erhält man den Integranden.

56. $\frac{2}{3}\pi - 2 = 0{,}094395$.

57. $d = \pm\sqrt{2}, \quad F = 2\pi\sqrt{2} = 8{,}8858$.

58. $\pi - \frac{2}{3} = 2{,}4749$.

59. $2\pi + 3\sqrt{3} = 11{,}479$.

Sachverzeichnis zum 2. Teil

Verweisung auf Seiten

Ableitung, Ableitungsfunktion 66, 67, 68
Ableitung der Areafunktionen 196
– – Exponentialfunktionen 173
– – ganzen rationalen Funktionen 74
– – gebrochenen rationalen Funktionen 121
– – hyperbolischen Funktionen 195
– – Logarithmusfunktionen 168, 170
– – Potenzfunktionen 71, 122, 147, 177
– – quadratischen Grundfunktion 66
– – trigonometrischen Funktionen 187
– – zyklometrischen Funktionen 191
Additivität des Integrals 38
algebraische Funktion 150
arc (Arcus) 185
arccos (Arcuscosinus) 190
arccot (Arcuscotangens) 191
Archimedischer Zylinder 55
Archimedisches Verfahren 24
arcosh (Area-Cosinus hyperbolicus) 196
arcoth (Area-Cotangens hyperbolicus) 196
arcsin (Arcussinus) 190
arctan (Arcustangens) 191
Areafunktionen 196
arsinh (Area-Sinus hyperbolicus) 196
artanh (Area-Tangens hyperbolicus) 196
Asymptote 119
asymptotische Kurve 121
Axiom der trigonometrischen Funktionen 187

Berührung von Kurven 77
beschränkte Funktion 20
Bogenmaß 185

Cavalieri, Prinzip von 48
cos (Cosinus) 185
cosh (Cosinus hyperbolicus) 192
cot (Cotangens) 188
coth (Cotangens hyperbolicus) 194

Definitionslücke einer Funktion 7
Differentiale 68, 79
Differentialquotient 66, 67
Differenzenquotient 66, 67
Differenzenquotientenfunktion 66, 67
differenzierbar 67, 68
–, n-mal 86
Diskriminante der kubischen Gleichung 100

echt-gebrochene rationale Funktion 117
Einteilung eines Intervalls 31
Elastizität einer Funktion 152
Ellipsoid 57
Eulersche Zahl 171
Exhaustionsmethode 24
Exponentialfunktionen 173
Extremum 89

Faktorregel der Differentialrechnung 72
– – Integralrechnung 36
fallend 87
Faßaufgabe von Kepler 108
Fehlerfortpflanzung 79
feinere Einteilung 32
Feinheit einer Einteilung 34
Fermatsches Prinzip 148
Fixpunkt einer Funktion 22
Fläche zwischen zwei Kurven 41
Flächeninhalt (Flächenmaß) 23
Flachpunkt 92
Funktional 23
Funktionsuntersuchung 95, 123

gebrochene rationale Funktion 117
gleichseitiger Kegel 60
– Zylinder 59
Grenzwert einer Funktion 13
Grundintegrale 163, 168, 175, 190, 192, 195, 197

Häufungsstelle 7
Hauptsatz 161
Horner-Schema, erweitertes 81
hyperbolische Funktionen 192
Hyperboloid 57

innere Stelle eines Bereichs 7
Integral, bestimmtes 28, 33, 163
– unbestimmtes 162
Integralfunktion (Flächenfunktion) 160
integrierbar 33
Inversenregel 145
isomorphe Gruppen 176

Kegel 50, 53
Kegelstumpf 50, 53
Keplersche Faßregel 43
Kettenregel 140
Konstantenbestimmung 97
Konstantenregel der Differentialrechnung 72
– – Integralrechnung 36
Krümmung 95
kubische Funktion 98
Kugel 51, 55
Kugelhaube (Kugelkalotte) 56
Kugelsegment 52
Kugelsektor 52
Kugelzone 56
Kürzung rationaler Funktionen 115

Längenmaß 23
lg (dekadischer Logarithmus 172
lineare Approximation 77
linear-gebrochene Funktion 127
Linkskurve 92
linksseitige Ableitung 68
linksstetig 15
ln (Logarithmus naturalis) 167
logarithmische Differentiation 177
Logarithmus 167, 172, 174
Logarithmusfunktionen 167, 170
Lücke eines Bereichs 7

Mantelfläche eines Rotationskörpers 54
Maximum, Minimum 89
Mittelwertsatz der Differentialrechnung 76
– – Integralrechnung 159
Monotonität des Integrals 35

Näherungsformeln 79
Netzwinkel 53
Normale einer Kurve 68
Nullstelle n. Ordnung 118
numerische Differentiation 80
– Integration 42

Obersumme 28, 31
Öffnungswinkel 53

π(Pi) 26, 185
Parabel n. Ordnung 95
Parabelquadratur 27
Paraboloid 50
Potenzsummen 29
Potenzgesetze für reelle Exponenten 175
prismatischer Körper 47
Produktregel 74
punktierte Unstetigkeit 15
Pyramide 49

Quader 47
Querschnittsfunktion 47
Quotientenregel 121

Randextremum 89
Randstelle 7
rationale Funktion 115
Rechtskurve 92
rechtsseitige Ableitung 68
rechtsstetig 15
Reflexionsgesetz 148
Refraktionsgesetz 149
Reziprokenregel 122
Rotationskörper 49

Satz vom Maximum von Weierstraß 20
Schnitt von Kurven 77
Sehnentrapezformel 42
Sehnenvektor 66, 68
Simpsonsche Formel 43, 49
sin (Sinus) 185
sinh (Sinus hyperbolicus) 192
Sprungstelle 15
Stammfunktion 161
stationär 87
steigend 87
stetig, unstetig 14
stetig differenzierbar 141
stetige Fortsetzung 17
Summenregel der Differentialrechnung 73
– – Integralrechnung 37

tan (Tangens) 188
Tangente einer Kurve 68
Tangentenfunktion 68

Tangententrapezformel 43
Tangentenvektor 68
tanh (Tangens hyperbolicus) 194
Terrassenpunkt 93
transzendente Funktion 150
trigonometrische Funktionen 185

umgekehrte Proportionalität 118
umkehrbare Funktion 142
Umkehrfunktion (inverse Funktion) 142
Unendlichkeitsstelle 118
– *n*. Ordnung 118
Untersumme 27, 31

vollkommene Zahl 179
Volumen (Raummaß) 23, 47
von Rolle, Satz von 75

Wendepunkt 92
Wendetangente 93
Wurzelfunktion 146

Zusammensetzung von Funktionen 138
Zwischensumme 31
Zwischenwertsatz von Bolzano 19
zyklometrische Funktion 190
Zylinder 47, 53